VON SCHWARZA UND LEITHA

Eine ungewöhnliche Flussgeschichte

Heinz Wiesbauer

Herausgegeben vom

Bundesministerium für
Land- und Forstwirtschaft, Regionen und Wasserwirtschaft

Amt der Niederösterreichischen Landesregierung,
Abteilung Wasserbau

Amt der Burgenländischen Landesregierung,
Baudirektion, Referat Flussbau

Wien, 2024

Land Burgenland

Bundesministerium
Land- und Forstwirtschaft,
Regionen und Wasserwirtschaft

Medieninhaber und Herausgeber:

Bundesministerium für Land- und Forstwirtschaft, Regionen und Wasserwirtschaft
1010 Wien, Stubenring 1
www.bml.gv.at

Amt der Niederösterreichischen Landesregierung, Abteilung Wasserbau
3109 St. Pölten, Landhausplatz 1
www.noel.gv.at

Amt der Burgenländischen Landesregierung, Baudirektion, Referat Flussbau
7000 Eisenstadt, Europaplatz1
www.burgenland.at

Bestellung:
Verlag Bibliothek der Provinz GmbH
www.bibliothekderprovinz.at
E-Mail: verlag@bibliothekderprovinz.at

Verlag Bibliothek der Provinz
www.bibliothekderprovinz.at
Lektorat: Andrea Riedel
Gestaltung: Heinz Wiesbauer
Bildnachweis Umschlag vorne: Regulirung des Leythaflußes 1823, National Archives of Hungary, S16-No.165; Umschlag hinten, Bild 1: Landesbibliothek, BIII 118; Bild 2: National Archives of Hungary, S12 D13 No 634; Bild 3: Stiftsarchiv Heiligenkreuz, March- oder Hotter Büchl über Münchhoffen, Capsa 43/9; Bild 4: National Archives of Hungary, S16-No 379, Bild 5: Magyar Nemzeti Levéltár Győr, SmT 109
Druck: Gugler GmbH, A-3390 Melk/Donau
Printed in Austria
ISBN 978-3-99126-263-3

Dank

Für das Zustandekommen dieser Arbeit und für wertvolle Hinweise bei der Recherche danke ich Dipl.-Ing. Norbert Knopf und Dipl.-Ing. Robert Nock (Amt der Niederösterreichischen Landesregierung).

Bei den Recherchen in den Archiven haben mich folgende Personen unterstützt, ihnen allen sei herzlich gedankt:

Josef Wallig, Amt der Niederösterreichischen Landesregierung
Mag. Michael Duschanek, Landesbibliothek St. Pölten
Robert Rausch, Landesbibliothek St. Pölten
Christine Rosmann, Wiener Neustadt
Dr. Sabine Oppolzer, Wien

Wertvolle Anregungen zum Thema Geologie sowie Kartenmaterial erhielt ich von:

Dr. Godfrid Wessely, Wien
Mag. Dr. Hans-Georg Krenmayr, GeoSphere Austria
Dr. Thomas Hofmann, GeoSphere Austria

Bei der Erstellung der wasserbaulichen Kapitel unterstützten mich mehrere Personen. Bedanken möchte ich mich insbesondere bei:

Dipl.-Ing. Robert Nock, Amt der Niederösterreichischen Landesregierung
Christoph Schwarz, Amt der Niederösterreichischen Landesregierung
Gerhard Vilt, Amt der Niederösterreichischen Landesregierung
Mag. Dr. Stefan Rakaseder, Amt der Niederösterreichischen Landesregierung
Dipl.-Ing. Bernd Winkler, Amt der Niederösterreichischen Landesregierung
Dr. Christian Maier, Amt der Burgenländischen Landesregierung
Dipl.-Ing. Alexander Leberl, Amt der Burgenländischen Landesregierung
Dipl.-Ing. Hannes Wild, Amt der Burgenländischen Landesregierung
Dipl.-Ing. Helmut Rojacz, Baumgarten
Dipl.-Ing. Dr. Jürgen Eberstaller, ezb
Dipl.-Ing. Christine Konradi, freiland Umweltconsulting ZT GmbH Wien – Graz
Dipl.-Ing. Klaus-Peter Hanten, Velm-Götzendorf
Gertrude Adam, Pachfurth
Karl Gravogl, Landesfischereiverband Niederösterreich

Zu den faunistischen und floristischen Kapiteln trugen bei:

Dr. Andreas Chovanec, Wien
Dr. Peter Buchner, Lanzenkirchen
Johann Heissenberger, Lanzenkirchen
Gerhard Woschitz, Wien

Wertvolle Anregungen und hydrologische Informationen erhielt ich von:

Dipl.-Ing. Dr. Stefan Haider, Eisenstadt

Mein Dank gilt auch den hier nicht namentlich angeführen Mitarbeitern der Leitha-Wasserverbände I, II, III, IV und des Schwarza-Wasserverbandes für die Bereitstellung von Unterlagen.

Für die Bereitstellung von Fotos und Unterlagen danke ich:
Mag. Alexandra Leitzinger, Landessammlungen NÖ
Dr. Max Stiglbauer, Wiener Neustadt
Manfred Lechner, Wiener Neustadt

Zu Dank verpflichtet bin ich meiner Lektorin, Mag. Andrea Riedel.

Bedanken möchte ich mich auch bei folgenden Archiven und Museen für die freundliche Unterstützung meiner Arbeit:
Niederösterreichische Landesbibliothek, St. Pölten
Niederösterreichisches Landesarchiv, St. Pölten
Landessammlungen Niederösterreich, St. Pölten
Österreichische Nationalbibliothek, Wien
Österreichisches Staatsarchiv, Wien
Bundesamt für Eich- und Vermessungswesen, Wien
Geologische Bundesanstalt, Wien
Wien Museum
Stadt- und Landesarchiv Wien
Magyar Nemzeti Levéltár Országos Levéltára, Budapest
Magyar Nemzeti Levéltár Soproni Levéltára, Sopron
Military History Archives, Budapest
Stadtarchiv Wiener Neustadt
Stadtarchiv Neunkirchen
Stiftsarchiv Heiligenkreuz

Inhalt

1 Einleitung

„Es ist ein recht sonderbarer, eigenthümlicher Fluß, diese Leitha, und immerhin werth, daß man an seinen Ufern sich aufhalte und dann berichte, was man gesehen. Ich hätte z.B. vorgestern es kaum wagen dürfen von der Leitha zu sprechen. Es gab ganz einfach gar keine Leitha. Nicht ein kleiner Wasserfaden zog durch die weißen, wie überstaubten Schotter- und Sandbänke des breiten wirrgängigen Flußbettes; das Diesseits und Jenseits der Leitha hatte aufgehört; was Natur und Politik streng geschieden, die anhaltende Trockenheit hatte es geeint, der Grenzfluß zwischen Oesterreich und Ungarn war verschwunden. Heute gibt es wieder eine Leitha; es hat stark und anhaltend geregnet in den Alpen und die nasse Grenze ist wieder zwischen uns und unsern Nachbarn hergestellt." (F. Uhl 1868)

Die Leitha ist tatsächlich ein Fluss voller Merkwürdigkeiten. Ihr Ursprung, die Schwarza, ist ein alpiner Wildfluss, der teilweise kataraktartig aus dem Höllental stürzt. Der Leitha-Unterlauf ist hingegen ein Tieflandfluss, der unzählige Mäander in die pannonische Landschaft schreibt. Dazwischen gibt es Bereiche, in denen man den Fluss aufgrund von Wasserentnahmen und starker Versickerung suchen muss, da er sich – ähnlich einem Wadi – im Flusskies verkrochen hat. Bei Regen hingegen bäumt sich die zuvor unscheinbare Leitha auf, zieht eine Spur der Verwüstung und setzt ganze Landstriche unter Wasser.

Erdgeschichte

Die Leitha ist ein Fluss, der stets an den Rand gedrängt wurde. Das begann schon im Eiszeitalter, als sie noch auf kurzem Weg zur Donau floss und etwa bei Fischamend mündete. Der Kies und Schutt, den die Piesting und Triesting im Wiener Becken ablagerten, führten dazu, dass die Leitha mehr und mehr an den Beckenrand gedrängt wurde. Die Ablagerungen und geologische Störungen bewirkten, dass das Gefälle der Leitha allmählich kleiner wurde und schließlich den direkten Weg zur Donau versperrte. Die Leitha musste sich eine andere Route suchen und fand diese, indem sie das Tal eines ehemaligen Seitenbaches nutzte. Durch stetige Schuttablagerungen kehrte sie hier die ursprüngliche Fließrichtung um und ebnete sich so den Weg für einen Ausflug in die Kleine Ungarische Tiefebene, wo sie seither bei Mosonmagyaróvár (bzw. Wieselburg-Ungarisch Altenburg) in die Donau mündet. Der daraus resultierende Umweg machte immerhin 80 Kilometer aus und verlieh dem Fluss ein pannonisches Flair.

Wechselnde Grenzen

An den Rand gedrängt wurde die Leitha nicht nur durch die eiszeitlichen Ablagerungen fremder Flüsse. Es war auch der Mensch, der sie an den Rand drängte, genauer gesagt, an den Rand des Habsburger-Reiches. Die Leitha bildete über viele Jahrhunderte

H. Wiesbauer

Die Schwarza hat im unteren Abschnitt einen Wildflusscharakter.

Flussauf und flussab von Landegg gib es vielfältige Gerinnestrukturen. Die Leitha ist hier aber durch Triebwasserausleitungen beeinträchtigt.

H. Wiesbauer

eine Grenze, eine Pufferzone zwischen „Ostarrichi" und dem Königreich Ungarn.

Grenzen haben es so an sich, dass sie sich im Laufe der Zeit auflösen und an anderer Stelle neu bilden. Während der Monarchie etwa war die Leitha eine Grenze innerhalb des Reichs: auf der einen Seite Österreich, auf der anderen Ungarn. Als den Ungarn mit dem Ausgleich 1867 mehr Rechte eingeräumt wurden, beschleunigte sich der Abnabelungsprozess. Dann wurde die Leitha sogar für die beiden Reichshälften der Monarchie namensgebend. CisLEITHAnien auf der einen, TransLEITHAnien auf der anderen Seite des Flusses. Beide Begriffe sucht man vergeblich im Latein-Wörterbuch. Sie sind eine triviale Latinisierung des Flussnamens, die darüber hinaus noch einen räumlichen Bezug herstellen. LEITHAnien wurde mit dem Zerfall der Monarchie zu einem von Mythen umwitterten, geheimnisvollen Land, das nur kurz existierte und als eine von vielen Episoden in die Geschichtsschreibung einging.

Die Leitha blieb, die Grenzen verschwanden und kamen in anderer Form wieder. Heute bildet die Leitha in einigen Abschnitten die Landesgrenze zwischen Niederösterreich und dem – damals noch ungarischen – Burgenland.

Aber auch Verbindendes gibt es an der Leitha zu finden. Denken wir an prähistorische Handelsstraßen, wie die Bernsteinstraße oder auch die späteren Römerstraßen, die sich an der Leitha orientierten und dem Fluss über längere Strecken folgen.

Kostbares Nass

Die Leitha hat von Natur aus eine sehr innige Verbindung zum Untergrund. Sie fließt auf einem eiszeitlichen Schotterkörper und dabei versickert viel Wasser. Wasser, das dem Fluss oftmals abgeht, für den Menschen aber dennoch ein Segen ist, da es eines der größten Grundwasservorkommen Mitteleuropas – die Mitterndorfer Senke – speist.

Die Leitha musste zum Nutzen der Menschen schon sehr früh gehörigen Aderlass leisten. Erstmals wurde Wasser im großen Stil abgezweigt, als man im 12. Jahrhundert den Kehrbach zur Versorgung von Wiener Neustadt anlegte. Sein etwa 16 Kilometer langes, künstliches Gerinne zählt zu den ältesten wasserbaulichen Großprojekten des Landes. In der Anfangsphase diente das Wasser vorwiegend zur Bewässerung der Felder, der Wiesen und des unter Friedrich III. angelegten Tiergartens von Wiener Neustadt.

Ab dem Spätmittelalter errichtete der Mensch zahlreiche Wasserräder zur Nutzung der Wasserkraft. Da Hochwasser immer wieder eine Spur der Verwüstung zogen, baute man diese nicht direkt im Fluss, sondern schuf Mühlbäche, die oft mehrere Betriebe mit Triebwasser versorgten. So entstand im Schwarza- und im räumlich anschließenden Leitha-Tal eine Vielzahl künstlicher Gewässer, die das Wasser über kürzere oder längere

Strecken ausleiten. An den Ufern der Mühlbäche entwickelte sich eine vielfältige Gewerbelandschaft.

Zu einem weiteren Aderlass führte die Wasserentnahme durch die Wiener Hochquellenleitung in der zweiten Hälfte des 19. Jahrhunderts. Etwa zwei Kubikmeter pro Sekunde werden der Schwarza bereits in der Quellregion abgezweigt und über Rohrleitungen nach Wien geleitet. Die Wiener und Wienerinnen können sich glücklich schätzen, dass Kaiser Franz Josef anlässlich der Ringstraßeneröffnung am 1. Mai 1865 die Wasserrechte des „Kaiserbrunnens" an die Residenzstadt übertrug, handelt es sich doch um bestes Wasser – Trinkwasser, um das uns andere Regionen beneiden.

Wasserentnahmen und Triebwasserausleitungen an der Schwarza und der Leitha waren stets ein wesentlicher Konfliktpunkt und sind es noch immer. Im 19. Jahrhundert führten sie sogar zu zwischenstaatlichen Verwerfungen, da den ungarischen Mühlen das Triebwasser entzogen wurde.

Gewässerausbau

Der Flusslauf der Leitha wurde im Laufe der Zeit massiv verändert. Das ehemals mäandrierende Gewässer wurde mittels zahlreicher Durchstiche begradigt und auf einen großen Abfluss ausgelegt. Das Gerinne ist heute zumeist nach einheitlichen Profilquerschnitten gestaltet, die Ufer sind bis auf wenige Bereiche durchgängig gesichert.

Für die Leitha lässt sich die Geschichte des Wasserbaus bis ins 18. Jahrhundert beschreiben, da es aus dieser Zeit bereits Pläne, Protokolle und schriftliche Quellen für die Regulierungsmaßnahmen gibt. Die Unterlagen belegen die wasserbaulichen Probleme, die trotz aufwendiger Eingriffe über viele Jahrzehnte kaum abnahmen, da sich die Flussdynamik nicht so einfach bändigen lässt.

Steilufer werden von Eisvogel, Bienenfresser und verschiedenen Bienenarten als Bruthabitat genutzt.

H. Wiesbauer

Ziel der älteren Verbauungen war es, der Flusslandschaft neues Kulturland abzuringen und künftige Flussbettverlagerungen zu unterbinden. Entwässerungen im Flussumland verbesserten die landwirtschaftliche Nutzung. Im 20. Jahrhundert spielte der Hochwasserschutz bei den Regulierungsmaßnahmen eine tragende Rolle. So war es durch den technischen Fortschritt möglich, Siedlungen und technische Infrastruktur immer effektiver vor Hochwasser zu schützen. Der Schutz landwirtschaftlich genutzter Flächen hatte lange Zeit ebenfalls hohe Priorität.

Mit dem Gewässerausbau nahm die Strukturvielfalt stark ab: Kiesbänke, Totholzablagerungen, Autümpel oder Steilufer sind in regulierten Abschnitten selten geworden. Dieser Umstand spiegelt sich auch in der Zusammensetzung der Flora und Fauna wider. So sind einige Charakterarten der Wildflusslandschaft wie die Deutsche Tamariske ausgestorben. Stark zurückgegangen sind auch die Bestände von Kiesbankbrütern wie dem Flussuferläufer und dem Flussregenpfeifer.

Nicht alle Staumaßnahmen gehen auf den Menschen zurück. In jüngerer Zeit kämpft der Biber gegen das Niederwasser an und schafft kleinere Rückstaue.

H. Wiesbauer

Auch die Fischfauna wird durch zahlreiche Unterbrechungen des Gewässerkontinuums und strukturarme Lebensräume nachhaltig beeinträchtigt.

Zudem belasteten noch vor einigen Jahrzehnten ungeklärte Abwässer die Beschaffenheit des Flusses und verwandelten insbesondere die Entnahmestrecken in lebensfeindliche Rinnsale. Der Weg zu einem sauberen, naturnahen Erscheinungsbild des Flusses ist vor diesem Hintergrund eine große Herausforderung. Zunächst ging es – wie bei vielen anderen stark belasteten Gewässern – vor allem darum, die Wassergüte zu verbessern. Nach der Sanierung der Einleiter durch den Bau von Kläranlagen wurden gewässerökologische Maßnahmen meist in Kombination mit Hochwasserschutzmaßnahmen gesetzt. Um die Ziele des Nationalen Gewässerbewirtschaftungsplans (NGP) zu erreichen, sind noch umfangreiche gewässerökologische Verbesserungen notwendig.

Revitalisierungen

Die Extremwetterereignisse der jüngeren Geschichte haben den Fokus des Wasserbaus wieder mehr in Richtung des passiven Hochwasserschutzes gelenkt. Gibt man dem Fluss mehr Raum, lassen sich die Ziele des Hochwasserschutzes und der Gewässerökologie miteinander verbinden.

Der Nationale Gewässerbewirtschaftungsplan ist ein Planungsinstrument zum Schutz, zur Verbesserung und zur nachhaltigen Nutzung der Gewässer. In jüngerer Zeit beschäftigen sich einige Wasserbauprojekte mit der Aufwertung des teilweise monotonen Gerinnes der Leitha. Das Gewässer soll zumindest in Teilbereichen wieder eine naturnahe Gestalt bekommen, um die Lebensräume für Tiere und Pflanzen zu verbessern und für die Bewohner der Region eine attraktive Erholungslandschaft zu schaffen.

Ziel des LIFE-Projekts IRIS ist es, die gewässerökologische Situation zu verbessern und den notwendigen Hochwasserschutz für die angrenzenden Siedlungen sicherzustellen. Aufbauend auf einer Gewässerentwicklungs- und Risikomanagementplanung (GE-RM) erfolgt für ausgewählte Abschnitte eine Detailplanung. Die bauliche Umsetzung der Pilotmaßnahmen soll in den kommenden Jahren erfolgen (http://life-iris.at).

2 Geologie im Einzugsgebiet der Leitha

Die Leitha unterscheidet sich aufgrund der massiven Versickerungen von den üblichen Fließgewässern Österreichs. Die Besonderheiten dieses Gewässers resultieren aus den komplexen Untergrundverhältnissen. Das vorliegende Kapitel geht auf die Geologie des Einzugsgebiets ein und versucht, Erklärungen für den eigentümlichen Charakter des Flusses zu geben.

Das Einzugsgebiet der Leitha hat eine Gesamtfläche von 2138 Quadratkilometern und erstreckt sich über einen Höhenbereich von 122 bis 2056 Metern Seehöhe. Die höchsten Erhebungen liegen im Bereich des Schneeberg-Massivs, die tiefstgelegenen Teile befinden sich in der Kleinen Ungarischen Tiefebene.

Beim Zusammentreffen von Schwarza und Pitten in der Gemeinde Lanzenkirchen (Katastralgemeinde Haderswörth), dem sogenannten Leitha-Ursprung, hat die Leitha bereits 49 Prozent der Fläche ihres Einzugsgebiets vereint.

Die Leitha fließt von hier am südöstlichen Rand des Wiener Beckens entlang und biegt bei der Brucker Pforte Richtung Ungarn ab. Dieses Durchbruchstal des Donaulaufs entstand während der ersten Hälfte des Pleistozäns und leitet in die Pannonische Tiefebene über. Nach einer Wegstrecke von rund 121 Kilometern mündet sie bei Mosonmagyaróvár (Wieselburg-Ungarisch Altenburg) in die Donau.

Das Einzugsgebiet der Leitha ist im Wesentlichen von folgenden hydrogeologischen Großeinheiten geprägt:

- Nördliche Kalkalpen
- Grauwackenzone und zentralalpines Kristallin
- südliches Wiener Becken und Pannonische Tiefebene

Die Einzugsgebiete der beiden Hauptzubringer unterscheiden sich deutlich: Während die

H. Wiesbauer

Bei Lanzenkirchen vereinen sich die oft wasserlose Schwarza (im Vordergrund) und die Pitten (von rechts kommend) zur Leitha (im Hintergrund).

Die Schwarza ist der größte Zubringer der Leitha. Sie durchfließt zwischen der Rax und dem Schneeberg das Höllental und mündet bei Lanzenkirchen in die Leitha (l.).

In einer Krümmung hat die Schwarza den Wettersteinkalk freigelegt (r.).

H. Wiesbauer (2x)

Schwarza in den Nördlichen Kalkalpen entspringt, ist das Einzugsgebiet der Pitten durch das Kristallin des Unterostalpins geprägt. Betrachtet man die Größe und die Länge dieser Flüsse, sollte die Leitha eigentlich Schwarza heißen, zumal das Einzugsgebiet der Schwarza fast doppelt so groß ist wie das der Pitten. Dass die Schwarza nicht namensgebend ist, lag vermutlich daran, dass sie beim Eintritt in das Steinfeld große Versickerungsraten aufweist und beim Zusammentreffen mit der Pitten die meiste Zeit über nur als kleines Rinnsal oder wasserloses Gerinne in Erscheinung tritt.

2.1 Schwarza

Die Schwarza entspringt im Gemeindegebiet von Rohr im Gebirge in Niederösterreich. Da hier mehrere größere Quellbäche zusammentreffen, waren sich die Kartografen lange Zeit uneinig, welcher Bach den eigentlichen Ursprung bildet. Im Franziszeischen Kataster (1820) entspringt die Schwarza beim Zusammenfluss von „Zellenbach", „Trauchbach" und „Pax", so die alten Namen. Neilreich (1851) verortet den Ursprung hingegen beim Rohrer Sattel (z.B. Neilreich 1851). In der jüngeren Kartografie (z.B. NÖ Atlas) trägt die Schwarza diesen Namen bei der Vereinigung von Dürrer und Grüner Schwarza oberhalb des Tiefentals.

Nach dem Zusammentreffen der beiden Quellbäche fließt die Schwarza im sogenannten Tiefental und nimmt in weiterer Folge auf der orografisch rechten Seite den Trauchbach und auf der linken Seite den Zellenbach auf. Nach dessen Einmündung weitet sich das Tal und biegt in südöstliche Richtung.

Während die meisten Fließgewässer des nördlichen Alpenvorlandes auf direktem Weg Richtung Norden fließen, entspringt die Schwarza relativ weit im Norden und verläuft anfangs in südliche Richtung. Dabei stellen sich ihr immer ältere Schichten aus dem Zeitalter der Trias entgegen. Die angrenzenden Berge werden höher, der Schluchtcharakter des Schwarza-Tals nimmt immer eindrucksvollere Formen an. Der Geologe Hans Peter Cornelius (1936) vermutete, dass das Flussnetz der oberen Schwarza bereits in einer Zeit angelegt wurde, als das Gefälle noch in die andere Richtung wies.

Bei den Gesteinen des oberen Einzugsgebiets handelt es sich vorwiegend um Wettersteinkalk und Wettersteindolomit. Betrachtet man die Schichtfolge, so liegen die Quellbä-

H. Wiesbauer

Das Flussbett der Schwarza fällt oft über längere Zeiträume trocken. Das Bild zeigt den Abschnitt flussauf von Lanzenkirchen.

che der Schwarza großteils im Bereich der Unterberg-Decke. Südlich von Rohr passiert sie die Göller-Decke und erreicht nach wenigen Kilometern südlich der Ortschaft Schwarzau im Gebirge die Schneeberg-Decke, wo sie tief eingeschnitten im Höllental zwischen der Rax und dem Schneeberg hindurchfließt (Wessely 2006). Das Höllental zählt zu den imposantesten Schluchten Niederösterreichs, nirgendwo sonst ist der Niveauunterschied zwischen der Talsohle und den angrenzenden Gipfeln so groß wie hier. Auf den Talflanken und im Flussbett liegen riesige Blöcke, die von den Steilwänden der Rax abgebrochen und ins Tal gestürzt sind. Charakteristisch sind auch kleinräumige Schotter-

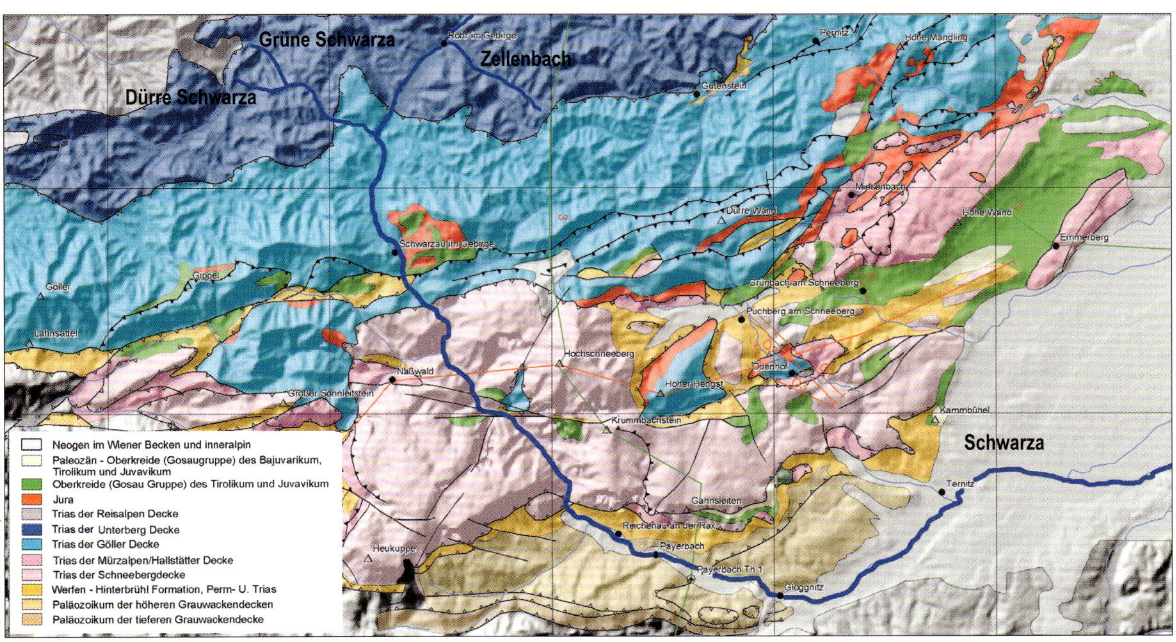

Wessely 2006, verändert

Schematische Darstellung des geologischen Aufbaus im Einzugsgebiet der Schwarza

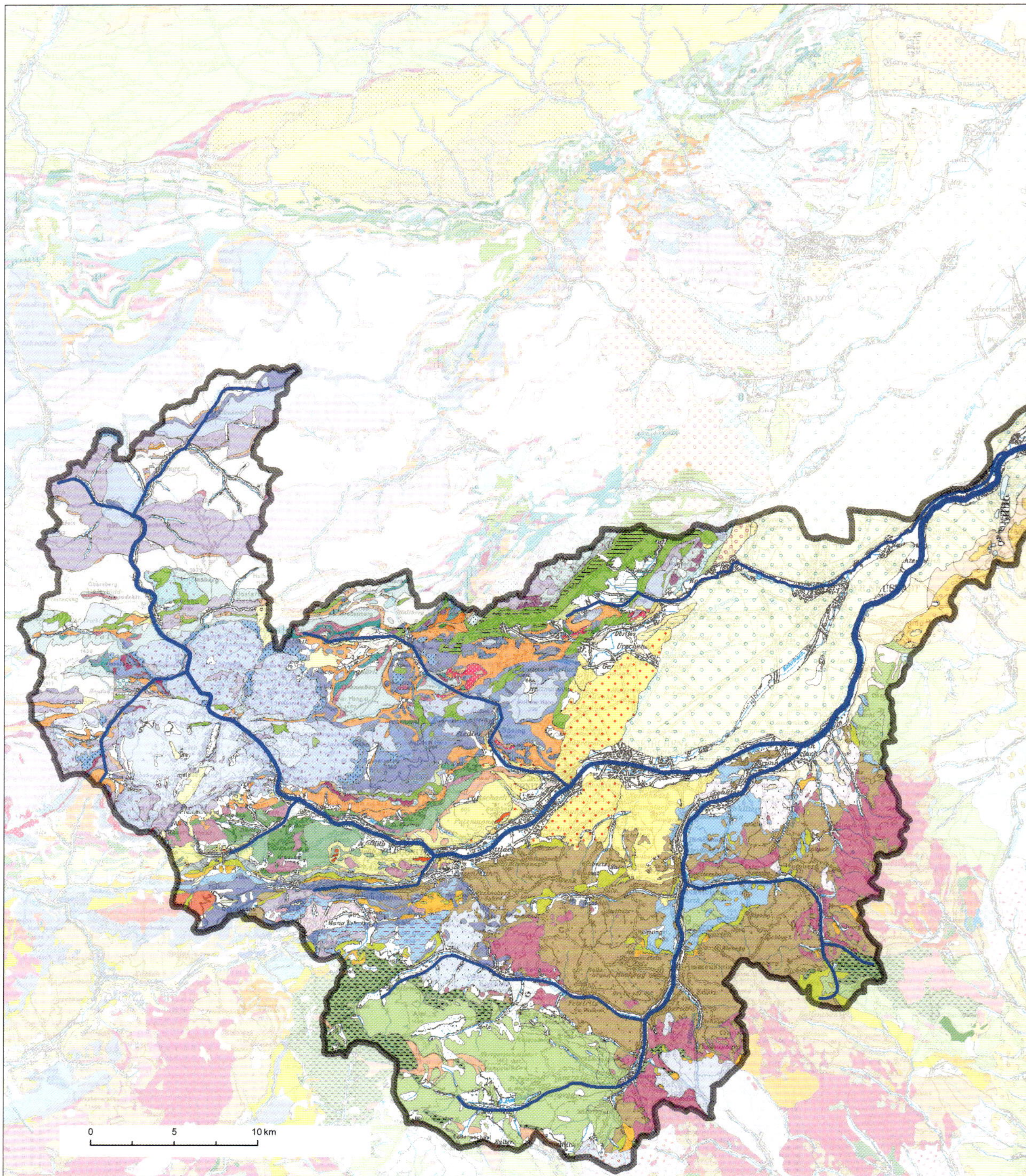

Einzugsgebiet der Leitha

Quartär - Oberpliozän

- 1 - Anthropogene Ablagerung (Deponie, Bergbauhalde, etc.)
- 2 - Talfüllung - Jüngster Talboden (Kies, Auelehm)
- 3 - Schwemmfächer
- 4 - Trockental
- 5 - Vernässung, Moor
- 6 - Seeton, limnisches Sediment
- 7 - Hangschutt
- 8 - Bergsturzmaterial, Blockwerk
- 9 - Talfüllung - Älterer Talboden (Kies, Sand)
- 11 - Fluviatile Ablagerungen i.A. (Kies, Sand)
- 13 - Quartärer Kies und Sand i.A.
- 14 - Lehm, Verwitterungslehm, Hanglehm
- 19 - Löss, Lösslehm
- 20 - Schuttkomplex des Mitterriegels und Äquivalente
- 21 - Hangbrekzie i.A.
- 22 - Hangbrekzie; ?Mindel-Riss-Interglazial
- 24 - Terrassensedimente i.A. (Kies, Sand)
- 25 - Tiefere Terrassensedimente i.A.
- 26 - Höhere Terrassensedimente i.A.
- 28 - Hochgelegene Terrassensedimente; Oberes Pliozän (Kies und Sand, z.T. verfestigt)
- 35 - Niederterrasse (Kies, Sand)
- 36 - Seewinkelschotter (Kies)
- 37 - Steinfeldschotter; Riss - Würm (Kies, Grobsand)
- 38 - Hochterrasse (lokal tektonisch abgesenkt), meistens mit Deckschichten von Löss und Lehm; Riss (Kies, Sand)
- 40 - Jüngerer Deckenschotter (tieferes Niveau), meistens mit Deckschichten von Löss und Lehm
- 41 - Jüngerer Deckenschotter (höheres Niveau), meistens mit Deckschichten von Löss und Lehm
- 42 - Älterer Deckenschotter, meistens mit Deckschichten von Löss und Lehm; Günz
- 43 - Plio-Pleistozäne Schotter in verschiedenen Höhenlagen, meistens mit Deckschichten von Löss und Lehm, westl. Amstetten z.T. nur Verebnungsniveaus
- 44 - Steinbrunner Schotter, Zillingdorfer Schotter (Kies, Sand)
- 46 - Fluviatile Ablagerung; Würm (Kies, Sand)
- 50 - Moräne (Gemenge von Ton bis Blockwerk)
- 51 - Eisrandterrasse (Kies, Sand, Bänderschluff)

Intramontane Becken

- 200 - Blockschotter, Blockkonglomerat, Kies (u.a. Würflacher Blockschotter); Pliozän
- 202 - Loipersbach-Formation (südliches Wiener Becken); Unteres Pliozän (Lehm, rötlich, Kies, Blockwerk)
- 203 - Rohrbach- und Ternitz-Formation; Unteres Pliozän (Konglomerat)
- 205 - Sedimente des Pannonium i.A.
- 206 - Inzersdorfer Tegel, Congerientegel
- 207 - Sand, Sandstein, Mehlsand
- 208 - Kies
- 209 - Leobersdorf-Formation; Unteres Pannonium (mergeliger Sand, Feinsand, Kies)
- 210 - Ton, Sand, Kies, lokal Lignit und Süßwasserkalk - Gbely-Formation i.d. Slowakei
- 211 - Neufeld-Formation, Dubnany-Formation; Oberes Pannonium (Sand, Kies, Ton, Braunkohle)
- 214 - Triesting- und Piesting-Schotter; Unteres Pannonium

Geologischer Aufbau im Einzugsgebiet der Leitha

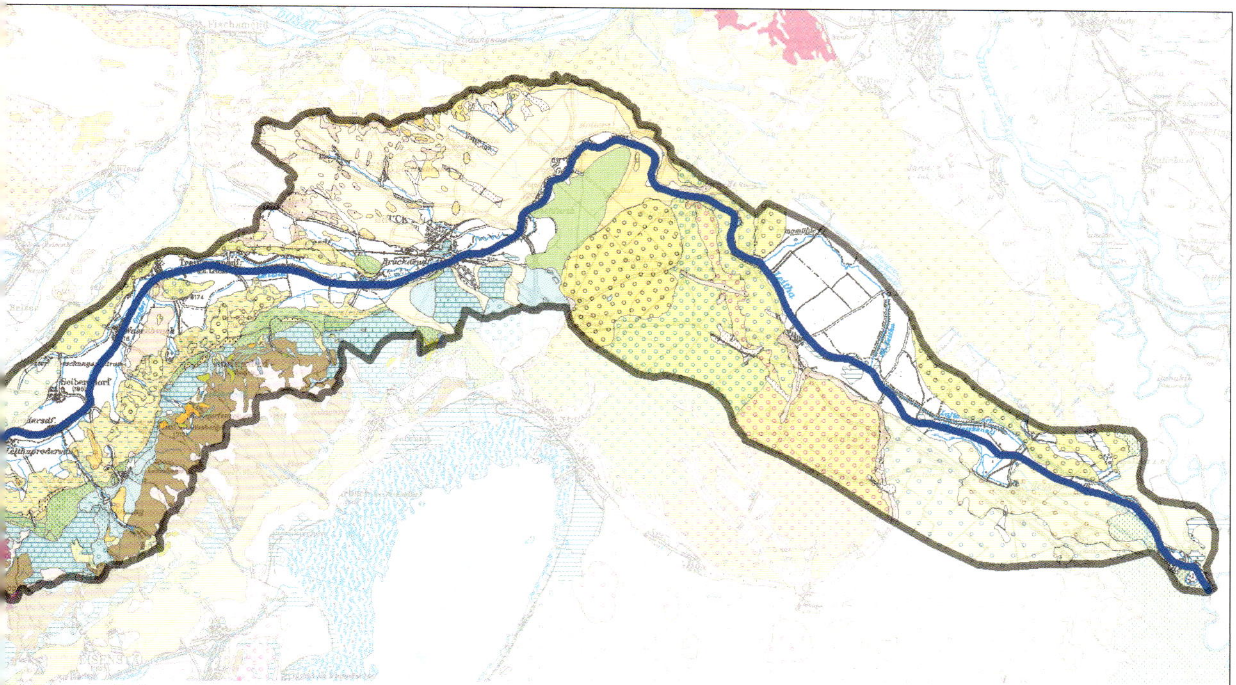

GeoSphere Austria

Geologische Karte von Niederösterreich 1:200.000 (GBA, 2002) und Geologische Karte des Burgenlandes 1:200.000 (GBA, 1999); Zusammengestellt von H.G. Krenmayr, GIS-Bearbeitung: J. Reischer (beide GeoSphere Austria)

216 - Sedimente des Sarmatium i.A.
217 - Ton vorwiegend
218 - Sand vorwiegend
219 - Kies vorwiegend
220 - Detritärer Leithakalk
222 - Sedimente des Badenium i.A.
223 - Ton vorwiegend
224 - Sand vorwiegend
225 - Kies vorwiegend, Bannholzschotter
227 - Leithakalk, Süßwasserkalk von Ameis
229 - Sedimente des Karpatium i.A.
235 - Kohleführende Süßwasserschichten (Kies, stark verlehmt, Ton, Braunkohle)
240 - Neogen von Kirchberg am Wechsel (Blockwerk, Sand, Ton)
241 - Krumbach-Formation (Kies, Sand, Ton)
242 - Mönichkirchen-Formation, Zöbern-Formation (Kristallinblockwerk, Rotlehm)
245 - Augenstein führende Sedimente; Oligozän - ?Unter-Miozän (Kies, Sand, ortsfremd)
246 - Sedimente von Wimpassing an der Leitha; Oberes Eozän (gelber und rötlicher Kalk, Sandstein)

Oberostalpin (ohne die Anteile in der "Grauwackenzone")

Kreide bis Paläogen

500 - Gosau-Gruppe i.A.
501 - Obere Gosau-Subgruppe; Campanium - Eozän
507 - Untere Gosau-Subgruppe (Flachwassergosau); Turonium - Maastrichtium
508 - Kohleführende Serie, Dreistettener Konglomerat; Campanium

Jura

519 - Ober-Jura (Malm-)Kalke i.A.
521 - Plassenkalk, Tressensteinkalk; Ober-Jura (Riffkalkstein, Feinschuttkalkstein, hell)
522 - Schwellenfazies; Unter - Ober-Jura (Kalkstein, überwiegend rot, z.T. spätig)
523 - Jura-Beckenfazies i.A.
527 - Allgäu-Formation; Unter-Jura (Fleckenmergelkalk)

Trias

531 - Kössen-Formation (Mergel- bis Kalkstein, dunkel); Schattwald-Formation (Tonmergel, rot)
532 - Zlambach-Formation (HF - Mergelstein, Kalkstein, dunkel)
533 - Dachsteinkalk, Anningerkalk; Norium - Rhätium (Kalkstein, dickbankig)
534 - Dachsteinkalk-Riffentwicklung (Kalkstein, massig)
537 - Pedataschichten (HF); Norium (Feinschuttkalkstein, bankig)
538 - Pötschenkalk (HF); Oberes-Karnium - Norium (Kalkstein mit Hornsteinknollen, bankig, grau)
539 - Hallstätter Kalk (oberer) (HF); Oberes Karnium - Norium (Kalkstein, knollig, massig und bankig, bunt)
541 - Hauptdolomit; Norium (Dolomitstein, bankig)
542 - Opponitz-Formation; Oberes Karnium (Kalkstein, Mergelstein, Rauhwacke, Gips)
544 - Lunz-Formation; Unteres Karnium (Sandstein, feinkörnig, Steinkohle)
545 - Reingrabener Schiefer, Hornsteinkalk, Leckkogel-Schichten; Unteres Karnium (Schiefertonstein, Kalkstein, dunkel)
546 - Nordalpine Raibl-Formation; Unteres Karnium (Schiefertonstein, Kalkstein, Dolomitstein, dunkel)
547 - Wettersteinkalk; Ladinium - Unteres Karnium
548 - Wettersteinkalk-Lagune; Ladinium - Unteres Karnium (Kalkstein, bankig bis massig)
549 - Wettersteinkalk - Riff und Riffschutt; Ladinium - Unteres Karnium (Kalkstein, massig)
550 - Wettersteindolomit, Ramsaudolomit; Ladinium - Unteres Karnium (Dolomitstein)
552 - Partnach-Formation; Ladinium - Unteres Karnium (Tonmergelstein)
554 - Reifling-Formation; Anisium - Karnium (Kalkstein mit Hornsteinknollen, bankig)
555 - Grafensteigkalk; Mittleres Anisium - Unteres Karnium (Feinschuttkalkstein, bankig, dunkel)
556 - Grauer und bunter pelagischer Kalk mit distalem Plattformdetritus; Mitteleres Anisium - Unteres Karnium
557 - Hallstätter Kalk (unterer) (HF); Anisium - Unteres Karnium (Kalkstein, knollig, massig und bankig, bunt)
558 - Steinalmkalk, Steinalmdolomit; Anisium (Kalkstein, Dolomitstein, massig, hell)
559 - Gutensteiner Kalk + Dolomit; Anisium (Kalkstein, Dolomitstein, bankig, dunkel)
560 - Rauhwacke ("Reichenhall-Formation"); Anisium
561 - Werfen-Formation; Unter-Trias (Sandstein, Siltstein, schieferig, Kalkstein)
562 - Serpentinit, Melaphyr, Gabbro; ?Perm, ?Trias

Perm

563 - Haselgebirge; Perm (Tonstein, Gips, Salz)
564 - Prebichl-Formation; Perm (Konglomerat, Sandstein, Siltstein)

Meliatikum

565 - Kieselschiefer mit Olistholithen (u.a. Trias-Radiolarit, "Erzmarmor"); Mittel-Jura

"Grauwackenzone"

567 - Riebeckitgneis; ?Jura
568 - Schiefer, Serizitquarzit, Metakonglomerat; ?Perm
569 - Sandstein, Schiefer, Konglomerat; Unter-Karbon
570 - Triebenstein-Kalk, Steinberg-Kalk, Dolomit; Unter-Karbon
572 - Radschiefer; Ordovizium - Silur. Eisenerzer Schichten; Karbon (Phyllit, Tonschiefer, Quarzit)
574 - Metabasit, Metatuffit, Metadiabas, Grünschiefer; Ordovizium - Devon
576 - Blasseneck Porphyroid, Klastika unter dem Porphyroid; Ober-Ordovizium
577 - Vöstenhofer Kristallin und Kaintaleckschollen (Glimmerschiefer, Amphibolit, Marmor)

"Zentralalpine" Einheiten

600 - Dünnplattiger Kalk; Rhätium
601 - Serizitschiefer; "Bunter Keuper"; Karnium - Norium
602 - Anhydrit, Gips, Dolomit, Schwarzer Tonschiefer (Kapellener Schiefer); Karnium
603 - Karbonate der Mitteltrias i.A.; Anisium - Ladinium
604 - Wettersteindolomit; Anisium - Ladinium
605 - Dunkler, geschichteter Dolomit, Tonschiefer; Anisium - Ladinium
606 - Kalk, Bänderkalk bis Kalkmarmor; Anisium
607 - Rauhwacke; Anisium
609 - Semmeringquarzit, Luzna-Formation; Unter-Trias
610 - Alpiner Verrucano, Tattermann-Schiefer, Devin-Formation; Perm (Meta-Konglomerat, Quarzit, Serizitphyllit)
614 - Glimmerschiefer, Paragneis
620 - Amphibolit
623 - Granitgneis
624 - Grobgneis, Randquarzit, Leukophyllit
625 - Hüllschiefer (Glimmerschiefer, Phyllit
636 - Glimmerschiefer, z.T. Granat-Chloritoid führend
637 - Wechselschiefer (Graphitphyllit, Graphitquarzit, Phyllit)
638 - Wechselgneis
639 - Amphibolit, Chlorit-Epidot-Blastenschiefer

Diverse Zeichen

830 - Bestehende Seen

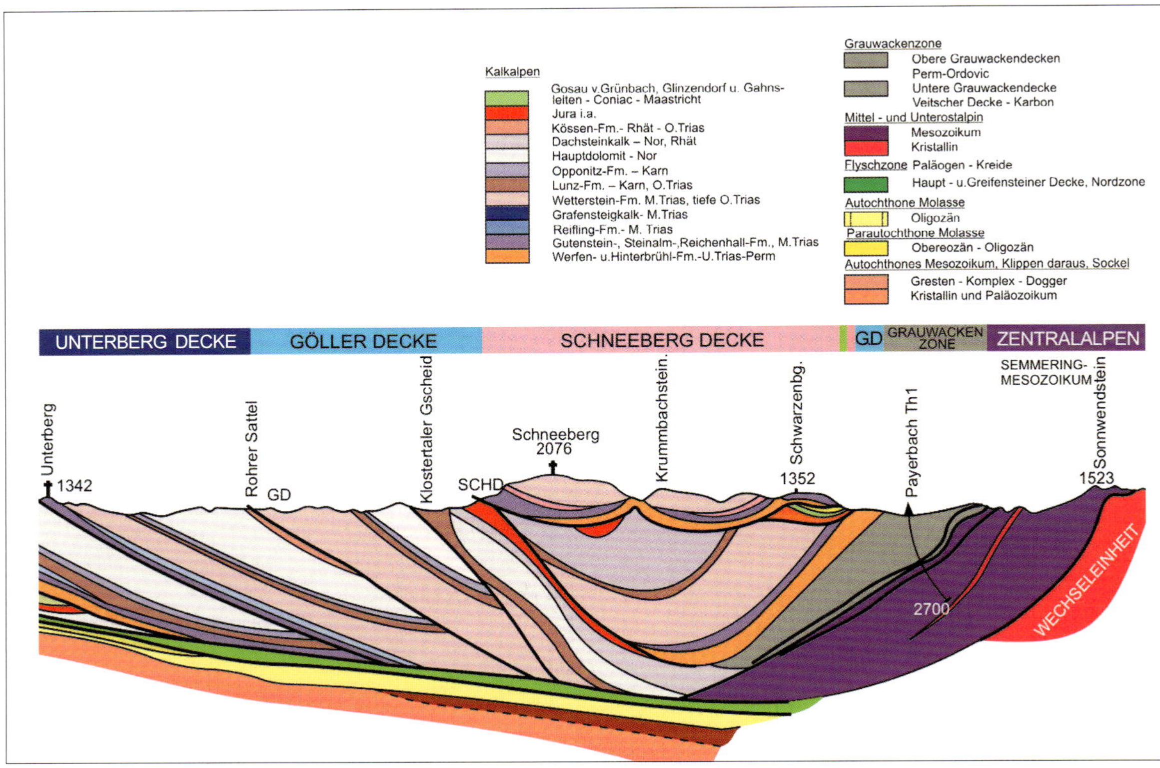

Geologischer Schnitt durch die Kalkalpen im Bereich der oberen Schwarza

WESSELY 2006

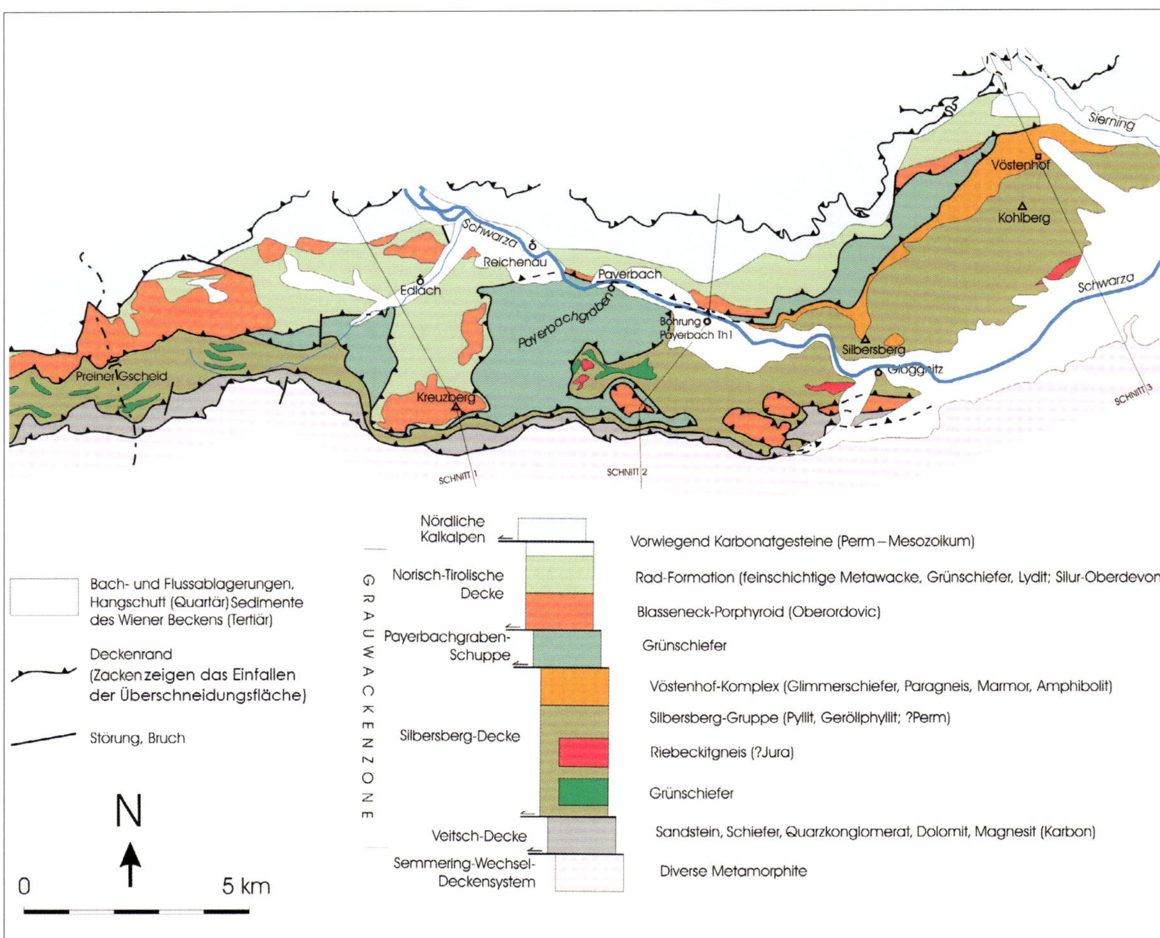

Geologischer Aufbau der Grauwackenzone im Schwarza-Tal

MATURA 2003, in: WESSELY 2006

H. Wiesbauer (2x)

Im Bereich der Kalkalpen prägt häufig anstehender Fels die Ufer der Schwarza. Kiesbänke sind nur kleinräumig ausgebildet.

ablagerungen, die etwa zehn Meter über der heutigen Talsohle liegen und teilweise zu festem Konglomerat verbunden sind (Cornelius 1936).

Vergletscherungen spielen am Ostrand der Alpen nur eine geringe Rolle, da hier während der Eiszeit ein wesentlich niederschlagsärmeres Klima herrschte als in den West- und Zentralalpen. Folglich lagen Schneeberg, Rax, Schneealpe und Hochschwab außerhalb des Eisstromnetzes. Dennoch wiesen die Gipfelbereiche am Alpenostrand lokale Vergletscherungen in Form von Tal-, Kar- und Plateaugletschern auf. Seidl (2012) kartierte in Schneebergdörfel an der Nordseite des Schneebergs zwei unterschiedliche Moränensysteme. Das jüngere ordnet sie dem Würm zu, das ältere soll dem Riß entsprechen oder noch älter sein.

Am Ausgang des Höllentals verlässt die Schwarza die Kalkalpen und tritt in die Grauwackenzone ein. Diese zwischen den Nördlichen Kalkalpen und der Zentralzone der Alpen gelegene Schichtfolge ist am Ostrand der Alpen nur schmal ausgebildet. Sie erstreckt sich vom Südrand der Rax über Payerbach bis nach Ternitz und setzt sich unter den Sedimenten des Wiener Beckens fort.

Der Grauwackenzone gehören paläozoische Gesteinsserien an, die v.a. schwach metamorphe Gesteine enthalten wie Grauwacke, Quarzgrauwackenphyllite, Grünschiefer, Eruptivgesteine, Kalke, Dolomite, Ton- und Kieselschiefer.

Mit dem Eintritt in die Grauwackenzone ändert sich der Landschaftscharakter ab der Gemeinde Reichenau an der Rax markant, das Tal weitet sich, an die Stelle schroffer Felsblöcke und enger Schluchten treten weichere Geländeformen. Im Talboden hat die Schwarza einen mächtigen Kieskörper aufgeschüttet. Dieses Alluvion gleicht einem riesigen Schwemmkegel, der mit vergleichsweise starker Neigung Richtung Wiener Neustadt abfällt.

Die Ablagerungen bestehen aus Mittel- bis Grobkies und sind sehr wasserdurchlässig. Ein großer Teil des Abflusses versickert auf dem Weg zur Leitha und reichert sich im Untergrund des Wiener Beckens an.

2.2 Pitten

Der zweitgrößte Zubringer der Leitha ist die Pitten. Ihr Einzugsgebiet liegt im nordöstlichen Ausläufer der Zentralalpen und

Die Leitha hat von Natur aus im oberen Abschnitt ein verzweigtes bis gewundenes Gerinne, das wegen des sich verringernden Gefälles schon nach wenigen Kilometern in ein mäandrierendes Gerinne übergeht.

H. Wiesbauer (2x)

wird durch drei tektonische Einheiten bestimmt:

- das Semmeringmesozoikum (unterostalpin)
- das Wechselfenster (unterostalpin)
- die Bucklige Welt (überwiegend mittelostalpin)

Das Wechselgebirge und die Bucklige Welt sind aus kristallinen Schiefern (Gneise, Glimmerschiefer) aufgebaut. Sie haben mit Ausnahme der kleinräumig eingeschuppten Dolomite und Karbonate wie etwa dem „Türkensturz" bei Seebenstein einen homogenen Charakter.

Anders ist das Semmeringgebiet gestaltet, das sich durch einen starken Gesteinswechsel und ein vielfältiges Landschaftsbild auszeichnet.

Geologisch gehört das Einzugsgebiet der Pitten zum ostalpinen Anteil der Zentralalpen, die am Ostrand der Alpen unter die Pannonische Tiefebene abzutauchen beginnen. Es handelt sich vor allem um die unterostalpine Grobgneisdecke, eine Fortsetzung des Semmeringfensters, die über weite Strecken infolge der Alpidischen Gebirgsbildung „eingerollt" und überkippt wurde (inverse Lagerung). Damit liegt der aus einem variszischen Granit entstandene Grobgneis oben, darunter folgen variszische Glimmerschiefer (sie bildeten ursprünglich das „Dach" der Granit-Intrusion), noch tiefer lagern Alpiner Verrucano (Perm) und Semmering-Quarzit (Untertrias, z.B. Stickelberg bei Hollenthon, Heidenberg bei Bromberg) und zuunterst Karbonatgesteine der Mittel- bis Obertrias (z.B. Kulmriegel bei Grimmenstein, in der Umgebung

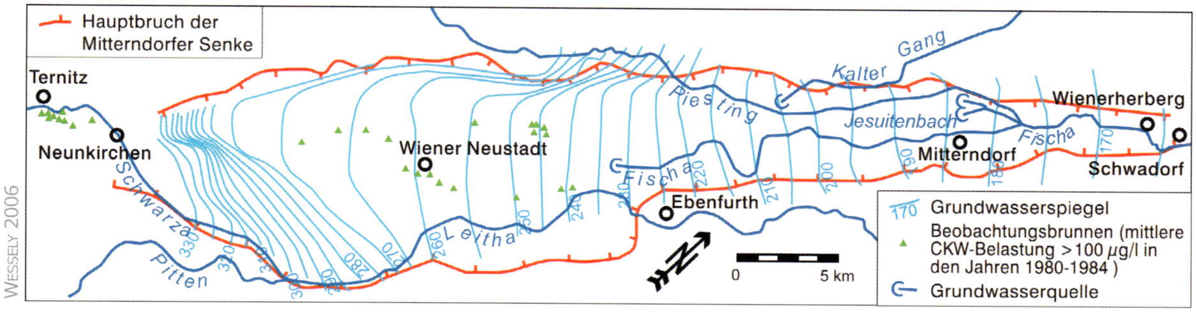

Grundwasserniveau und Hauptbruch der Mitterndorfer Senke

einige Karst-Höhlen, Türkensturz, Seebenstein).

Das Relief des Wechselgebirges und der Buckligen Welt ist durch Rumpfflächen mit jüngeren Zerschneidungen gekennzeichnet. Durch die Erosions- und Sedimentationsprozesse sind im Pitten-Tal Sohletäler entstanden. Im Übergangsbereich von Zentralalpin und Wiener Becken gelangten Süßwassersedimente zur Ablagerung, in denen sich ehemals abbauwürdige Braunkohlevorkommen befinden.

2.3 Leitha

Nach dem Zusammentreffen von Schwarza und Pitten durchfließt die Leitha das Wiener Becken bzw. in weiterer Folge die Pannonische Tiefebene.

Die Leitha hebt sich deutlich von den anderen Gewässern des südlichen Wiener Beckens ab. Ihr Lauf nimmt nicht den direkten Weg zur Donau, sondern macht einen großen Umweg. So fließt die Leitha am Rande des Leithagebirges zunächst Richtung Nordosten. Nach dem Abtauchen dieses Gebirgsstocks wendet sich ihr Lauf nach Osten. Er passiert die Brucker Pforte und fließt in weiterer Folge in südöstliche Richtung durch die Kleine Ungarische Tiefebene, wo er bei Mosonmagyaróvár in einen Nebenarm der Donau, die Mosoni-Duna, mündet.

Die Leitha verläuft in einem von Randstörungen und Absenkungen geprägten Bereich. Das Wiener Becken ist ein geologisch junges tektonisches Einbruchsbecken zwischen den Alpen und Karpaten. Die Hauptaktivität der Senkungen konzentrierte sich auf den Zeitraum des Miozäns. Der durch diese Niveauänderungen entstandene Raum wurde hauptsächlich durch Meeresablagerungen mit unterschiedlichen Mächtigkeiten aufgefüllt.

Darüber lagern eiszeitliche und nacheiszeitliche Sedimente. Die Schotterkegel der Schwarza, Piesting und Triesting haben die Leitha an den Ostrand des südlichen Wiener Beckens gedrängt.

Die Leitha durchfließt die als Riß-eiszeitlich eingestuften Neunkirchner Schotter (Wiener Neustädter und Wöllersdorfer Schotterfächer) und die als Würm-eiszeitlich eingestuften Oeynhausener Schotter.

Der Neunkirchner Schotterkegel besteht aus kalkalpinem, gut gerundetem Material mit gelegentlich wenig gerundeten Kristallinkomponenten. Im Wöllersdorfer Schotterkegel fehlen die kristallinen Komponenten weitgehend. Die Oeynhausener Schotter sind im Raum Wiener Neustadt/Lichtenwörth/Zillingdorf sowie im Raum Schönauer Teich/Kottingbrunn/Oeynhausen/Oberwaltersdorf verbreitet. Sie setzen sich zu zwei Dritteln aus kalkalpinen Kalken zusammen, der Rest besteht aus kristallinen Gesteinen (Quarze, Glimmerschiefer, Gneise). Im Gebiet östlich der Leitha werden die Schotter etwa zehn bis

Die Mündung der Leitha verlagerte sich in der zweiten Hälfte des Pleistozäns von Fischamend nach Mosonmagyaróvár.

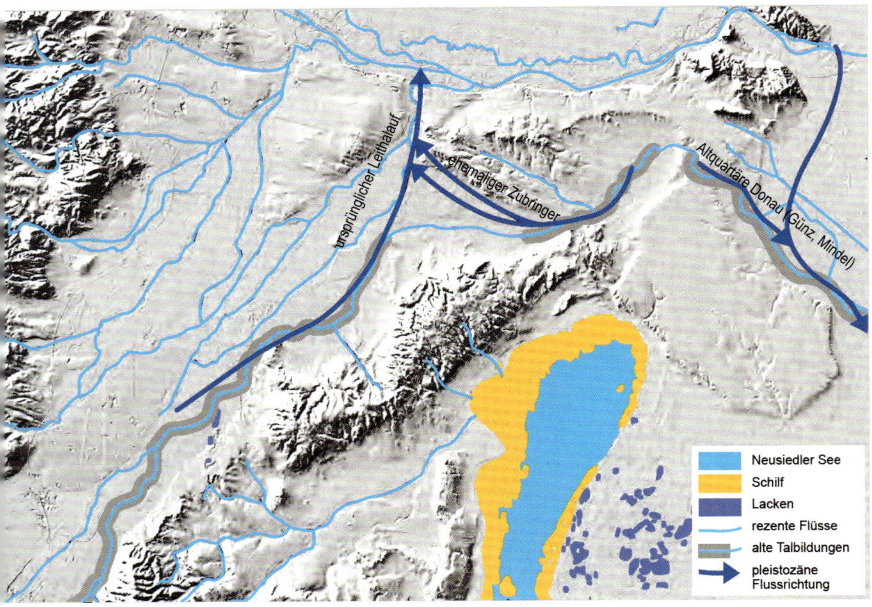

Zámolyi & al. (2015)

Das Talgefälle im Bereich zwischen Götzendorf und Enzersdorf lässt den ehemaligen Verlauf der Leitha erahnen.

NÖ Atlas, eigene Auswertung

17 Meter mächtig, im Stadtgebiet von Wiener Neustadt etwa 40 Meter.

Obwohl der Untergrund sehr einheitlich erscheint, passiert die Leitha im Wiener Becken zwei Naturräume, deren Hydrologie unterschiedlicher kaum sein könnte: die „Trockene Ebene" und die „Feuchte Ebene".

Die „Trockene Ebene" ist durch die Schwemmfächer der Schwarza und der Piesting bestimmt und nimmt einen Seehöhenbereich von rund 230 bis 450 Metern über Adria ein. Hier versickern im Flussbett der Leitha große Wassermengen und vermindern ihren Abfluss.

Die „Feuchte Ebene" beginnt zwischen Zillingdorf und Ebenfurth und prägt den Seehöhenbereich von etwa 150 bis 230 Metern über Adria. Hier machen sich zahlreiche Grundwasseraustritte bemerkbar und tragen zu einer positiven Wasserbilanz der Gewässer bei. In den alten Flusskarten der Leitha sind im Bereich zwischen Seibersdorf und Rohrau ausgedehnte Feuchtgebiete zu erkennen, die das Umland der Flüsse prägten.

Richtungsänderung im Eiszeitalter

Der Landschaftscharakter ändert sich im Bereich der Brucker Pforte markant. Das Leitha-Knie bei Rohrau liegt im Bereich der quartären Donauschotter. Dieser breite und tiefe Talabschnitt, den ein früherer Donau-Lauf geprägt hat, kann von Götzendorf bis Rohrau verfolgt werden, wo die Leitha in die Pannonische Tiefebene eintritt.

Obwohl die Landschaft bei Götzendorf weitgehend eben erscheint, lässt sich hier neben dem Leitha-Tal eine weitere Tiefenrinne ausmachen: Sie führt über die Senke bei Margarethen am Moos Richtung Norden in die Fischa-Niederung. Die ehemalige Talverbindung zur Fischa weist darauf hin, dass die Leitha ursprünglich nach Norden in die Donau abfloss und eine gemeinsame Mündung mit der Fischa bei Fischamend besaß. Erst in der zweiten Hälfte des Pleistozäns dürfte es zu einer Richtungsänderung gekommen sein. Die Ursachen für die Abkehr von der ursprünglichen Route sind, wie im Kasten auf Seite 21 rechts dargestellt, durch

Die Abbildung zeigt die tektonisch aktiven Störungslinien im Wiener Becken. Die gelben und roten Farben spiegeln die Mächtigkeit der quartären Ablagerungen wider.

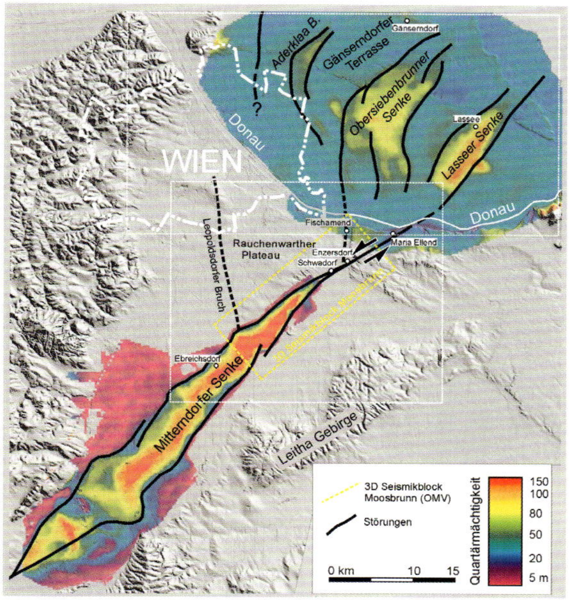

Peresson, in: Wessely 2006

die junge Tektonik vorgegeben. Durch die Verlagerung der Mündung von Fischamend nach Mosonmagyaróvár nahm die Lauflänge der Leitha von etwa 60 auf 121 Kilometer zu.

Nach Zámolyi & al. (2015) lässt sich die Leitha in drei geomorphologisch unterschiedliche Abschnitte gliedern:

- der obere Leitha-Lauf bis Götzendorf als Rest der ursprünglich bei Fischamend mündenden Leitha
- der ursprünglich umgekehrt (Richtung Nordwest) durchflossene Talabschnitt zwischen Bruck und Rohrau
- das ursprüngliche Nebengerinne der Donau (im Altpleistozän während der Günz- und Mindel-Eiszeit) im Talabschnitt unterhalb von Rohrau, welches sich von der Kleinen Ungarischen Tiefebene her einschnitt, die beiden oben genannten Flussabschnitte füllte und vereinte

Die Veränderungen des Flusslaufs im jüngeren Neogen lassen sich heute noch an den unterschiedlichen Landschaftsformen nachzeichnen: So zeigen die Feuchtstandorte

Tektonik des Wiener Beckens

Um die Laufänderungen der Leitha im Pleistozän besser verstehen zu können, ist ein Blick in den Untergrund des Wiener Beckens notwendig. Das Grundgebirge des Wiener Beckens wird von eingesunkenen alpin-karpatischen Decken gebildet. Es stellt somit die Verbindung zwischen Ostalpen und Westkarpaten dar und ist mit den aufgeschlossenen prä-tertiären Gesteinen der Randgebirge des Wiener Beckens weitgehend identisch. Auf dem Grundgebirge lagern neogene Sedimente in großer Mächtigkeit.

Das Wiener Becken ist ein tektonisches Einbruchsbecken, das durch Störungen gekennzeichnet ist. Sie resultieren aus dem Umstand, dass sich die Karpaten weiter nach Norden bewegten, als die Nordbewegung der Alpen im oberen Untermiozän (Karpatium) bereits weitgehend zum Stillstand gekommen war. So entstand ein Zerrgraben (infolge des „Pull-apart-Effekts"), durch den sich das Wiener Becken absenkte. Eine besondere Störung innerhalb des Beckens resultiert aus der Seitenverschiebung, der „VBTF" (Vienna Basin Transform Fault), entlang der sich ein Krustenteil des östlichen Wiener Beckens mit seinem Untergrund nach Nordosten bewegte. Die Störung reicht steil und tief in den Unterbau, in ihrem neogenen Anteil bildet sie Äste, die beidseitig verflachend die Oberfläche erreichen und im Querschnitt das Bild eines Blumenkelches abgeben, genannt „flower structure", gut erfasst durch Seismikschnitte. An der Störung treten vermehrt Erdbeben auf. Entlang der Störungszone gibt es langgezogene Einsenkungsbecken, wie die Mitterndorfer oder Lasseer Senke (u.a. Peresson 2006).

Ursprünglich floss die Leitha, beeinflusst durch die erwähnte Seitenverschiebung, in nördliche Richtung und mündete etwa bei Fischamend in die Donau. Für ihr Abschwenken nach Osten gibt es noch keine gesicherte Erklärung. So könnten jüngere Strukturen, die durch die weitere Seitenverschiebung entstanden sind und quer zur Streichrichtung liegen („intrabasinal hills" nach Salcher 2012), eine Rolle spielen. Zudem könnten auch exogene, durch Windanwehung entstandene Barrieren im Sinne von Sebe & al. (2015) wirksam gewesen sein. In der zweiten Hälfte des Pleistozäns versperrte jedenfalls ein Hindernis den direkten Weg zur Donau und lenkte den Lauf der Leitha nach Osten durch die Brucker Pforte.

Leitha bei Zurndorf: Die Regulierung im Jahr 1954 zwängte die Leitha in ein stabiles Korsett und unterband weitere Verlagerungen des ehemals mäandrierenden Flusslaufs. Die überbreite Tallandschaft wurde in diesem Abschnitt von der pleistozänen Donau während der Günz- und Mindel-Eiszeit geformt.

nördlich von Götzendorf und der heutige Lauf des Reisenbaches die ursprüngliche Tiefenlinie der Leitha an. Die enge Tallandschaft oberhalb und unterhalb von Rohrau geht auf die Flusstätigkeit der Leitha zurück. Die breite Tallandschaft ab Zurndorf entstand hingegen durch den Donaulauf während der Günz- und Mindel-Eiszeit.

Zu diesen natürlichen Umbildungen kommen die Eingriffe des Menschen, die die Tallandschaft in jüngerer Zeit geprägt haben. Durch Regulierungsmaßnahmen wurde die Leitha stark verändert; der ursprünglich mäandrierende Lauf wurde begradigt und seiner Dynamik beraubt. Ältere Luftaufnahmen (z.B. aus dem Jahr 1965) lassen noch ausgedehnte Feuchtgebiete erkennen, die heute trockengelegt sind.

3 Diesseits und jenseits der Leitha

Es heißt immer, dass Flüsse verbinden wie auch trennen. Im einen Fall führt das Zusammenleben der Menschen in einem Gebiet über die Jahrhunderte zu einer kulturellen Identität. Im anderen Fall findet dieser Austausch nicht oder nur eingeschränkt statt, sodass divergierende Entwicklungen einsetzen. Oft sind politische, sprachliche und kulturelle Barrieren dafür ausschlaggebend oder im einfachsten Fall ein Fluss, der für die territoriale Abgrenzung herangezogen wurde.

Im Falle der Leitha wechselten trennende und verbindende Momente im Laufe der Geschichte mehrmals.

Drehen wir das Rad der Zeit zurück und beginnen wir unsere Betrachtung mit einer Epoche, in der erste Handelswege durch die Leitha-Niederung führten oder diese querten. Obwohl im Umland des Flusses noch eine ungezügelte Hochwasser- und Grundwasserdynamik herrschte, gibt es aus dieser Zeit zahlreiche archäologische Funde, die auf rege Tätigkeit diesseits und jenseits der Leitha hinweisen. So führte in der Antike die Bernsteinstraße von Carnuntum nach Bruck an der Leitha, wo es eine Brücke über den Fluss gab. Nach der Querung verlief die Straße in Richtung Leithagebirge. Beim sogenannten Bäckerkreuz südlich des heutigen Truppenübungsplatzes wurde 1906 ein Meilenstein entdeckt. Aus seiner Inschrift geht hervor, dass Kaiser Volusianus (251–253) *„die Brücken und Straßen, die durch ihr Alter baufällig geworden waren, wieder herstellen ließ"* (bzw. im Originalwortlaut *„pontes et vias vetustate conlapsas restituit"*).

Der Leitha-Raum war in der Vergangenheit stark umkämpft und wechselte häufig seine Grenzen (Eggendorfer 1999). Zu einer territorialen Grenze wurde die Leitha erstmals mit der Gründung des Königreichs Ungarn durch König Stefan I. im 11. Jahrhundert. Der Fluss schied Ungarn von der sogenann-

Historische Abhandlung zu Rechtmässiger Bestimung der Oesterreichischen Gränzen im Viertel Unter Wiener Wald gegen Hungarn
Tomus I.
Pars generalis
verfasset von dem N. Ö. Staaft Secretario Franz Christoph von Scheyb
1754.

Scheyb 1754

Der Hofgelehrte und Schriftsteller Christoph Scheyb geht im Jahr 1754 in einer Handschrift auf über 800 Seiten ausführlich auf die Geschichte der Grenzen zwischen Österreich und Ungarn ein.

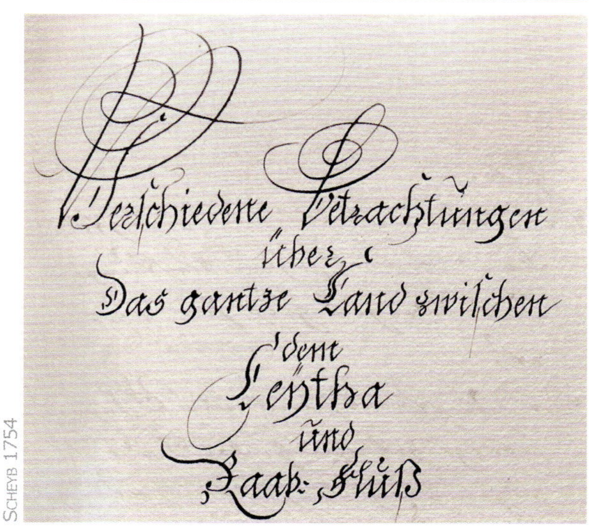
Verschiedene Betrachtungen über das gantze Land zwischen dem Leitha und Raab-Fluß

Scheyb 1754

Die Grenze entlang der Leitha folgte nicht immer dem Fluss. Es gab auch territoriale Ausnahmen wie die Herrschaft Scharfeneck, die in Scheybs Werk ausführlich begründet werden.

Die Karte von Georg Matthäus Vischer aus den Jahren 1669–1670 zeigt die Leitha-Grenze zwischen Hollern und Katzelsdorf in der Flussmitte (punktierte Linie).

ten Ostmark, der „Marcha orientalis". Im 13. Jahrhundert wurden Bruck an der Leitha, Hainburg und Wiener Neustadt als Bollwerke gegen Überfälle aus dem Osten ausgebaut und mit Stadtmauern, Zwingermauern sowie wassergefüllten Wehrgräben ausgestattet. Heute noch sind große Teile der fast zwei Kilometer langen Stadtmauer in Bruck an der Leitha erhalten.

Dass die Leitha als Grenze für längere Zeit eine geringere Bedeutung haben sollte, verdanken wir der vorausschauenden Heiratspolitik der Habsburger. Durch eine klug eingefädelte Doppelhochzeit unter Kaiser Maximilian I. wurden sein Enkelsohn Ferdinand I. mit Anna von Ungarn und seine Enkeltochter Maria von Habsburg mit Ludwig II. von Ungarn, alle noch im Kindesalter, vermählt. Als Ludwig II. in der Schlacht bei Mohács im Jahr 1526 gegen die Osmanen fiel, wurde Ungarn dem Erbrecht folgend Teil des Habsburgerreichs. Tatsächlich aber erlitt das Heer des Königreiches Ungarn in dieser Schlacht eine vernichtende Niederlage, sodass der größte Teil des Territoriums noch für längere Zeit von den Osmanen beherrscht wurde. Erst mit der Niederlage der Osmanen im Jahr 1683 lebte das Königreich Ungarn als Teil der Monarchie auf.

Die Ungarn missbilligten jedoch die absolutistische Herrschaft der Habsburger und strebten nach Unabhängigkeit. Trotz zeitweiliger Unterstützung durch die Türken und Franzosen scheiterten sie bei ihren Aufständen immer wieder. Nach der Niederschlagung des sogenannten Kuruzzenaufstandes mussten sie im Frieden von Szatmár 1711 die Habsburger als Könige Ungarns anerkennen. Im Gegenzug sprach man den Adeligen im Königreich Ungarn gewisse Freiheiten zu.

Dennoch schwelten die Unabhängigkeitsbestrebungen weiter.

Die Leitha bildete in dieser Zeit eine innere Grenze, die unterschiedliche Verwaltungseinheiten eines gemeinsamen Territoriums schied.

Da der Grenzverlauf in einigen Bereichen umstritten war, entstanden im 18. Jahrhundert mehrere Landkarten, die sich mit der sogenannten Leitha-Grenze auseinandersetzten. Sie zeigen fast den gesamten Lauf des Flusses in einer für die damalige Zeit erstaunlichen Genauigkeit. Zu den herausragenden Werken zählen die Karten von Johann Jakob Marinoni (1715). Marinoni war Vertreter des Kronlandes Österreich unter der Enns. Er vermaß in dieser Funktion strittige Landesgrenzen und vermittelte in Grenzstreitigkeiten.

Eine weitere Grenzkarte arbeitete Constantin Johann Walter in den Jahren 1754–1755 aus. Sie enthält nicht nur die tatsächliche damalige Grenze, die der heutigen Westgrenze des Burgenlandes entspricht, sondern auch die Anspruchsgrenzen (Prätensionslinien) beider Länder. Die Ungarn wollten ihre Grenze im gesamten Verlauf bis an die Leitha und noch darüber hinaus bis Hainburg vorschieben.

Obwohl die Leitha nur über wenige Kilometer die Grenze bildete, wurde sie für die Aufteilung der Monarchie namensgebend. Cisleithanien für das Gebiet links des Flusses, Transleithanien für das Gebiet rechts der Leitha.

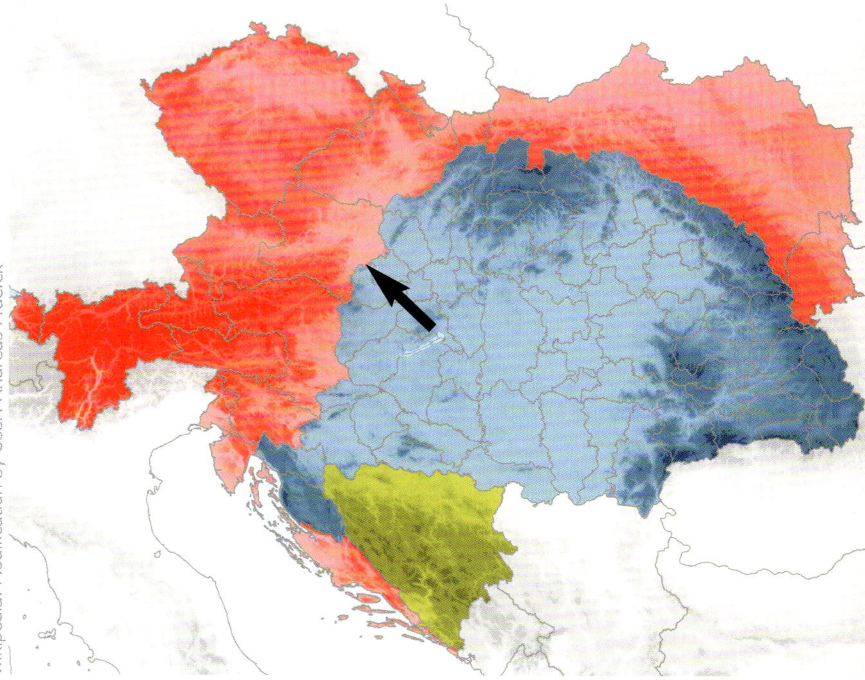

wikipedia. Modification by User: Andreas Praefck

Niederösterreich beanspruchte wiederum die Herrschaften Hornstein, Eisenstadt, Forchtenstein und Kobersdorf, also das gesamte Gebiet bis knapp an Ödenburg heran (ULBRICH 1952).

Die politischen Verwerfungen der innerstaatlichen Grenze an der Leitha spiegelt auch der

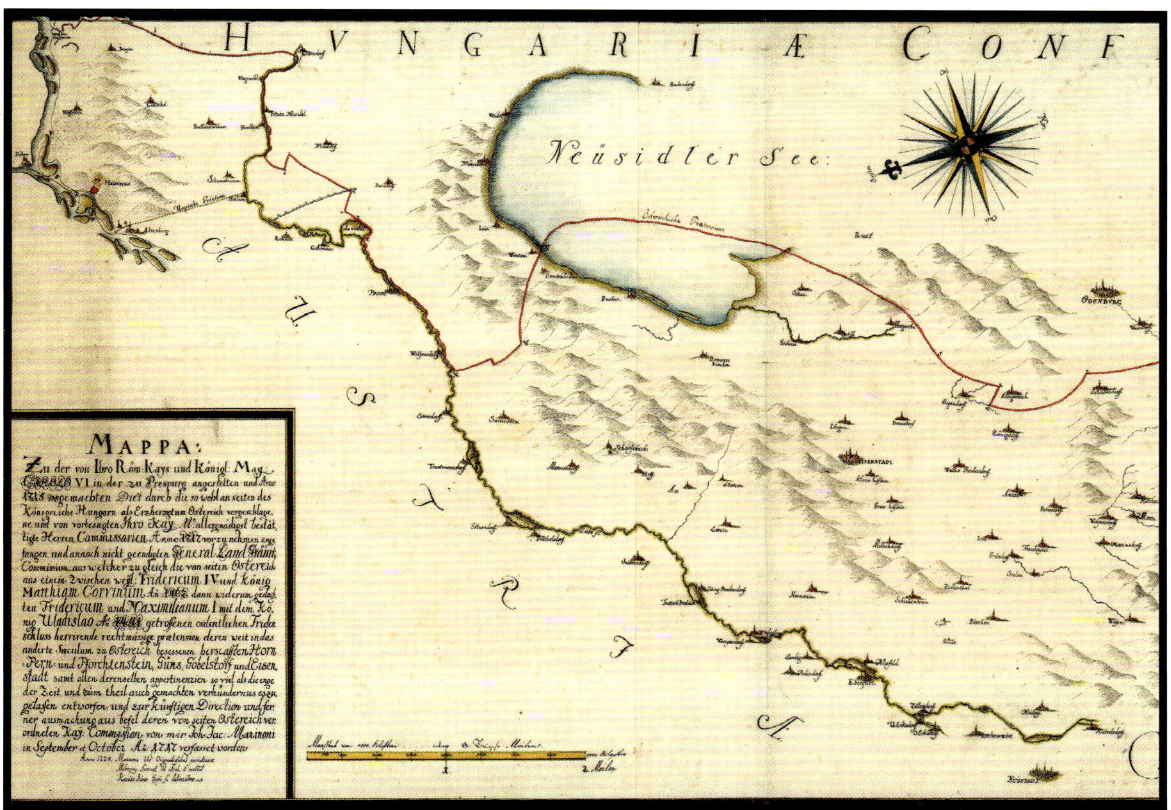

NATIONAL ARCHIVES OF HUNGARY, B IX c 642

Die Grenze zwischen Österreich und Ungarn war stets umstritten. Eine Karte aus 1728 hält jene Linienführung fest, die nach Johann Jakob Marinoni zwischen dem Königreich Ungarn und dem Erzherzogtum Österreich unter der Enns bestand.

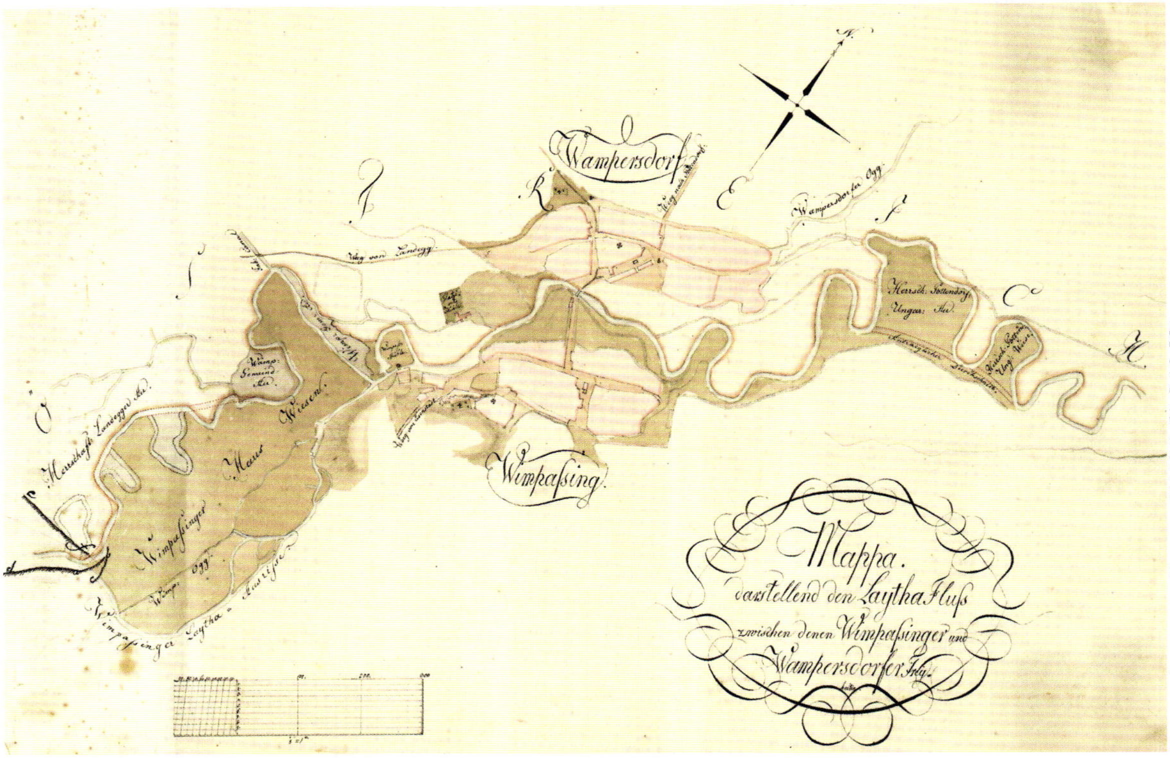

NATIONAL ARCHIVES OF HUNGARY, HU-MNL-OL-S 16-201

Hüben und drüben

Wenn man heute zwischen Wampersdorf und Wimpassing über die Brücke geht, kann man kaum glauben, dass hier einst eine Grenze verlief. Wampersdorf war österreichisch, Wimpassing (Vimpác) ungarisch, dazwischen floss die Leitha.

Da die Flussdynamik immer wieder für neue Verwerfungen sorgte, bewirtschafteten die Menschen dies- und jenseits des Flusses ihre Gründe. Unverrückbar waren hingegen die beiden Ortskerne, die auf etwas erhöhtem Terrain angelegt wurden. Trotz gelegentlicher Überflutungen erwiesen sich die alten Siedlungsteile oft als sichere Inseln im großräumig überfluteten Leitha-Tal. Im unmittelbaren Flussumland befanden sich nur die Mühlen und andere standortgebundene Anlagen. Zwischen den Ortschaften gab es eine unverbaute Zone, die als Auwald und Grünland genutzt wurde.

Mithilfe des Wasserbaus galt es die Landesgrenzen durch Verbauungen abzusichern. Diese Maßnahmen hatten in der staatlichen Verwaltung hohe Priorität und wurden teilweise vom Staat finanziert.

Da die zahlreichen Durchstiche und Begradigungen die Landesgrenzen veränderten, strebte man bei den Regulierungsmaßnahmen eine Linienführung an, die für einen Flächenausgleich sorgte. Dies gelang aber nicht immer, oft ging die neue Grenzziehung zulasten der ungarische Seite.

Da die beiden Ortschaften stark von den Hochwassern in Mitleidenschaft gezogen wurden, sollte der Abfluss oberhalb und unterhalb der Ortskerne durch mehrere Durchstiche „ertüchtigt" werden. Zudem errichteten die Wasserbauer Dämme, die die Ausuferungen etwas einschränkten. Ähnlich waren die Verhältnisse in den anderen Zwillingsdörfern diesseits und jenseits des Flusses.

Im 18. Jahrhundert gab es an beiden Ufern der Leitha zahlreiche Zollämter: Neustadt – Neudörfel, Eggendorf – Zillingdorf, Ebenfurth – Neufeld, Wampersdorf – Wimpassing, Deutsch-Brodersdorf – Leithaprodersdorf

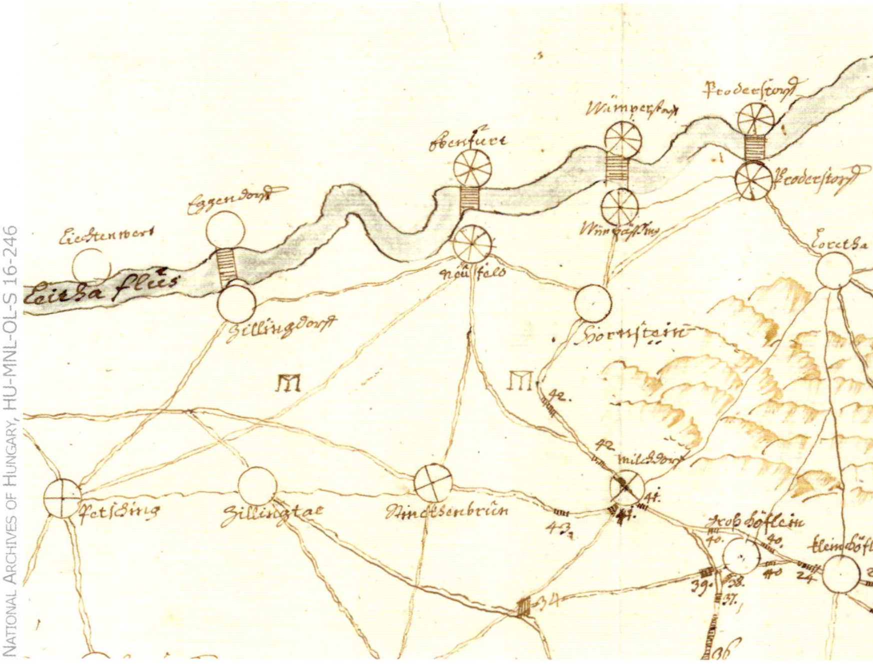

NATIONAL ARCHIVES OF HUNGARY, HU-MNL-OL-S 16-246

Umstand wider, dass der Hofgelehrte und Schriftsteller Franz Christoph Scheyb 1754 auf 800 Seiten die Grenzen zwischen Österreich und Ungarn beschrieb und dabei ausführlich auf die Geschichte der umstrittenen Grenzgebiete einging. Dieses Werk liegt in der Handschriftensammlung der Österreichischen Nationalbibliothek.

Von einer eher unbedeutenden Landesgrenze zu einer Grenze zwischen den gleichberechtigten Reichshälften Cis- und Transleithanien wurde die Leitha durch den „Ausgleich mit Ungarn" 1867. Dazu die Hintergründe in geraffter Form: Nach der Niederlage der Habsburger im Deutschen Krieg 1866 erstarkten die nach Selbstständigkeit strebenden Kräfte der Monarchie. Die durch Heiratspolitik, Kriege und Allianzen zusammengeführten Regionen des Kaiserreichs drifteten mehr und mehr auseinander. Da Zwangsmaßnahmen nicht mehr fruchteten, versuchte Kaiser Franz Joseph den Ungarn durch Zugeständnisse und weitgehende Autonomie entgegenzukommen. So wurde der zentralistische Gesamtstaat zugunsten der Doppelmonarchie Österreich-Ungarn aufgegeben. Indem der Kaiser den ungarischen Landtag zu einem selbstständig agierenden Reichstag aufwertete, der für die Belange der Länder der ungarischen Krone zuständig war, erlangte Ungarn weitgehende Autonomie. Die Leitha wurde zur Grenze zwischen dem österreichischen und dem ungarischen Territorium bzw. dem cisleithanischen und dem transleithanischen Teil der Doppelmonarchie.

Durch diesen „Ausgleich" erhielten allerdings die anderen Nationen der Monarchie keine weiteren Freiheitsrechte, im Gegenteil: Es gab starke Bestrebungen, die nationalen Wünsche der unterprivilegierten Nationen zu unterdrücken. Da die im Vertrag genannten Bezeichnungen Cis- und Transleithanien von weiten Teilen der Bevölkerung nicht gutgeheißen wurden, setzten sich andere Gebietsbezeichnungen durch.

3.

Gesetz vom 19. Jänner 1888,

womit der Bezirksstraßenausschuss von Wiener-Neustadt in Niederösterreich zur Einhebung einer Maut an der Leithabrücke bei Neudörfel im Zuge der Wiener-Neustadt—Neudörfler Bezirksstraße auf fünf Jahre vom 1. Jänner 1888 an berechtigt wird.

Über Antrag des Landtages Meines Erzherzogthumes Österreich unter der Enns finde Ich anzuordnen, wie folgt:

§. 1.

Der Bezirksstraßenausschuss von Wiener-Neustadt wird gegen Beobachtung der bestehenden Mautbefreiungen zur Einhebung einer Brückenmaut auf der im Zuge der Wiener-Neustadt—Neudörfler Bezirksstraße liegenden Brücke über den Leithafluss bei Neudörfel auf die Dauer von fünf Jahren vom 1. Jänner 1888 an gerechnet, gemäß nachstehendem Tarife berechtigt:

a) für ein Stück Zugvieh in der Bespannung 4 kr.
b) für ein Stück Zugvieh außer der Bespannung oder ein schweres Triebvieh . . . . . 2 „
c) für ein Stück leichtes Triebvieh . . . . 1 „

NÖ Landesgesetzblatt vom 19. Jänner 1888

Nicht nur die Grenze, sondern auch die Einhebung einer Brückenmaut behinderte den Handel diesseits und jenseits der Leitha.

Kampf um das Wasser

Wir schreiben das Jahr 1907, als eine Investorengruppe bei der Bezirkshauptmannschaft Wiener Neustadt um die wasserrechtliche Genehmigung einer Triebwasserentnahme an der Leitha ansuchte. Vorgesehen war ein Quantum von 3,5 Kubikmetern Wasser pro Sekunde, was etwa der halben Mittelwasserführung in diesem Bereich entsprach. Das Wasser sollte zunächst energiewirtschaftlich genutzt und dann teilweise über den Wiener Neustädter Kanal Richtung Wien geleitet werden. Ein Teil sollte über den Pottendorfer Mühlbach nach einer Strecke von 25 Kilometern wieder der Leitha zugeführt werden.

Da die „Leitha-Ableitung" auch die Interessen der ungarischen Gemeinden berührte, wurde die Entscheidung des Verfahrens zu einer „internationalwasserrechtlichen Frage". Die ungarische Seite war empört, da sie um ihre Gewerbebetriebe und Industrien an der Leitha fürchtete. In mehreren juristischen Beiträgen werden die jeweiligen Standpunkte dargelegt. Schwartz (1913) fasst die Argumente der ungarischen Seite zusammen: *„Einerseits wird sich das Wasser der Leitha längs der ungarischen Grenze bedeutend verringern …. Andererseits aber würde das Leithabett in der Strecke zwischen Lajtaßentmiklós und Wimpácz vollständig austrocknen, so daß auf dieser 25 Kilometer langen Grenzstrecke die Leitha einfach verschwinden und nur bei Hochwasser Wasser führen würde. Die erste Konsequenz, nämlich die bedeutende Verringerung des Leithawassers bedarf keiner weiteren Begründung, nachdem es allgemein bekannt ist, daß die Leitha nicht mehr als 6 Kubikmeter Wasser führt, ja einen großen Teil des Jahres auch weniger. Wenn daher der Leitha per Sekunde 3,5 Kubikmeter Wasser entzogen werden, dann muß der Wasserstand auch in niederschlagreicher Zeit auf die Hälfte sinken. In wasserarmer Zeit aber würde die Leitha überhaupt kein Wasser führen. Das vollständige Austrocknen des Leithabettes zwischen Lajtaßentmiklós und Wimpácz ist deshalb evident, weil das nach der Entnahme verbleibende geringe Flußwasser das gewöhnliche Bett nicht mehr ausfüllen kann, daß das Wasser infolge der bedeutenden Undichtigkeit des Leithabettes, sowie durch natürliche Verdunstung vollständig verschwinden wird. Dies wurde übrigens auch von den österreichischen Projektanten und behördlichen Sachverständigen zugegeben."* Interventionen von ungarischer Seite bei den verschiedenen Behörden und Politikern brachten keine Annäherung. Das Projekt wurde in der ursprünglichen Form ohne Zugeständnisse an die andere Seite in erster Instanz genehmigt.

Der Standpunkt der österreichischen Behörde basierte auf folgender Argumentation: Da die Wasserentnahme aus der Leitha *„auf österreichischem Boden geschieht und die Zurückleitung des Wassers gleichfalls auf österreichischem Territorium stattfindet,* [sei] *zur Konzessionierung des Projektes einzig und allein die österreichische Behörde kompetent."* Die ungarischen Behörden entgegneten, dass es sich hier um einen Grenzfluss handle, und deshalb *„nur die Regierungen beider Staaten gemeinsam vorgehen können und daß daher die Bezirkshauptmannschaft in* Wiener Neustadt *weder Kompetenz noch Jurisdiktion besitze".* Sie stützten sich dabei auf den Zoll- und Handelsvertrag des Jahres 1908, der im Artikel VIII, Absatz 2. anführt: *„Bezüglich jener Binnenwässer, welche in ihrem Laufe die Territorien beider Staaten berühren, werden die Vertragsparteien hinsichtlich der Schiffahrt, der Flußpolizei, der Korrektion und Instandhaltung in beiderseitigem Einvernehmen vorgehen."*

Nach einer juristischen Bekämpfung der Entscheidung durch die ungarischen Behörden bestätigte schließlich das k. k. Ackerbauministerium die erstinstanzlichen Urteile der niederösterreichischen Statthalterei, sodass die wasserrechtliche Bewilligung für das Projekt erteilt wurde. Die österreichische Regierung vertrat den Standpunkt, *„daß nur ihr allein und keinem auswärtigen Staate … die verwaltungsrechtliche Kognition auf österreichischem Gebiete zusteht und es würde geradezu allen staatsrechtlichen Prinzipien Hohn sprechen, wenn eine auswärtige Staatsverwaltung entscheidend mitzusprechen hätte …. Sie ist sich dabei aber voll der Pflicht bewußt, daß sie in solchen Fällen gewissenhaftest, ja, wenn das überhaupt möglich wäre, behutsamer, als wenn es sich um reine Inlands-Interessen handelt, die Obliegenheiten eines bonus vir* [Ehrenmannes] *zu versehen hat. Und wer die strenge Objektivität der österreichischen Rechtssprechung, der verwaltungsrechtlichen wie zivilrechtlichen, kennt und zu würdigen versteht, muß sie – sei er Inländer oder Ausländer – geradezu als vorbildlich für jede Staatsverwaltung bezeichnen."* (Mayr 1912)

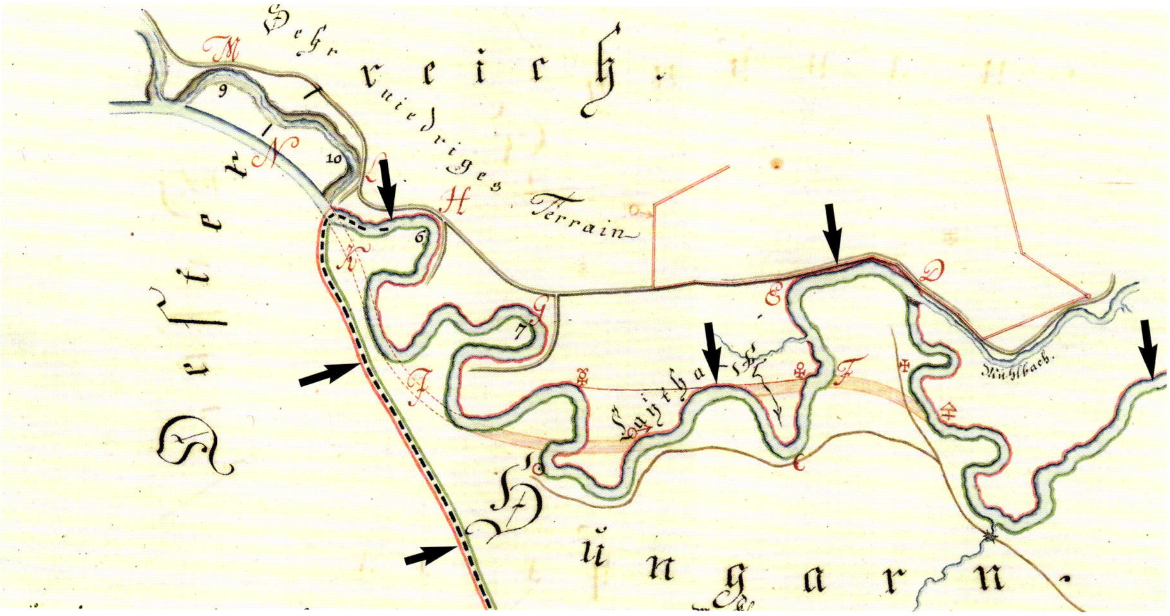

National Archives of Hungary, HU-MNL-OL-S 12-D-13-139

Der Grenzverlauf zwischen Österreich und Ungarn folgt der roten Linie.

Der schärfer werdende Ton zwischen den beiden Reichshälften zeigt sich auch bei so manchen wasserbaulichen Vorhaben. So prallten beim Bewilligungsverfahren der sogenannten Katzelsdorfer Zuleitung die jeweiligen Interessen aufeinander. Das Projekt sah eine Wasserausleitung von 3,5 Kubikmetern pro Sekunde an der Leitha bei Katzelsdorf vor, die bis zur Einmündung der Warmen Fischa in die Leitha reichte. Die ungarischen Vertreter kritisierten, dass ihre Mühlen durch verminderte Abflüsse einen großen Schaden zu erleiden hätten. Davon ließen sich die österreichischen Behörden jedoch nicht beeindrucken. Sie blockten eine Internationalisierung des Konflikts mit dem Argument ab, dass sowohl die Wasserentnahme als auch die Rückleitung auf österreichischem Boden erfolge und deshalb ausschließlich die österreichische Behörde zuständig sei. Das Projekt wurde ohne jedes Entgegenkommen umgesetzt, eine Vorgangsweise, die heute wohl undenkbar wäre.

In den letzten Jahrzehnten der Monarchie bildete die Leitha zwischen den beiden

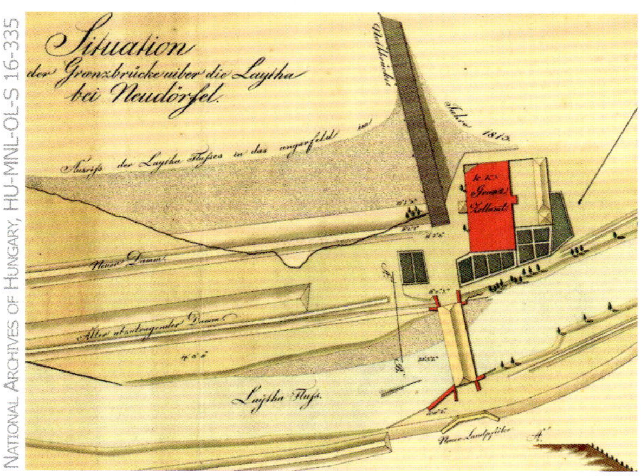

National Archives of Hungary, HU-MNL-OL-S 16-335

Ein Plan aus dem Jahr 1815 zeigt das geplante „Grenz-Zollamt" gegenüber Neudörfel. Wie müssen wir uns diese Grenze vorstellen? War sie durchlässig oder eine starke Barriere? Die Grenzbrücke hatte jedenfalls ein Dach, das den Wartenden das Leben bei Regen erleichterte.

Military History Archives, BIX c 642

Der Grenzverlauf folgte über lange Strecken den Mäandern der Leitha. Die Karte von Johann Walter entstand 1754/55.

Eine Karte von Johann Jakob Marinoni aus dem Jahr 1717 zeigt fast den gesamten Lauf der Leitha in großer Präzision. Sie wurde angefertigt, um die umstrittene Grenze zwischen Österreich und Ungarn im Bereich zwischen Lajtaújfalu (Neufeld) und Köpcsény (Kittsee) neu festzulegen.

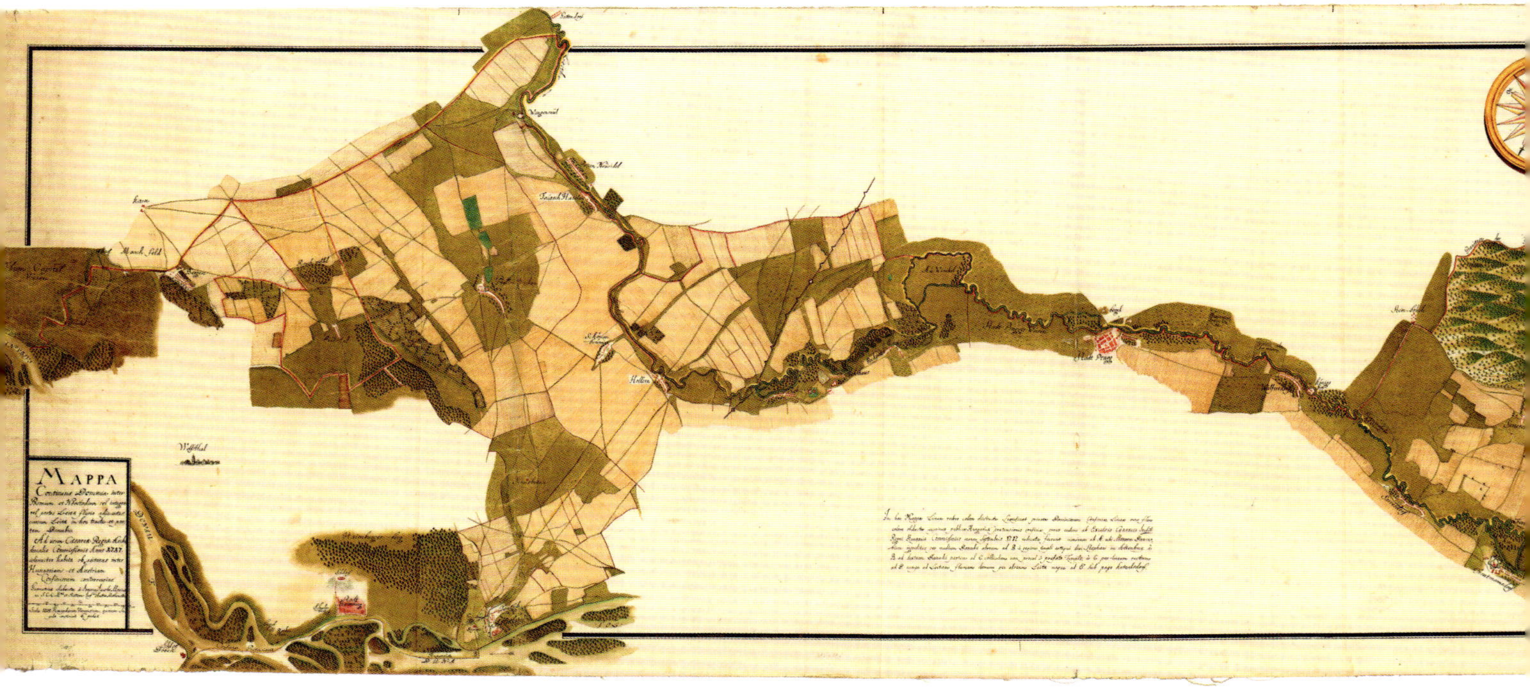

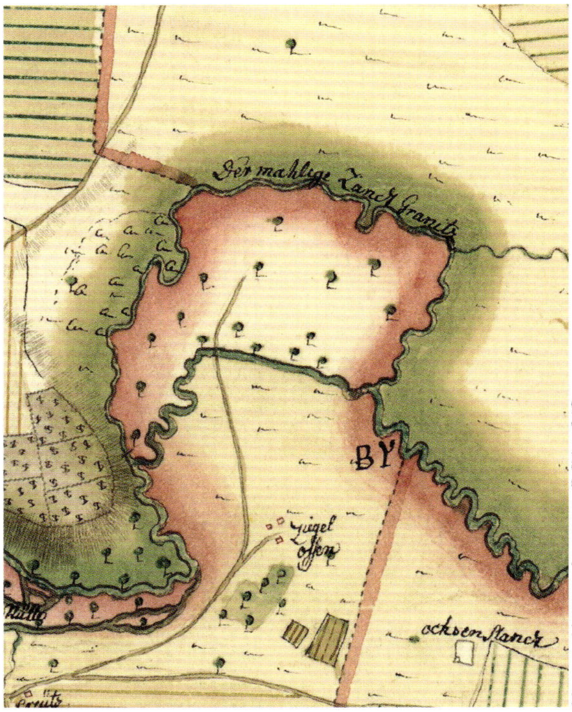

Military History Archives, B IX c 642

Durchstiche bewirken oft Grenzänderungen, die dann in späteren Karten aufgegriffen wurden. Die Karte von Johann Walter verweist auf die „Der mahlige Landt Granitz".

Reichshälften zwar eine starrer werdende Grenze. Dennoch bewirtschafteten die Landwirte weiterhin diesseits und jenseits des Flusses ihre Felder.

Die Betreuung der Grenzstrecken war für den Wasserbau in der Vergangenheit eine Herausforderung. Für die Verbauung des Flusses und die Erhaltung der Regulierungsbauwerke waren unterschiedliche Verwaltungsstellen in Österreich und Ungarn zuständig, die nicht nur unterschiedliche Sprachen verwendeten, sondern auch ihre spezifischen Interessen vertraten. Man kann sich vorstellen, dass auch noch fachliche Divergenzen bestanden, die die Zusammenarbeit erschwerten. Da die Grenze in der Flussmitte verlief, war man gezwungen, gemeinsame Strategien für den Fluss zu entwickeln. Das konnte bedeuten, dass man von einer Verbauung überhaupt Abstand nahm, da sich die Planung und Umsetzung eines solchen Vorhabens sehr kompliziert gestal-

National Archives of Hungary, HU-MNL-OL-S 16-5

tete. Oder auch, dass man sich abstimmen musste, um grenzüberschreitende Projekte zu entwickeln, die von beiden Seiten unterstützt wurden. Da die Grenzsicherung hohe politische Priorität hatte, finanzierte der Staat hier aufwendige Wasserbaumaßnahmen.

Bei den Regulierungsmaßnahmen wurde der stark mäandrierende Fluss begradigt, indem ein neues Gerinne gegraben wurde. Die Wasserbauer strebten dabei einen summarischen Ausgleich der Grundstücksflächen diesseits und jenseits der Leitha an. Für die Landwirte wurde dadurch die Bewirtschaftung nicht einfacher. Sie mussten oft längere Wegstrecken und womöglich auch Grenzen überwinden, um die abgetrennten Bereiche ihrer Wiesen und Äcker zu erreichen.

Wurden nur auf einer Seite des Flusses Dämme errichtet, führte dies zu einer stärkeren Hochwassergefährdung der gegenüberliegenden Seite. Aus diesem Grund war eine abgestimmte Vorgangsweise notwendig, die den Konsens in den Vordergrund stellte.

Bei der Verbauung des Flusses zur Grenzsicherung fielen enorme Kosten an, Investitionen, die oft schon durch das nächste Hochwasser zunichte gemacht wurden. Da es ein hohes politisches Interesse an stabilen Verhältnissen gab, scheute man weder Kosten noch Mühen, den Fluss zu bändigen. Der Kampf gegen die Flussdynamik war aber aussichtslos.

Als nach dem Ende des Ersten Weltkrieges die Habsburgermonarchie zerfiel und zwischen den neuen Republiken Österreich und Ungarn eine starre Grenze gezogen wurde, hatte die Staatszugehörigkeit eine große Bedeutung, da sich nun eigenständige Staaten gegenüberstanden. In den mehrheitlich deutschsprachigen Teilen Westungarns entstand eine breite Bewegung, die das Selbst-

Einen weiteren Versuch zur Festlegung der Grenze zwischen dem Königreich Ungarn und dem Erzherzogtum Österreich unter der Enns unternahm der Kartograf Johann Walter 1754/55. Seine Karte zeigt die Grenzen im Bereich der March und der Leitha (l.).

Wie die Karte von Johann Walter zeigt, folgte der Grenzverlauf nicht immer der Leitha. Neudörfel und Neufeld waren ungarisch und gehören heute zum Burgenland (r.).

Military History Archives, B IX c 642

Military History Archives, B IX c 642

bestimmungsrecht der Völker und die Angliederung an Österreich forderte. Obwohl die ersten Entwürfe der Friedensbedingungen noch die Beibehaltung der historischen Grenze zwischen Österreich und Ungarn vorgesehen hatten, sprachen die Alliierten im September 1919 Österreich die mehrheitlich deutschsprachigen Teile der Komitate Westungarns (Wieselburg/Moson, Ödenburg/Sopron und Eisenburg/Vas) einschließlich der Stadt Ödenburg zu (Vertrag von Saint Germain). Da die Bevölkerung von Ödenburg und einigen weiteren Gemeinden im Dezember 1921 bei einer Volksabstimmung zugunsten eines Verbleibs bei Ungarn votierte, änderte sich die Ausdehnung des neu geschaffenen Bundeslandes, dem Burgenland, ein weiteres Mal. Zur Jahreswende 1921/22 kam das Burgenland zur Republik Österreich. Die Leitha wurde im Bereich zwischen Neudörfel und Gattendorf durch den Vertrag von Saint Germain 1919 von einer Staatsgrenze zu einer innerösterreichischen Grenze.

Erst unterhalb von Nickelsdorf verlässt die Leitha das österreichische Territorium und legt auf ungarischem Gebiet noch 18,4 Kilometer zurück, ehe sie bei Mosonmagyaróvár (Wieselburg-Ungarisch Altenburg) in die Kleine Donau (Mosoni-Duna), einen Seitenarm der Donau, mündet.

Für den Wasserbau spielt heute der Umstand, dass die Leitha über längere Strecken eine Landesgrenze bildet, keine Rolle mehr. Die Betreuung und Erhaltung des Flusses vom Leitha-Ursprung bis zur Staatsgrenze teilen sich insgesamt vier Wasserverbände, die jeweils für einen Abschnitt verantwortlich sind (vgl. S. 121).

4 Frühe Nutzungen der Gewässer

Die Leitha und ihre Zubringer wurden ab dem Spätmittelalter in vielfältiger Weise genutzt: als Transportweg, als Energiequelle und indem ihr Wasser für Bewässerungszwecke und die Versorgung der Stadt Wien abgezweigt wurde. Das folgende Kapitel versucht einen Bogen über die Nutzungsgeschichte der Gewässer im Wandel der Zeit zu spannen.

4.1 Wasserkraftnutzung

Wasserräder waren über viele Jahrhunderte für die wirtschaftliche Entwicklung des südlichen Wiener Beckens eine wichtige Triebfeder. Bereits im 13. Jahrhundert, möglicherweise aber noch früher, wurden die Wasserkräfte der Schwarza und der Leitha genützt.

Die Geschichte des Wasserrades reicht zurück in die Antike, wo es zunächst zur Förderung von Wasser eingesetzt wurde. Philon von Byzanz entwickelte im 3. Jahrhundert v. Chr. ein wassergetriebenes Schöpfwerk mit unterschlächtigem Wasserrad. Zwei Jahrhunderte später beschrieb der römische Baumeister und Gelehrte Vitruv in seinem Werk *„De architectura libri decem"* das Prinzip des Schöpfrades und der Wassermühle. Die Römer brachten die neue Antriebstechnik auch nach Mitteleuropa. So erwähnt beispielsweise der römische Beamte und Dichter Decimus Ausonius in einem Reisebericht aus dem Jahre 368 erste Wassermühlen nördlich der Alpen. Seit dem 12. Jahrhundert sind Wassermühlen in Mitteleuropa verbreitet. Im Mittelalter hatten die Klöster und Adelshäuser wesentlichen Anteil an der Verbreitung dieser Technik im Alpenraum.

Bei den ersten Mühlen wurde fast ausschließlich das unterschlächtige Wasserrad mit waagrechter Achse eingesetzt, d.h. das

Adolph Kunike um 1830 „Malerische Ansichten von Österreich"

Jakob von Alt verewigte um 1830 den Krumbachhammer an der Schwarza. Deutlich zu erkennen sind die Wehranlage und die aus Holz errichtete Ausleitung. Das Gemälde trägt den Titel „Ein Eisenhammer am Schneeberg".

fließende Wasser trifft das Schaufelrad – ähnlich wie bei einer Schiffsmühle – an seinen tiefsten Stellen. Um den Wirkungsgrad zu verbessern, setzte man ab dem 14. Jahrhundert auch das oberschlächtige Wasserrad ein. Dabei stürzte das Wasser von oben auf das Rad und setzte es durch sein Gewicht in Bewegung. Bei vergleichbaren Wassermengen und Abmessungen leistet das oberschlächtige Wasserrad etwa doppelt so viel wie das unterschlächtige. Damit verbunden waren aber stärkere Eingriffe in die Flussmorphologie und Wasserführung. Um die notwendige Fallhöhe zu erreichen, mussten größere Wehranlangen oder längere Triebwasserkanäle errichtet werden. Diese Bauwerke waren durch die Hochwasser aber massiv gefährdet.

Bis in die Mitte des 19. Jahrhunderts behielt das Wasserrad seine dominierende Stellung als Kraftquelle. Über die Jahrhunderte betrachtet, gab es nur wenige grundlegende Verbesserungen des Wasserrades. So erhöhte der Einsatz von Metall für die Schaufelflächen die Effizienz und Lebensdauer der Anlagen. Gesteigert werden konnten auch die Umdrehungszahlen, die bei hölzernen Wasserrädern sehr niedrig waren. Vorgezeichnet war damit auch die Weiterentwicklung zur Turbine im 19. Jahrhundert.

Das Turbinenrad ist im Gegensatz zu einem Wasserrad von einem Gefäß umschlossen. Das einströmende Wasser wird durch die schraubenförmig gekrümmten Schaufeln der Turbine in eine Drehbewegung versetzt, jedoch mit einem wesentlich höheren Wirkungsgrad. Wie Leonardo da Vincis Skizzenbücher belegen, tüftelte er Ende des 15. und Anfang des 16. Jahrhunderts an der Funktionsweise einer Turbine. Die Nutzung der innovativen Strömungstechniken gelang aber erst viel später.

In der zweiten Hälfte des 19. Jahrhunderts setzte sich die Turbine allmählich gegenüber dem Wasserrad durch.

Mit dem Einsatz von Wechselstromgeneratoren und dem Bau elektrischer Leitungen war es möglich, die Standorte von Produktion und Energieerzeugung räumlich zu trennen und die Betriebsstätten außerhalb der hochwassergefährdeten Gebiete zu errichten.

Frühe Wasserkraftnutzung an der Schwarza

Nicht in der Ebene, sondern in den Gebirgstälern mit ihren schnell fließenden Bächen und Flüssen entwickelten sich die ersten Industrie- und Gewerbelandschaften, da hier günstige Bedingungen für die Nutzung der Wasserkraft herrschten. Die Schwarza zeichnet sich durch ein starkes Gefälle und eine günstige Wasserführung aus. Das hohe Wasserkraftpotenzial zog sehr früh zahlreiche Betriebe an.

In den Grundbüchern der Herrschaft Reichenau und der Probstei Gloggnitz finden sich mehrere Einträge zur Wasserkraftnutzung. So ist um 1343 ein Müller Albertus in Schmidsdorf (Payerbach) erwähnt. 1593 gab es in Payerbach eine Walch-Stampfe (Lodenwalke), eine Mühle und eine Pulverstampfe. 1640 findet sich ein Eintrag über die sogenannte Schleglmühl. 1751 betrieb Johann Schruf in Payerbach eine Mühle mit drei Mühlgängen, eine Sägemühle und eine Stampfe. Zur selben Zeit führte hier auch Simon Rumpler eine Säge und eine Stampfe. Zudem weist der Ortsteil Mühlhof auf eine weit zurückliegende Wasserkraftnutzung hin.

Noch ältere Einträge gibt es für Neunkirchen. So wird 1222 eine Mühle urkundlich erwähnt, die Herzog Leopold VI. den Erben des Grafen Ortolf von Schratenstaine zusprach. Im Gegenzug mussten sie einen Zins von einem Pfund an das Kloster Formbach entrichten. 1493 wird in den Grundbüchern die Marktmühle bei der Judengasse angeführt. 1558 gab es bereits mindestens drei Mühlen: die Peham-Mühle in der Haffengassen, die Magerl-Mühle hinter dem Pfarrhof und die

Schlöglmühl

Die Papierfabrik Schlöglmühl war eine der größten Papierfabriken der österreichisch-ungarischen Monarchie in Payerbach in Niederösterreich. Sie war von 1851 bis 1982 in Betrieb.

Die Papierfabrik ging aus einer Mahl- und Sägemühle mit dem Vulgonamen Schlegelmühle hervor. Zwischenzeitlich wurde dieser Standort auch als Chemiefabrik (Herstellung von gepulvertem Kobaltglas und bestimmter Arsenverbindungen) genutzt.

Die Papierfabrik entstand im Jahr 1851, um die k.k. Hof- und Staatsdruckerei mit preisgünstigem Papier zu versorgen. Doch schon acht Jahre später wurde die Fabrik privatisiert und in der Folge modernisiert. So verlegte man den Unterwasserkanal und tauschte die Wasserräder gegen drei Turbinen mit insgesamt 280 Kilowatt.

Im Jahr 1882 wurde die erste Papiermaschine im damaligen Österreich in Schlöglmühl mit einem Elektroantrieb ausgestattet. Für die Rohstoffversorgung kaufte die Aktiengesellschaft Forste in der Umgebung auf. 1882 wurde die Papierfabrik Stuppach übernommen. Mit dieser in Gloggnitz liegenden Fabrik waren insgesamt mehr als 1000 Mitarbeiter beschäftigt, die im Jahr etwa 7500 Tonnen Papier herstellten.

Die Eigenständigkeit des Unternehmens endete 1908, als der Betrieb in die Gruppe der Neusiedler Papierfabrik überging. Anfang der 1970er-Jahre ging das Werk an Salzer Papier. Die Übernahme konnte die Schließung zwei Jahrzehnte später aber nicht abwenden.

Heute noch in Betrieb ist ein Kleinkraftwerk, das seit 1983 von der EVN betrieben wird.

Die Bildreihe zeigt den Lageplan des Mühlbaches, das Querprofil und die Seitenansicht des hölzernen Gerinnes sowie ein Querprofil des Mühlbachdamms.

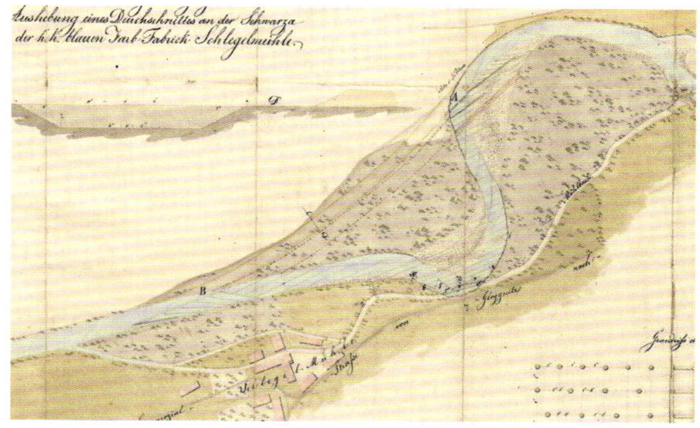

Ein Regulierungsplan der Schwarza bei der „Schlegelmühle" zeigt die Maßnahmen zur Wiederherstellung des Mühlbachs im Jahr 1821.

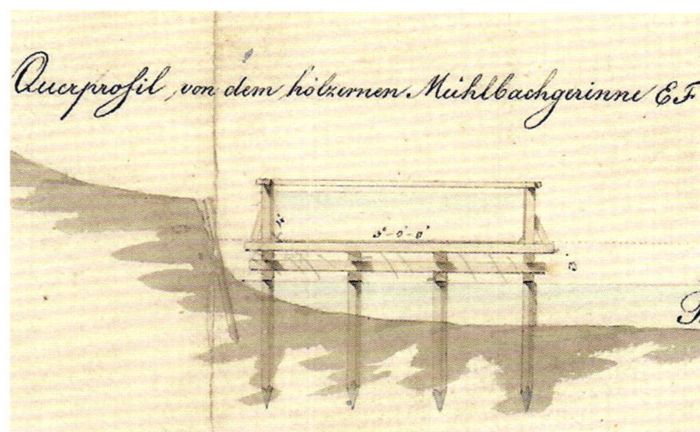

Hölzernes Mühlbachgerinne, Querprofil

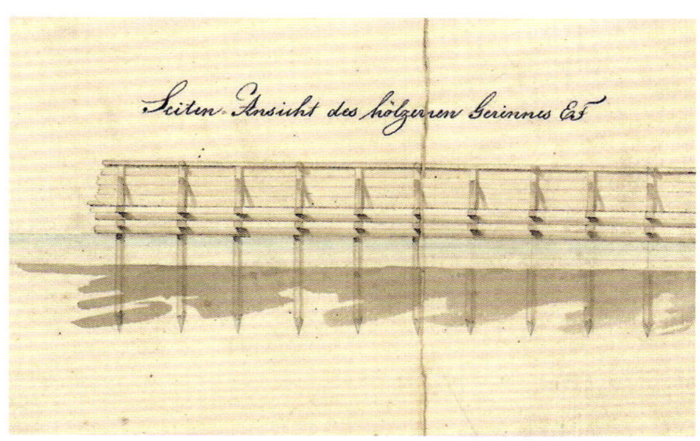

Hölzernes Mühlbachgerinne, Seitenansicht

Mühlbachgerinne, Querprofil

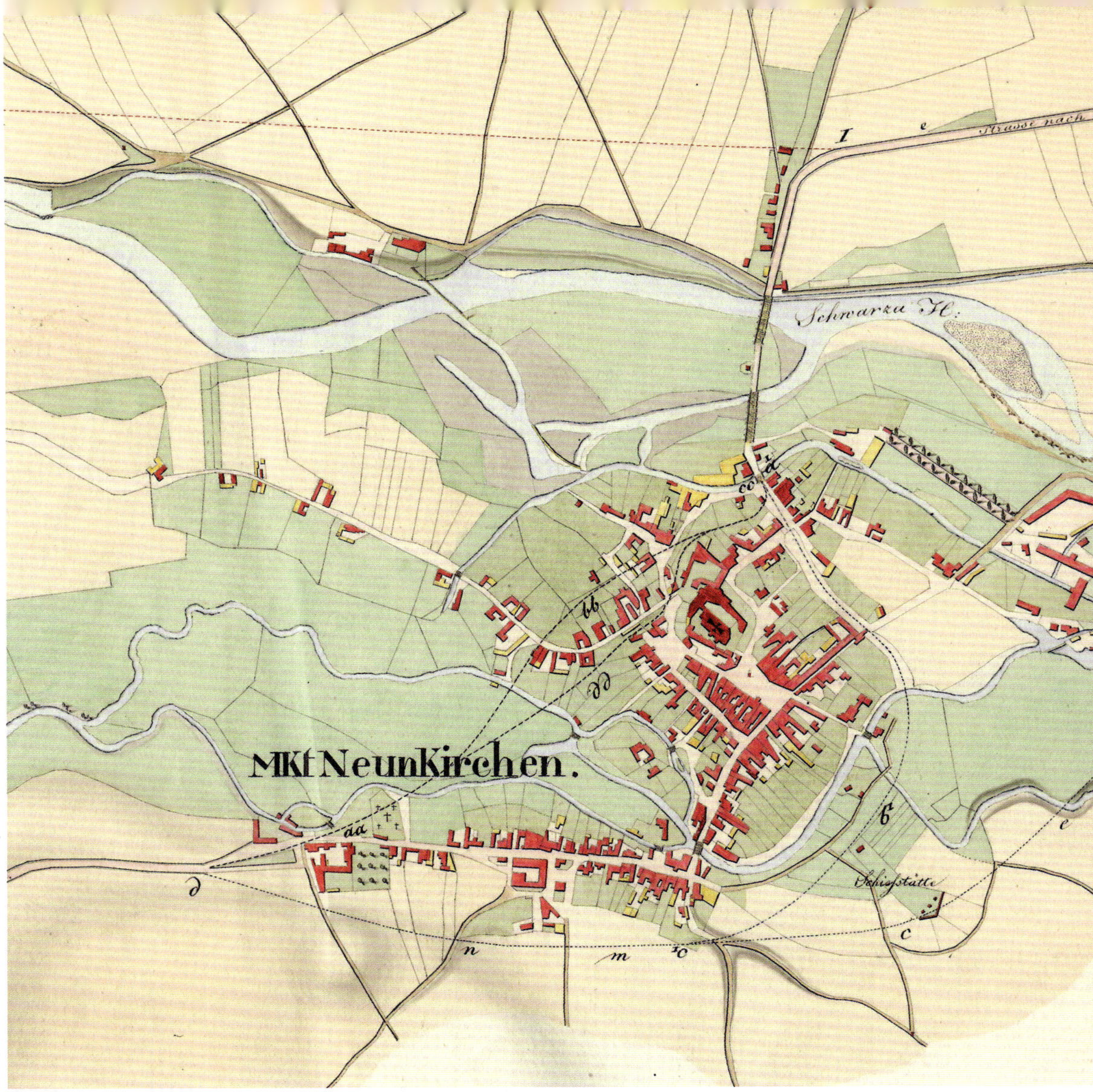

In Neunkirchen gibt es eine Vielzahl von Mühlbächen. Einige Teile dieser künstlichen Gerinne könnten ein hohes Alter aufweisen, denn Mühlengründungen erfolgten hier schon ab dem 13. Jahrhundert. Die Karte zeigt die Situation im Jahr 1828.

Stadtarchiv Neunkirchen, Kartensammlung 693

Zwicklmühle des Sebastian Nagl. 1597 findet sich zudem ein Eintrag über die Mühle am Lichtensteg.

Später bildete sich in Neunkirchen ein regelrechter Mühlencluster: Nach Schweickhardt gab es im Jahr 1833 auf den von der Schwarza abgeleiteten Mühlbächen *„die Zweckl-, Steinfeld-, Herren- und Liechtensteinmühle, im ganzen 6 Mahlmühlen, ferner 3 Sägemühlen, 2 Lohmühlen* [zum Mahlen der Gerbmittel]*, 1 Glättmühle, 1 Weißgerberwalke und 1 Hammerwerk"*.

Die Region um Neunkirchen, Ternitz und Gloggnitz entwickelte sich zu einer bedeutenden Industrieachse. Viele Kraftwerksstandorte befanden sich an den Zubringern zur Schwarza, da diese ein höheres Gefälle aufwiesen und den Hochwassern nicht so stark ausgesetzt waren.

Flussab von Neunkirchen war die Wasserkraftnutzung jedoch unwirtschaftlich, einerseits wegen der starken Versickerung, andererseits weil bei Peisching Triebwasser für den Kehrbach entnommen wurde.

Frühe Wasserkraftnutzung an der Leitha

Im Gegensatz zur mittleren und unteren Leitha war der obere Abschnitt als Kraftwerksstandort wenig attraktiv. Neben der starken Versickerung trug die Kehrbach-Ausleitung schon im Spätmittelalter zum zeitweiligen Trockenfallen des Flussbetts

NÖ Landesbibliothek, Kartensammlung AI 34/1

Eine Straßenkarte von Neunkirchen aus dem Jahr 1726 zeigt mehrere Mühlenstandorte.

Amateurfilmsektion

Amateurfilmsektion

Das Wasserkraftwerk in Ternitz wurde 1850 erbaut und nach fünf Jahrzehnten umgestaltet und modernisiert (l.).

Belegschaft dieses Wasserkraftwerks (r.)

unterhalb von Peisching (Neunkirchen) bei. Erst ab dem Eintritt in die sogenannte Feuchte Ebene auf der Höhe von Zillingdorf sorgen Grundwasseraustritte für eine gleichmäßigere Wasserführung, sodass es im weiteren Verlauf der Leitha auch leistungsfähige Wasserkraftnutzungen gab.

Der früheste Hinweis einer Leitha-Mühle findet sich in einer Urkunde aus dem Jahr 1074. Sie bestätigt Landschenkungen von König Heinrich IV. an den Bischof Ellenhart von Freising. Im Dokument werden die dazugehörigen Besitztümer aufgezählt, unter anderem auch Mühlen. Die Mehrzahlform „molis" bzw. „molendinis" legt nahe, dass es damals zwischen Bruck an der Leitha und Deutsch-Haslau mindestens zwei Mühlen gab.

1323 wurden im Stadtgebiet von Bruck an der Leitha insgesamt zwei Mühlen genannt. Die obere Mühle, die sogenannte obere Schlossmühle, befand sich östlich von Schloss Prugg. Die untere Schlossmühle war am Rande der Altstadt situiert. In ihr wurde im 17. Jahrhundert eine Tuch- und Kotzenwalke (Kotzen = grober Wollstoff) eingerichtet. Zudem gab es in Kaisersteinbruch, einige Kilometer oberhalb von Bruck, die Königshofer Mühle, die erstmals 1285 erwähnt wurde und im Besitz des Stiftes Heiligenkreuz war.

Im 14. Jahrhundert entstanden auch in anderen Bereichen entlang des Flusses mehrere Mühlen, oft in Zusammenhang mit Dorfgründungen. So wird bei der ersten Nennung von Pachfurth im Jahr 1348 auch eine Mühle erwähnt. Sie entwickelte sich im 17. Jahrhundert zu einer der leistungsfähigsten Anlagen an der Leitha und hatte insgesamt elf Mahlgänge. Die Brucker Mühlen hatten im Vergleich dazu nur acht bzw. neun Mahlgänge (Adam 2021).

In den frühen Quellen zur Schwarza und Leitha ist vorwiegend von Getreidemühlen die Rede. Im 18. und 19. Jahrhundert werden auch andere Gewerbe erwähnt: Hammerwerke für die Eisenverarbeitung, Walkmühlen für die Tucherzeugung, später auch Hadernmühlen für die Papierproduktion, Sägemühlen für die Holzverarbeitung und unterschiedliche Werke zum Zerkleinern wie Lohmühlen und Pulverstampfen.

Die Königshofer Mühle in der Gemeinde Bruckneudorf wurde erstmals 1285 urkundlich erwähnt. Die Zeichnung zeigt den Königshof und die dazugehörige Mühle im Jahr 1650.

Archiv Stift Heiligenkreuz, March- oder Hotter Büchl über Münchhoffen, Capsa 43/9

Mühlbäche

Fast alle älteren Wasserkraftnutzungen wurden als Ausleitungskraftwerke konzipiert. Bei diesen wird der Fluss durch eine Wehranlage aufgestaut und das Wasser teilweise oder zur Gänze in einen Triebwasserkanal geleitet. Die Nutzung der Wasserkraft erfolgt in weiterer Folge durch ein Wasserrad oder eine Turbine. Da höhere Wasserführungen nicht über den Triebwasserkanal, sondern über das bestehende Flussbett abgeleitet werden, ist der eigentliche Produktionsstandort der Gewalt des Hochwassers nicht so stark ausgesetzt.

In engen Talabschnitten mit hohem Gefälle errichtete man Holzrinnen, sogenannte Fluder, die das Wasser zum Wasserrad leiteten.
Mit abnehmendem Gefälle und größer wer-

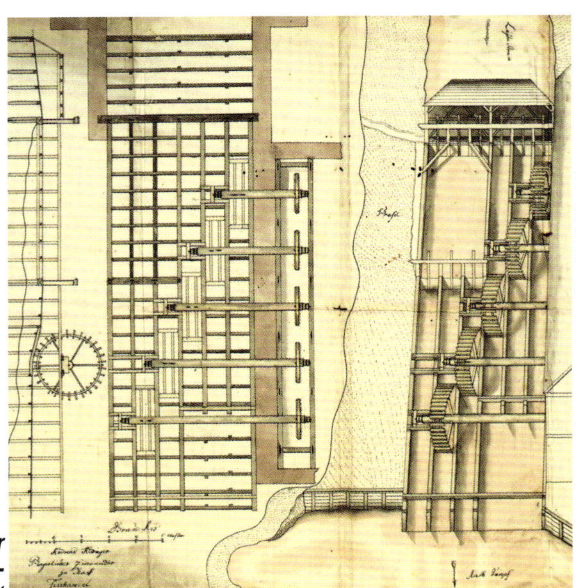

Konstruktionsplan einer Leitha-Mühle, ohne Ortsangabe, 18. Jahrhundert

National Archives of Hungary, HU-MNL-OL-T 59-19

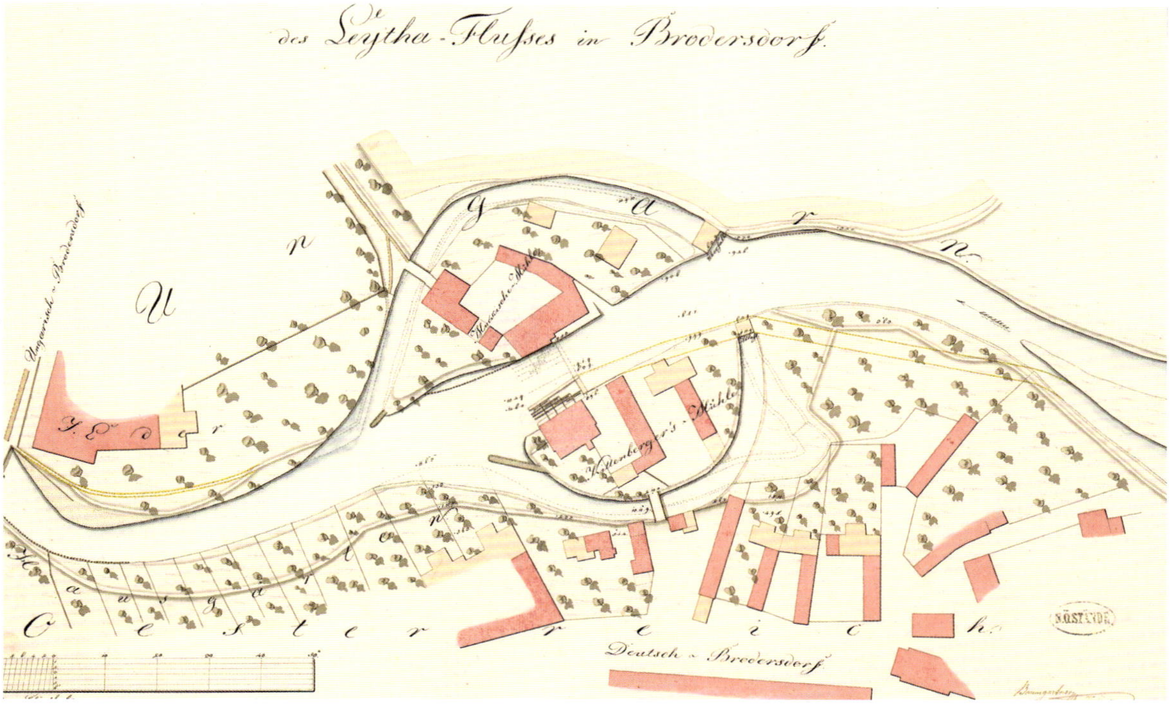

Auf den künstlich angelegten Flussinseln zwischen Deutsch-Brodersdorf und Leithaprodersdorf befanden sich zwei Mühlen. Der Plan stammt aus dem Jahr 1823.

dendem Flussbett war es einfacher, einen gemeinsamen Mühlbach für mehrere Wasserkraftanlagen zu errichten. Die Wasserbauer konnten dabei oft auf bestehende Gerinnestrukturen wie Seitenarme, Altwasser und Brunnadern zurückgreifen, was die Anlage eines Mühlbachs deutlich erleichterte.

Im Raum von Neunkirchen gibt es beidseits der Schwarza längere Mühlbäche, an deren Ufern sich unterschiedliche Gewerbe angesiedelt haben.

Die beeindruckenste Ausleitung ist sicherlich der Kehrbach. Er ist nicht nur aufgrund seiner Länge von 16 Kilometern rekordverdächtig, sondern auch aufgrund seines Alters. Kapitel 4.2 geht ausführlich auf dieses von Menschenhand geschaffene Gerinne ein.

Für die Erhaltung der Mühlbäche und Wehranlagen schlossen sich die jeweiligen Kraftwerksbetreiber schon sehr früh zu Werksgemeinschaften zusammen. Um Konflikte zu unterbinden, bedurfte es eines Regelwerks für die Erhaltung. Die daraus hervorgegangenen Mühlenordnungen enthielten detaillierte Vorgaben für die Arbeitsteilung, Pflege und Bachabkehr. Darüber hinaus legten sie die zulässigen Wasserstände oberhalb und unterhalb einer Wasserkraftnutzung fest.

Die Zahl an Wasserrädern erreichte in der Frühen Neuzeit ein erstes Maximum. Je nach Wirtschaftsentwicklung der unterschiedlichen Sparten wechselten gelegentlich die Kraftwerksbetreiber. So wurden an manchen Standorten Getreidemühlen in Sägewerke oder Papierschleifen umgewandelt, auf die wiederum Eisen verarbeitende Betriebe folgten. Hammerwerke benötigten mehr Energie und ein größeres Betriebsareal als Schleifen.

Ursprünglich wurden die Wasserkraftwerke zum direkten Antrieb der Walzen, Stampfen,

Werke an der Schwarza
1 Eisenwerk in Hirschwang
2 Cellulose in Hirschwang
3 A. Waisnix, Mühle in Reichenau
4 A. Waisnix, Holzschleife in in Reichenau
5 Schlöglmühl, 1. Holzschleife in Payerbach
6 Schlöglmühl, 2. Holzschleife in Payerbach
7 Papierfabrik Schlöglmühl
8 Volpini in Gloggnitz
9 Hamburger in in Gloggnitz
Schwarza – Stuppacher Kanal
10 Dr. Arnstein in Stuppach
11 Schlöglmühl, 1. Schleiferei in Stuppach
12 Schlöglmühl, 2. Schleiferei in Stuppach
13 Holzschleiferei der Wr. Gemeinde
14 Schlöglmühle Papierfabrik in Stuppach
15 Burkhard Walzwerk in Stuppach
16 Drahtzug in Stuppach
17 A. Bräunlich, Spinnerei in Pottschach
18 A. C. Bräunlich Holzschleife in Pottschach
Schwarza – Wimpassinger Kanal
19 Gummiwarenfabrik in Wimpassing A
20 Gummiwarenfabrik in Wimpassing B
21 Hamburger in Blindendorf A
22 Hamburger in Blindendorf B
23 Ternitzer Eisenwerk A
24 Ternitzer Eisenwerk B
Schwarza – Neunkirchner Kanal
25 Spinnfabrik in Rohrbach
26 Prettenhofer in Neunkirchen
27 Schreck in Neunkirchen
28 Wittmann in Neunkirchen
29 Gmeindl in Neunkirchen
30 Ternitzer Filiale in Neunkirchen
31 Druckfabrik in Neunkirchen
32 Spinnfabrik (Eltz Erben) in Neunkirchen
33 Spinnfabrik alte Fabrik in Neunkirchen
34 Brevillier in Neunkirchen
35 Druckfabrik in Neunkirchen A
36 Druckfabrik in Neunkirchen B

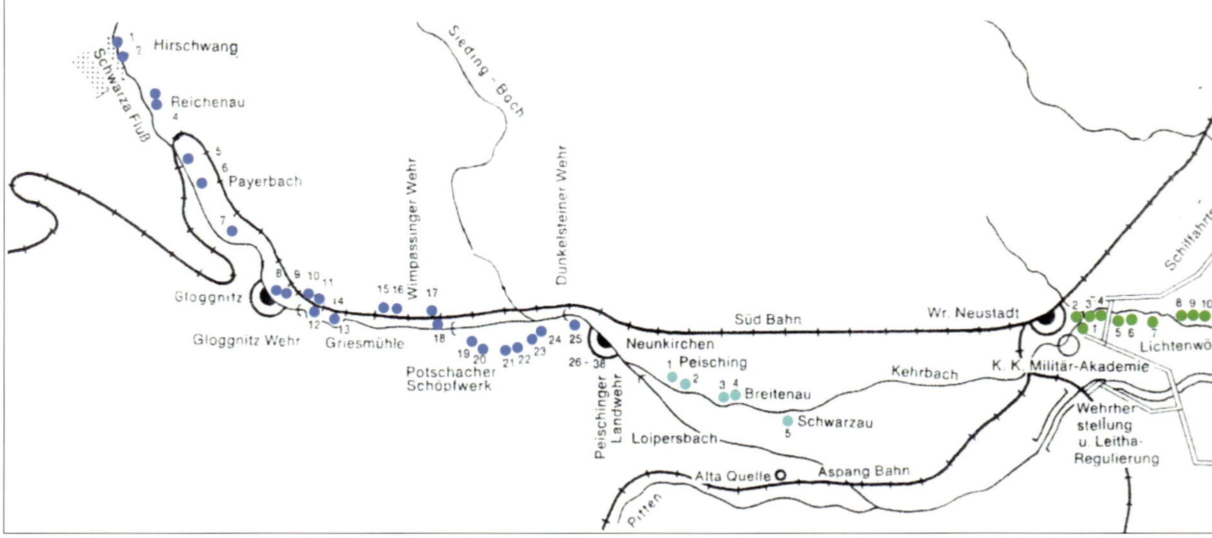

Im 19. Jahrhundert war der Ausbaugrad der Kraftwerksnutzung bereits hoch. Die Karte zeigt die Kraftwerksstandorte um 1870 an der Schwarza (inkl. Kehrbach), der Warmen Fischa und der Leitha (flussab der Warmen Fischa).

Hämmer oder Schleifen gebaut. Mit dem Einsatz von Turbinen war es möglich, elektrische Energie zu erzeugen und über größere Distanzen zu liefern. Heute wird der überwiegende Teil des Stroms in die Netze der Energieversorgungsunternehmen eingespeist.

Weitere Entwicklung der Wasserkraftnutzung an der Schwarza und der Leitha

Die Nutzung der Wasserkraft wurde über die Jahrhunderte modernisiert und erweitert. Im Folgenden wird der Ausbaugrad der Schwarza und der Leitha dargestellt. Auf die tiefgreifenden Veränderungen des aquatischen Lebensraums geht Kapitel 7.3 kurz ein.

Ausbaugrad der Schwarza

Das Gefälle der Schwarza zog über die Jahrhunderte viele Betriebe an, die die Kraft des Wassers für die Produktion nutzten. So entwickelte sich der Raum zwischen Gloggnitz, Ternitz und Neunkirchen mit der Zeit zu einer bedeutenden Wirtschaftsregion. Nicht genutzte Bereiche gibt es lediglich im

37 Gebrüder Schneider in Neunkirchen A
38 Gebrüder Schneider in Neunkirchen B

Werke am Kehrbach
1 Joh. Pruckmayer in Peisching
2 Mich. Weniger in Peisching
3 Fr. Engelhart in Breitenau
4 Mich. Haydn u. Co. in Breitenau
5 Joh. Slonck in Schwarzau

Werke an Fischa und Leitha (Leitha-Fischa-Wasserwerksverein)
6 Marie Döttelbach in Wiener Neustadt
7 Mich. Hofer in Lichtenwörth
8 Carl Strasser in Lichtenwörth
9 Mich. Hainisch in Lichtenwörth
10 Leop. F. Leidesdorf in Wiener Neustadt
11 C. F. Senttner v. Lötzen in Unter-Eggendorf
12 Schöller u. Co. in Ebenfurth
13 Pottendorfer Spinnerei
14 Papierfabrik in Wampersdorf
15 Papierfabrik in Wampersdorf
16 Seidl und Sohn in Hof und Trautmannsdorf
17 Anna Klimpka in Wasenbrück
18 1. belgisch-österreichische Filztuchfabrik in Wasenbruck
19 Baumwollspinnerei in Götzendorf
20 Franz Schneider in Götzendorf
21 Anton Polsterer in Götzendorf
22 Maria Kupfer in Trautmannsdorf
23 Stift Heiligenkreuz in Königshof
24 Johann Sturm in Bruck a. d. L.
25 Joh. Graf Harrach in Bruck a. d. L.

26 ff weitere Mühlen gab es in Pachfurth, Gerhaus, Rohrau, Deutsch-Haslau, Wangheim, Gattendorf, Zurndorf, Pama (Kleine Leitha), Deutsch Jahrndorf (Kleine Leitha) sowie auf heute ungarischem Gebiet in Hegyeshalom und Mosonmagyaróvár

Höllental, das aufgrund seiner landschaftlichen Schönheit von Kraftwerksplanungen verschont blieb.

Heute weist die Schwarza unterhalb des Höllentals einen sehr hohen Ausbaugrad auf. Unbeeinträchtigte Fließgewässerabschnitte haben während der vergangenen Jahrzehnte stark abgenommen. Einen Überblick über die Kraftwerksstandorte im Jahr 1870 gibt die Abbildung oben. Zu den nicht realisierten Projekten zählt das Pumpspeicherkraftwerk Payerbach-Bodenwiese, das 1930 beim Bundesministerium für Land und Forstwirtschaft eingereicht wurde und zur Produktion von Spitzenstrom dienen sollte.

Beim Peischinger Wehr wird ein Großteil des Schwarza-Wassers in den Kehrbach geleitet. In der unterhalb anschließenden, von starken Versickerungen geprägten Strecke ist die Wasserkraftnutzung unwirtschaftlich. Der Kehrbach mündet – wie in Kapitel 4.2 dargestellt – in die Warme Fischa. Beide Gewässer haben sich zu bedeutenden wirtschaftlichen Achsen entwickelt. Am Kehrbach

Kraftwerk am Kehrbach im Akademiepark von Wiener Neustadt

H. Wiesbauer

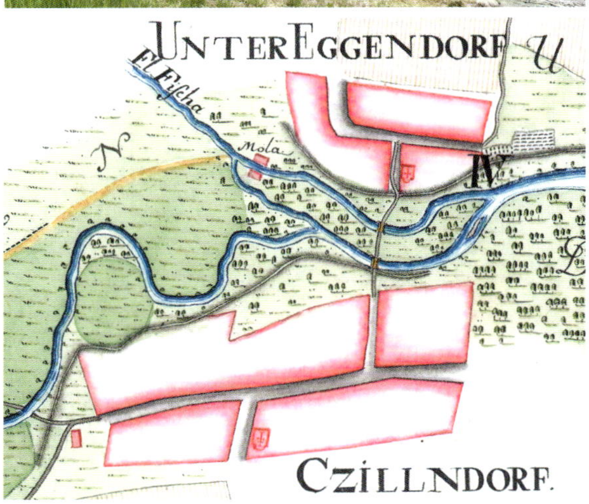

Die ursprüngliche Mündung der Warmen Fischa lag in Unter-Eggendorf. Die Karte stammt aus dem Jahr 1787.

MNL Győr-Moson-Sopron, Sm T 109

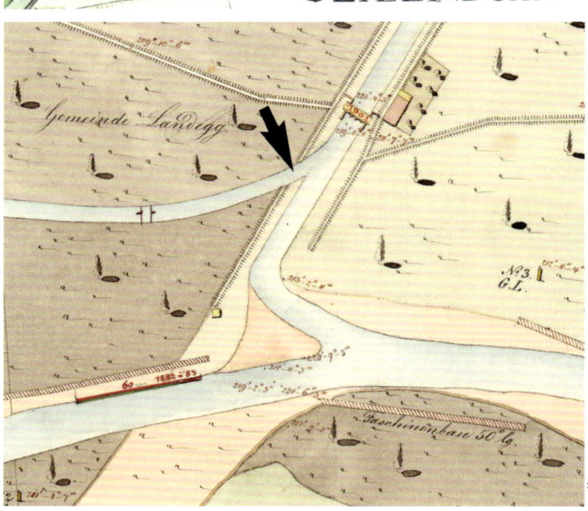

Um die Wasserkraftnutzung zu optimieren, wird die Warme Fischa seit 1838 in den Pottendorfer Werkskanal geleitet. Durch diese Maßnahme hat sich ihre Mündung um rund zehn Kilometer verlagert.

NÖ Landesbibliothek, KI 5379

werden derzeit insgesamt neun Wasserkraftwerke betrieben, an der Warmen Fischa zahlreiche weitere.

Ausbaugrad der Leitha

Im Vergleich zur Schwarza hat die Leitha deutlich weniger Wasserkraftspotenzial. Gründe dafür sind das geringe Gefälle, die starke Versickerung im oberen Abschnitt sowie die Wasserentnahmen für den Kehrbach und die Katzelsdorfer Zuleitung, die in den Kehrbach mündet.

An der Leitha werden auf österreichischem Gebiet insgesamt drei Kraftwerke betrieben, ein weiteres befindet sich an der Kleinen Leitha, einem Nebengerinne.

Bei der oberen Ausleitungsstrecke werden im Bereich von Katzelsdorf bis zu 3,5 m^3/s entnommen und bei Flusskilometer 90,7 zusammen mit dem Wasser des Kehrbachs und der Warmen Fischa in die Leitha rückgeführt.

Bei der Kotzenmühle in Seibersdorf werden in den Trautmannsdorfer Kanal bis zu 10,6 m^3/s ausgeleitet und der Leitha bei Flusskilometer 56,02 zugeführt.

Ein Laufkraftwerk befindet sich bei Flusskilometer 32,2 in Gattendorf. Rund 1100 Meter flussab davon wird die Kleine Leitha (Konsens: 1,0 m^3/s) mit Hilfe eines Teilungsbauwerks ausgeleitet.

Weitere Kraftwerke an Nebengewässern

Spricht man über die Wasserkraftnutzung der Schwarza und der Leitha, muss man auch die Kraftwerke am Kehrbach, an der Katzelsdorfer Zuleitung, dem Wiener Neustädter Kanal und an der Warmen Fischa erwähnen, da diese vom Wasser dieser beiden Flüsse gespeist werden. Einen Überblick über die Kraftwerksstandorte an diesen Gewässern im Jahr 1870 gibt die Karte auf Seite 40 f.

Der Kehrbach ist eine wasserbauliche Meisterleistung des Spätmittelalters. In einer Urkunde König Friedrichs I. aus dem Jahr 1327 wurde das künstliche Gerinne erstmals erwähnt. Wie viele andere Dokumente aus dieser Zeit ist die Urkunde nicht mehr erhalten, es gibt aber eine Abschrift davon.

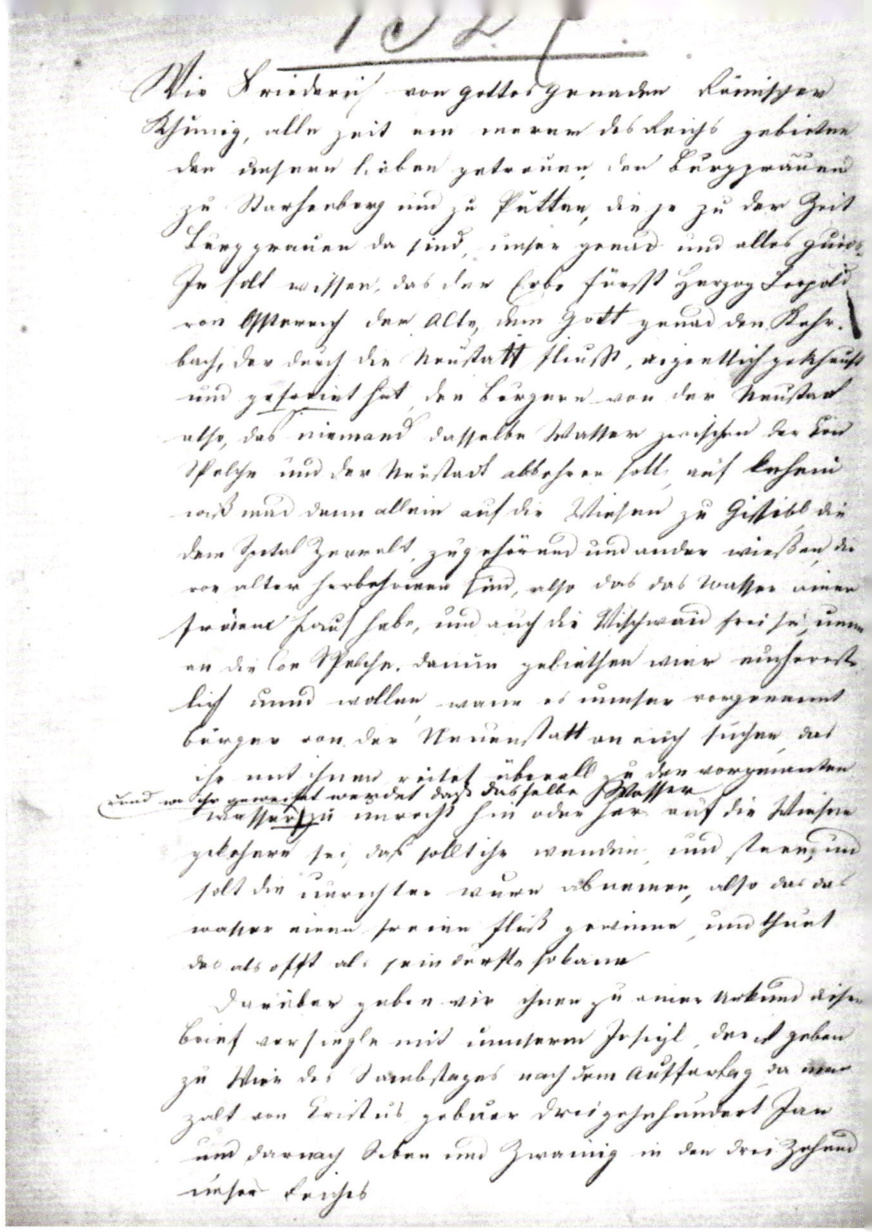

Stadtarchiv Wiener Neustadt, Abschrift der mittlerweile verschollenen Urkunde von 1327

4.2 Wasserentnahme – Der Kehrbach im Wandel der Zeit

Der Kehrbach ist ein heute noch genutztes, künstliches Gewässer, das von der Schwarza gespeist wird. Es beginnt flussab von Neunkirchen beim sogenannten Peischinger Wehr und verläuft über Wiesen, Äcker und Wälder nach Wiener Neustadt, wo es im Nordosten der Stadt in die Warme Fischa mündet.

Die Geschichte dieser Ausleitung reicht in das Mittelalter zurück und hängt untrennbar mit der Entstehung von Wiener Neustadt zusammen. Für die Gründung dieser Wehrsiedlung gegen das ungarische Königreich war die Wasservorsorgung eine wichtige Voraussetzung. Ohne zusätzliches Wasser wäre die Stadt nicht lebensfähig gewesen. Bei der Errichtung der Wasserzuleitung konnte auf eine schon bestehende Ausleitung bei Peisching zurückgegriffen werden. Das Gerinne wurde ausgebaut und nach Norden verlängert, um die noch in Entstehung begriffene Neustadt (Nova Civitas) mit Wasser zu versorgen (Listmayr & Scherz 2015).

Das älteste erhaltene Aktenstück zum Kehrbach stammt aus dem Jahr 1327. Es ist eine Urkunde König Friedrichs des Schönen, in der er die Burggrafen von Starhemberg und Pitten anwies, die Rechte der Wiener Neustädter Bürger am Kehrbach abzusichern. Damals beanspruchten auch die Eigentümer der Herrschaft Peisching den Kehrbach. Aus der Urkunde geht hervor, dass Herzog Leopold VI. von Österreich den Kehrbach 1187 gekauft habe. Das künstliche Gewässer sei für die Bürger dieser Stadt angelegt worden und niemand anderer dürfe dessen Wasser „abkehren" (ableiten), ausgenommen die Besitzer der Wiesen auf dem Gießhübel. Die Neustädter Bürger hatten im Kehrbach auch das Fischereirecht, „die vischwaid".

Dass die Nutzungsrechte am Kehrbach umkämpft waren, zeigt sich am Fischereistreit von 1423. Der Burggraf von Pitten, ein Ge-

Stadtarchiv Wiener Neustadt, MI-T3-23, Plan von 1790

Der Kehrbach war eine wichtige Voraussetzung für die Entwicklung von Wiener Neustadt.

Stadtarchiv Wiener Neustadt, Plan von 1803/1804

Die nach Westen ausgerichtete Karte zeigt den Kehrbach kurz nach der Ausleitung aus der Schwarza bis zur Mündung in die Warme Fischa sowie die Warme Fischa bis zur Mündung in die Leitha.

folgsmann des Herzogs von Österreich, betrieb die Fischerei an der Schwarza und am oberen Kehrbach. Ein von ihm an der Schwarza errichtetes Wehr unterband offensichtlich den Fischzug in den Kehrbach, denn die Neustädter zerstörten das Hindernis und beriefen sich dabei auf ihre Fischereirechte im Kehrbach. Der Schiedsspruch, den die Räte von Albrecht V. und Ernst fällten, ist zwar nicht mehr schriftlich erhalten. Doch der Umstand, dass sich in den Akten der Stadt fortan Aufzeichnungen über die Fischerei im Kehrbach finden, legt nahe, dass der Spruch zugunsten der Wiener Neustädter Bürger ausging.

Der Kehrbach versorgte die Wehrgräben mit Wasser und hatte somit eine strategische Bedeutung. Für die Verteidigungsfähigkeit der Burg und der neuen Stadt war es deshalb wichtig, den Kehrbach in seiner Gesamtheit zu schützen. Zu diesem Zweck wurde am Beginn der Ausleitung in Peisching ein Gebäude angekauft und zu einem Wehrturm umgestaltet. Dieser war allseits von Wasser umgeben und diente zur Verteidigung des sensiblen Landwehrs.

Zwischen 1446 und 1455 ließ Kaiser Friedrich III. den östlich der Burg liegenden Tiergarten mit einer Mauer umgeben. Zur Bewässerung dieser prächtigen Anlage schuf er ein neues Gerinne, das oberhalb der Gießhüblwiesen vom Kehrbach abzweigte. Durch diese separate Zuleitung sollte verhindert werden, dass das gesamte Kehrbach-Wasser durch Ableitungen der Landwirte aufgezehrt wurde, bevor es die Stadt erreichte.

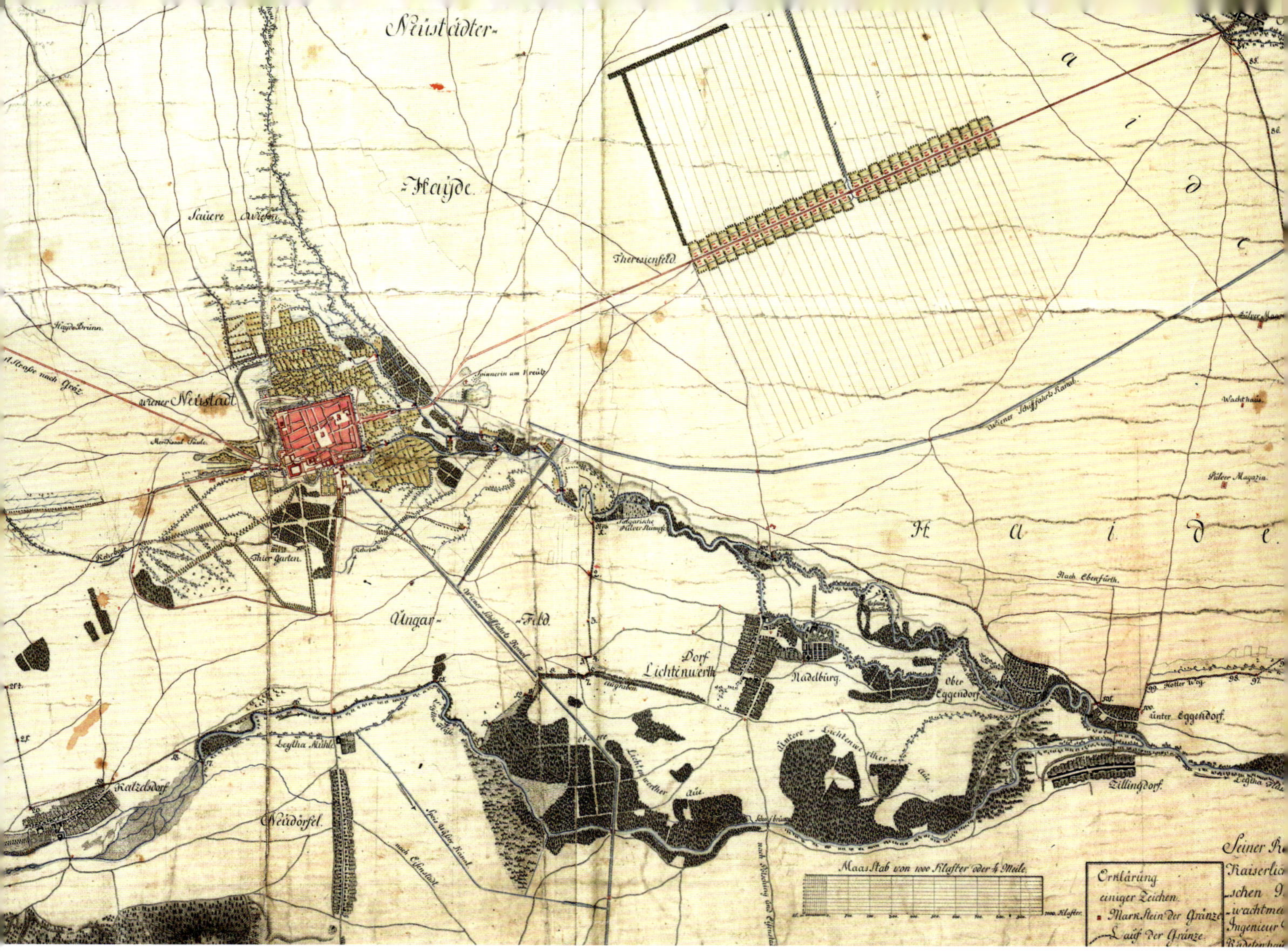

In Wiener Neustadt teilte sich der Kehrbach in mehrere Arme: Der ältere Teil verlief östlich des Stadtkerns durch den Garten des Neuklosters und traf beim Ungartor auf den Stadtgraben. Ein weiterer Arm des Kehrbachs ging von der Burg zum Neunkirchner Tor, wo er sich mit dem Stadtgraben vereinte. Von dort führte ein Wassergraben quer durch den Stadtkern nach Norden.

Bewässerungen

Das Wasser des Kehrbachs war für die Nutzung der kargen Böden essenziell, da sich im Raum zwischen Neunkirchen und Wiener Neustadt eine unfruchtbare Heide ausdehnte. Die Wiesenbewässerungen waren Anlass für zahlreiche Konflikte. Der Kampf um das knappe Gut begann bereits mit der Errichtung von Wiener Neustadt um 1194, in deren Folge das Wasser vordringlich für die Burggrabendotierung und ab 1446 für die Bewässerung des Tiergartens und anderer Flächen genutzt wurde.

Ein besonderes Problem für die Nutzung des Kehrbachs war die gleichzeitige Bewässerung mehrerer Flächen, durch die der Wasserstand im Gerinne stark abfiel und die Mühlen zu wenig Triebwasser hatten. Nach Wiener Neustadt gelangte oft gar kein Wasser, da es schon weiter oben abgezweigt wurde und in den Schotterböden rasch versickerte. Schon früh erkannte man, dass es einer zeitlichen und mengenmäßigen Abstimmung der Entnahmen bedarf. Eine Wässerungsordnung aus dem Jahr 1757 regelte die Entnahmen für die unterschiedlichen Fluren nach Stunde

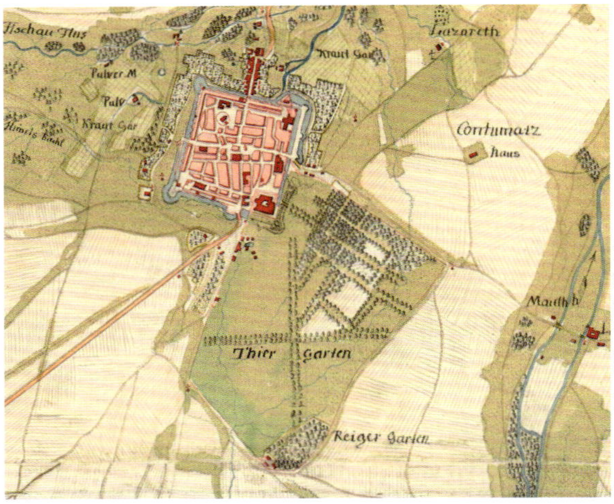

Der Tiergarten in Wiener Neustadt wurde mit dem Wasser des Kehrbaches versorgt, Wiener Neustadt um 1752.

Staatsarchiv, BIXa260 Bl.10

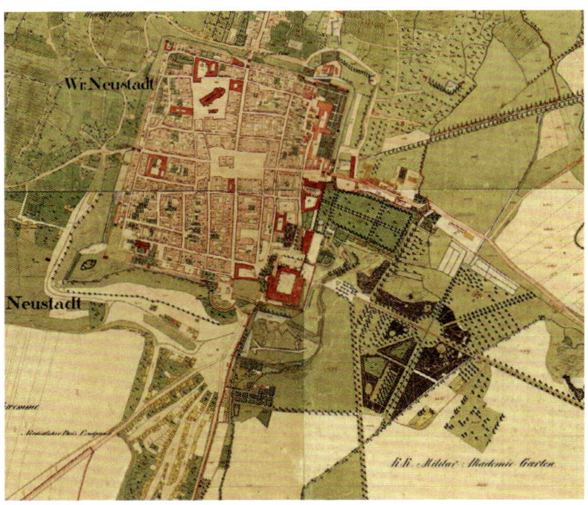

Der Franziszeische Kataster zeigt das Gewässersystem in Wiener Neustadt um 1820.

BEV

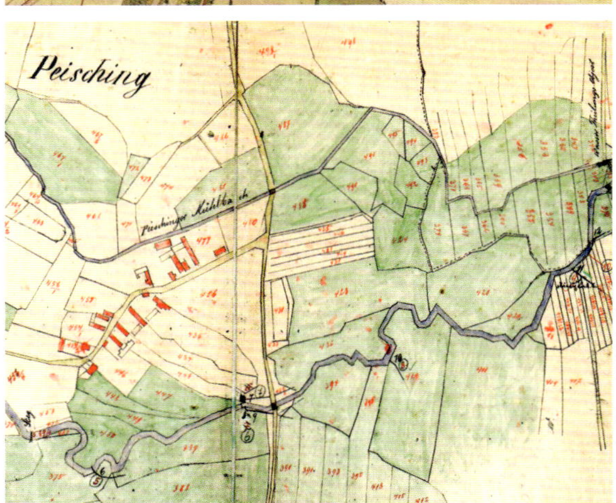

Der Kehrbach mäandriert vielerorts.

Kehrbach-Plan 1885, Ausschnitt

und Tag. Im Zuge von Kontrollen wurden kurze Zeit später unbefugte Wasserausleitungen rückgebaut und zu große Entnahmen auf das zulässige Maß eingeschränkt. Das Zuwiderhandeln gegen die Wässerungsordnung war mit saftigen Strafen bedroht. Die Chronik Wiener Neustadts berichtet dennoch von Wasserdiebstählen, sodass angeordnet wurde, *„die Exzendenten* [Übeltäter] *in den Auhof nach Wien in Eisen zu transportieren"* (Wallig 2007, 76).

Als 1752 die Militärakademie in Wiener Neustadt eingerichtet wurde, gingen fast alle Wasserrechte am unteren Kehrbach an sie; der Kehrbach diente nicht nur zur Bewässerung der Wiesengründe, sondern auch der Hauswäscherei und zur Speisung des Schwimm- und Badeteiches sowie des sogenannten Winterbades. Die Dotation des Burggrabens spielte zu diesem Zeitpunkt nur mehr eine geringe Rolle. 1783 wurden Teile dieser bedeutungslos gewordenen Anlage zugeschüttet.

Ende des 18. Jahrhunderts erreichte der Kampf um das Wasser einen vorläufigen Höhepunkt. Das knappe Gut wurde noch knapper, da die rasch wachsende Großstadt Wien aus dem Einzugsgebiet Wasser abzapfte, um den steigenden Bedarf an Trinkwasser abzudecken. Als die Wiener Hochquellenwasserleitung 1893 in Betrieb ging, musste die Stadt Wien nicht nur die Wasserkraftbetreiber am Kehrbach entschädigen, sondern auch dafür sorgen, dass die vorhandenen Bewässerungen nicht beeinträchtigt wurden. Zu diesem Zweck musste sie den Kehrbach teilweise regulieren und die Abzweigungen der Bewässerungsanlagen auf das richtige Höhenniveau bringen. Wo dies nicht möglich war, zahlte die Stadt Wien auch Entschädigungen.

Dazu kam Anfang des 19. Jahrhunderts noch die Holzschwemme von Graf Hoyos und Georg Huebmer (Baubeginn 1797, Inbetriebnahme 1803), deren Betrieb weitere Einschränkungen bei der Wassernutzung

Zeittafel zur Geschichte des Kehrbachs
(in Anlehnung an Listmayr & Scherz 2015)

1190: Erste urkundliche Erwähnung des Kehrbachs

1192: Beschluss der Stadtgründung von Wiener Neustadt beim „Fischauer Taiding". Eine wichtige Voraussetzungen für das Blühen und Gedeihen der neuen Stadt („nova civitas") war die Schaffung des Kehrbachs.

1327: Urkunde König Friedrichs des Schönen: Dieser weist die Burggrafen von Starhemberg und Pitten an, die Wiener Neustädter Bürger als Besitzer des Kehrbachs zu schützen.

1344: Kauf und Aufbau des Turms in Peisching für die Sicherung des Kehrbach-Ursprungs

1423: Fischereistreit am Kehrbach und an der Schwarza

1453: Kaiser Friedrich IV. lässt einen neuen Graben zur Bewässerung des kaiserlichen Tiergartens in der Burg anlegen (Kehrbach-Regulierung)

1566 (1563?): Maximilian II. befiehlt die Instandsetzung des Peischinger Landwehrs und die Räumung und Erweiterung des Kehrbachs.

1588: Ein Schreiben an die niederösterreichische Hofkammer erwähnt die Räumung des Kehrbachs vom Landwehr an.

1591: Robotzahlungen für den Bau der Landwehr bei Peisching

1688: Bericht über Zustand und Beschaffenheit des Kehrbachs

1690: Beschwerde über den Forstmeister, der die Wiederherstellung des Landwehrs behindere

1693: Beschwerde und Anweisung bezüglich illegale Abkehr und Abfischung

1694: Fertigstellung der Landwehrreparatur

1752: Errichtung der Theresianischen Militärakademie, die den Kehrbach ebenfalls nutzte

1753: Erlass über eine Bewässerungsordnung und die Kosten der Räumung und Erweiterung

1757: Verordnung über die Regulierung der Kehrbach-Nutzungsrechte

1767: Einführung einer Bewässerungsordnung für den Kehrbach; Anstellung von zwei Aufsichtspersonen; Räumung des Kehrbachs

1783: Unter Josef II. wurde der vom Kehrbach dotierte Stadtgraben teilweise zugeschüttet.

1798: Kommissionsprotokoll über die Räumung bzw. Verbreiterung des Kehrbachs

1799: Verzeichnis aller Wasserausleitungen und Festlegung des Ausmaßes der Wassernutzungen für die Bewässerungen am Kehrbach. Bereits in Planung war die Nutzung des Kehrbachs für die Hoyos'sche Holzschwemmung.

1803: Fertigstellung des Wiener Neustädter Kanals durch die „Wiener Neustädter Steinkohlengewerkschaft" (56 Kilometer lang; der Wiener Hafen lag im Bereich des heutigen Hilton-Hotels)

1804: Der Kehrbach wird auch zur Speisung des Wiener Neustädter Schifffahrtskanals herangezogen.

1807: Neubau der Wehranlage in Peisching. Zuvor wurde ein Notdamm mit einer Länge von 50 Klaftern errichtet.

1808: Vertrag mit dem Holzschwemm-Unternehmer Graf Hoyos

1811: Änderung der Wassernutzungsrechte am Kehrbach durch eine Bewässerungsordnung mit verbindlichen Bewässerungszeiten

1814: Räumung des Kehrbachs; Errichtung eines Notdamms infolge der Hochwasserschäden der Jahre 1813 und 1814

1816: Vertrag zwischen Graf Hoyos und der Militärakademie über die Holzschwemme

1818: Kommission urteilt über neu anzulegende Wehre für die Wiesenbewässerung am Kehrbach

1826: In diesem Jahr fiel das Landwehr längere Zeit trocken, da sich die Schwarza verlagert hatte.

1827: Herstellung eines 196 Klafter langen Faschinendamms und dreier Pilotensporne

1828: Hochwasser beschädigt das erst kurz zuvor reparierte Wehr; Regulierung der Schwarza flussauf vom Landwehr

1829: Massive Hochwasserschäden an der Wehranlage; Wiederherstellung des Wehrs und Sicherung des linken Schwarza-Ufers in der Gegend des Landwehrs (Sporn zum Kehrbach-Einlass)

1832: Das Kreisamt entscheidet über die Herstellungs- und Erhaltungskosten der Wehranlage und des Kehrbachs wie folgt:

1/30: Müller zu Peisching und Breitenau

1/30: Gemeinden Peisching, Breitenau, Schwarzau und Herrschaft Feistritz

5/30: Wiesenbesitzer

3/30: Oberjägermeisteramt (als Wiesenbesitzer mit Jagdrecht)

10/30: Schwemmunternehmung

6/30: Militärakademie

4/30: Schifffahrtskanal

1833: Der Bescheid der Landesregierung betreffend die Aufteilung der Erhaltungskosten wird von der hohen Hofkanzlei aufgehoben. Die Wasserführung des Kehrbachs betrug damals 3,5 m³/s.

1836: Bemängelung der Zahlungsaufteilung

1853–1855: Klage der Militärakademie betreffend die Kostenaufteilung

1856: Wiederherstellung des schadhaften Peischinger Landwehrs und des Schutzdamms im Schwarza-Fluss oberhalb der Wehranlage

1858: Verhandlung über die Räumung und Regulierung des Kehrbachs sowie über das Umlaufgerinne in Wiener Neustadt

1859: Urgenz der Pläne für die Herstellung des Umlaufgrabens; Rückweisung der Statuten des Leitha-Fischa-Wasserwerksvereins; Abwicklung der Kehrbach-Räumung und -Regulierung

1866: Gründung des Leitha-Fischa-Wasserwerksvereins durch 14 Triebwerksbesitzer an der Leitha und der Warmen Fischa

1882: Regulierung des Kehrbachs in Breitenau durch Hayden & Comp. auf fast einem Kilometer Länge

1883: Beitritt des Leitha-Fischa-Wasserwerksvereins zur Kehrbachkonkurrenz und Vereinigung der Organisationen

1884: Einbau von Turbinen bei der Kraftwerk Hayden & Comp. in Breitenau

1886: Regulierung des Kehrbachs in Breitenau durch Engelhart auf ca. 750 Metern

1887: Regulierung des Kehrbachs in Schwarzau durch Slonek auf ca. 600 Metern

1888: Errichtung des Kraftwerks der Pittener Papierfabrik in Schwarzau; Regulierung des Kehrbachs auf ca. 1600 Metern im Oberwasserkanal

1893: Begradigung des Kehrbachs in Breitenau auf 160 Metern durch den Leitha-Fischa-Wasserwerksverein

1894: Begradigung des Kehrbachs vom Försterhaus im Föhrenwald bis zum Unterwasserkanal des Kraftwerks Korab-Exle in Schwarzau auf ca. 700 Metern

1896-1904: Sanierung der Bewässerungsausleitungen durch die Gemeinde Wien (Projekt Hochquellwasserleitung)

1900: Der Gemeinderat von Wiener Neustadt beschließt, den Kehrbach für die Gewinnung elektrischer Energie heranzuziehen.

1901: Errichtung eines neuen Kraftwerks in Peisching durch Karl Wittmann (1967 aufgelassen)

1905: Errichtung Kraftwerk Akademie, Werk VII (7 m³/s), durch das Militär; 1916 Ausbau der Anlage

1907: Ausbau des Kehrbachs in Peisching

1908–1918: Errichtung des Katzelsdorfer Zuleitungsgerinnes (Kehrbach-Dotierung mittels Leitha-Wasser)

1917–1924: Bau folgender Kraftwerke durch die Stadt Wiener Neustadt:
Ungarfeld (9 m³/s, 450 kW)
Föhrenwald (8 m³/s, 920 kW)
Brunnenfeld (7 m³/s, 730 kW)

1922: Übernahme der Kraftwerke Ungarfeld, Föhrenwald und Brunnenfeld durch Newag

1926: Übernahme des Wasserrechts für das Peischinger Landwehr durch den Leitha-Fischa-Wasserwerksverein

Leitha-Fischa-Wasserwerksverein, Kehrbach 1903

Im Zuge der Regulierung des Kehrbachs wurden zahlreiche Mäander beseitigt. Der Regulierungsplan aus dem Jahr 1903 zeigt mehrere Durchstiche.

notwendig machte. Im Zuge von Kontrollen am Kehrbach wurde versucht, den durch unsachgemäße und technisch mangelhafte Bewässerungen begangenen „Wasserfrevel" einzuschränken.

Ende des 18. und Anfang des 19. Jahrhunderts gab es mehrere Versuche, die Wassermengen für die Bewässerungen neu zu regeln. Die Kraftwerksbetreiber kritisierten die Wasserverschwendung durch mangelhafte Ausläufe und Versickerungsanlagen, die unverhältnismäßig viel Wasser verschlängen und trotzdem nicht überall ihren Zweck erfüllen könnten. Mit dem sukzessiven Ausbau der Wasserkraftwerke am Kehrbach mussten sie dafür sorgen, dass die im Rückstau- und Eintiefungsbereich liegenden Bewässerungsausleitungen neu eingerichtet werden, was jahrelange, langwierige Verfahren nach sich zog.

Die Interessenkonflikte zwischen den unterschiedlichen Nutzern ließen sich nicht einfach ausräumen. Was dem einen gegeben wurde, fehlte dem anderen und führte zu finanziellen Einbußen. Auch im 20. Jahrhundert gab es Beschwerden wegen zu großer Entnahmen für Bewässerungen. So wurde im Zuge der Generalversammlung des Leitha-Fischa-Wasserwerksvereins 1947 beanstandet, *„daß insbesondere an Montagen, und da wieder während der Bewässerungszeit außerordentlich große Schwankungen in der Wasserführung beobachtet werden. Diese Schwankungen sind so groß, daß* [die Kraftwerke] *bei den ungünstigen Wasserführungsverhältnissen, wie selbe insbesondere im April und Mai herrschten, fast zum Stillstand gekommen sind. Gewiß sind nicht alle Schwankungen auf das Einsetzen der Bewässerung zurückzuführen, sondern werden von Zeit zu Zeit auch … notwendig, um das Werksgerinne wieder anzustauen, das Wasser zum Teile zurückzuhalten. Das Zusammenwirken der beiden Ursachen muss sich dementsprechend besonders betriebsstörend für die Werke auswirken."* (Wallig 2007: 74)

Die Karte zeigt den Kehrbach mit seinen zahlreichen „Fasseln" (Abzweigungen) für die Bewässerungen. Schwerpunkte der Wasserzufuhr waren der Bereich „Giesshübeln" und der „Thiergarten". Die Jäger-Bach-Ableitung versorgte den Kleinen Föhrenwald.

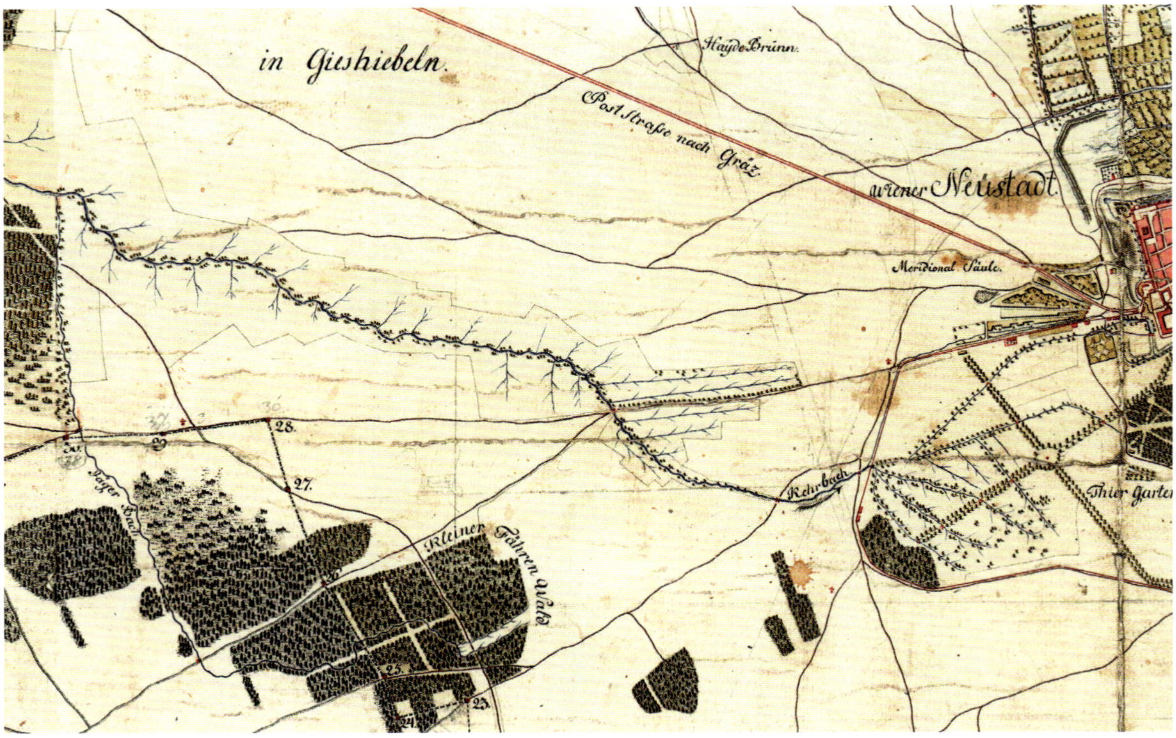

Stadtarchiv Wiener Neustadt, Plan von 1803/1804

Um für konstantere Abflüsse zu sorgen, arbeitete der Leitha-Fischa-Wasserwerksverein einen geringfügig modifizierten Vorschlag für Bewässerungszeiten aus (Wallig 2007: 75):

Wiener Neustadt: Sonntag 16.00 bis Montag 16.00 Uhr; Mittwoch 16.00 bis Donnerstag 16.00 Uhr
Schwarzau: Montag 16.00 bis Dienstag 16.00 Uhr; Donnerstag 16.00 bis Freitag 16.00 Uhr
Peisching und Breitenau: Dienstag 16.00 bis Mittwoch 16.00 Uhr; Freitag 16.00 bis Samstag 16.00 Uhr

Anfang des 20. Jahrhunderts bestanden am Kehrbach noch 220 Wiesenbewässerungsausleitungen. Zu diesem Zeitpunkt gab es hier vier Wasserkraftwerke und am Peischinger Mühlbach zwei. Die Zahl der Kraftwerke am Kehrbach ist in der Zwischenzeit auf neun angewachsen, die Anlagen am Peischinger Mühlbach wurden eingestellt.

Viele Wasserentnahmen für die Land- und Forstwirtschaft sind im Wiener Neustädter Raum unrentabel geworden und spielten in jüngerer Zeit nur mehr eine untergeordnete Rolle. Die Zahl der aktuellen Bewässerungen ist schwer eruierbar, da nicht mehr ausgeübte Wasserrechte nur zum Teil gelöscht wurden.

Instandhaltung

Im Gegensatz zu einem natürlichen Gerinne muss ein künstliches kontinuierlich instandgehalten werden. Andernfalls zerstören die Erosionskräfte das von Menschenhand geschaffene Bauwerk und das Gewässer nimmt einen anderen Lauf.

Über die frühe Gerinnepflege und die Aufteilung der daraus resultierenden Kosten finden sich in den Archiven zahlreiche Aufzeichnungen, da sie stets Anstoß für Konflikte waren.

Bewässerungen am Kehrbach

Die Bedeutung der Bewässerungen am Kehrbach hat sich im Laufe der Zeit stark verändert. Die folgende Zusammenfassung geht auf alte Wasserrechte ein und zeigt die aktuellen Nutzungen. Räumlich lassen sich folgende Bewässerungsabschnitte unterscheiden (WALLIG 2007, WALLIG o.D.):

1) Abschnitt vom Kraftwerk Föhrenwald bis einschließlich Akademiepark
2) Abschnitt von Breitenau bis zum Oberwasserkanal des Kraftwerks Föhrenwald
3) Abschnitt Peisching
4) Peischinger Mühlbach
5) Bewässerungsausleitung Schwarzauer Feuerbach

Abschnitt vom Kraftwerk Föhrenwald bis einschließlich Akademiepark

Die ältesten ausgewiesenen Wasserrechte zur Bewässerung betreffen den Gießhübl und das Areal des ehemaligen kaiserlichen Tiergartens in Wiener Neustadt.
Um das Jahr 1823 wurden im Besitz der Akademie 158 Joch Äcker und 92 Joch Wiesen vermessen. Die Wiesen wurden größtenteils mittels Kehrbachwassers bewässert. Hiezu waren 1840 noch 106 Bewässerungsausläufe vorhanden.
1920 bestanden unterhalb des Kraftwerks Föhrenwald bis zum Kraftwerk Brauhof für 112 Hektar zu bewässernde Flächen noch 36 Ausleitungen. Nach Errichtung der Kraftwerke Föhrenwald und Brunnenfeld sowie der Kehrbachregulierung verblieb ein Bewässerungsgebiet von 81 Hektar (Hauptausleitung I mit 13 Abzweigern und einer Ausleitungsmenge 767 Litern pro Sekunde, Hauptausleitung II mit 18 Abzweigern und einer Ausleitungsmenge von 589 Litern pro Sekunde).
Heute bestehen im Akademiepark selbst nur mehr zwei Ausleitungen für die Teichdotierungen, aber keine Bewässerungsausleitungen mehr. Im Oberwasserkanal des Kraftwerks Brauhof befinden sich noch zwei Flasseln (Abzweigungen). Ansonsten gibt es bis zur Dotierung der Teichanlage im Oberwasserkanal des Wasserschlosses von KW Brunnenfeld und der Teichanlage im Oberwasserkanal des Wasserschlosses von KW Föhrenwald keine Flasseln mehr.
Die Bewässerung des Großen und Kleinen Föhrenwaldes erfolgt einerseits im Wege des verlängerten Breitenauer Feuerbaches, andererseits durch den Hauptausleiter I aus dem Kehrbach; hier bestehen – neben den zwei Teichdotierungen – noch drei Bewässerungsausleitungen.

Abschnitt von Breitenau bis zum Oberwasserkanal des Kraftwerks Föhrenwald

In diesem Bereich listet die Wasserkarte noch 52 Ausleitungen auf, die zum Großteil überprüfungswürdig erscheinen, da die Flasseln zum Teil desolat sind oder gänzlich fehlen bzw. die Anlagen sichtlich seit Jahren nicht mehr für die Bewässerung genutzt werden.

Abschnitt Peisching

Hier bestehen noch zehn Ausleitungen, die aber derzeit nicht mehr genutzt werden.

Peischinger Mühlbach

Ein Bescheid aus dem Jahr 1888 führt insgesamt 47 Wasserentnahmen auf. Die aktuelle Liste der Wassergenossenschaft umfasst 64 Personen. Der Umfang der aktuellen Bewässerungen lässt sich nur schwer abschätzen.

Schwarzauer Feuerbach

Eine Wasserordnung von 1864 listet 38 Wasserentnahmen auf, bis 1931 stieg die Zahl auf 59 Entnahmen an. Die Ausleitungen dienen heute für Gartenbewässerungen in Schwarzau und Föhrenau. Das Wasserbuch weist derzeit noch 52 Wasserrechte für Entnahmen aus.

Eine Karte um 1770 benennt die Gewässer im Wiener Neustädter Raum. Dargestellt sind der Kehrbach, die Warme Fischa, die Schwarza und die Leitha.

Plan von 1770, Stadtarchiv Wr Neustadt

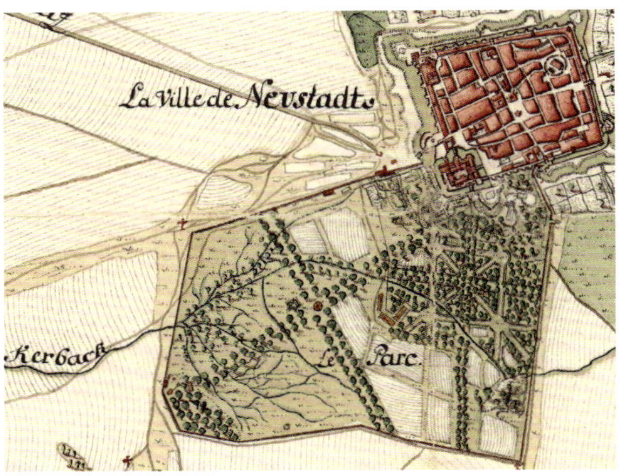

Ein Plan von Wiener Neustadt aus dem Jahr 1763 zeigt die Bewässerungsgräben im Bereich des Tiergartens.

Staatsarchiv, GIh1310

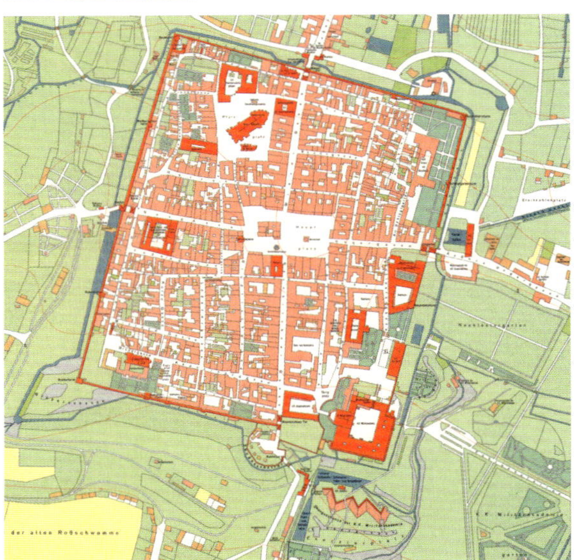

Die Rekonstruktion des historischen Stadtplans von Wiener Neustadt zeigt die Gewässer im Umfeld der Stadt um 1820.

Österr. Stadtatlas, Lageplan auf Basis des Franzisz. Katasters

Um eine kontinuierliche Wasserversorgung für den Tiergarten und die Burg sicherzustellen, musste die Instandhaltung der Gerinne schon sehr früh geregelt werden. Wie aus einer Urkunde von Friedrich III. hervorgeht, wurde die Instandhaltung des Peischinger Wehrs und des Kehrbachs im 15. Jahrhundert vorwiegend über das Ärar, also über das Hof- und Staatsvermögen, finanziert. Die Anrainer und Bewässerungsberechtigten mussten Robotdienste leisten.

Etwa 100 Jahre später regelte Kaiser Maximilian II. die Erhaltung neu. Er verpflichtete die Bewässerungsberechtigten und Kehrbachanrainer auch zu Beitragszahlungen.

Wegen des zunehmenden Wasserfrevels in der zweiten Hälfte des 18. Jahrhunderts stellten die Nutznießer des Kehrbachs zwei Aufseher an. Im Jahr 1767 taucht in diesem Zusammenhang erstmals der Begriff „Konkurrenz" in Urkunden auf. Gemeint ist damit eine Gemeinschaft zur Errichtung und Erhaltung einer wasserbaulichen Anlage.

Der Betreuungsaufwand dürfte zumindest zeitweise beträchtlich gewesen sein. So wurde der Kehrbach im 19. Jahrhundert als Schwemmkanal für das Scheiterholz genutzt, was zahlreiche Uferanrisse nach sich zog. Die Lage entspannte sich, als der Holztransport 1855 wieder eingestellt wurde.

Die Verteilung der Lasten hat sich über die Jahrhunderte immer wieder geändert: Wenn es Zu- oder Abgänge bei den Nutzern gab, bedurfte es einer Anpassung des Finanzierungsschlüssels. Als beispielsweise Anfang des 19. Jahrhunderts das Konsortium des Wiener Neustädter Schifffahrtskanals als Interessent hinzukam, mussten die Beitragsleistungen neu festgelegt werden. Die Konkurrenz war eine reine Zweckgemeinschaft unterschiedlicher Nutzergruppen. Alle Mitglieder waren bestrebt, ihre anteiligen Kosten zu drücken.

Eine gesetzliche Grundlage für die Aufteilung der Lasten schuf das Wasserrecht (die „Wasserbaunormale" aus dem Jahr 1830), die die Beitragsleistung zu solchen Wasserbauten nach Maßgabe des „beziehenden Nutzens" festlegte.

Bemerkenswert ist der Wandel der Zielsetzung für den Kehrbach: Waren in der Gründungszeit von Wiener Neustadt die Versorgung der Stadt mit Wasser und die Bewässerung landwirtschaftlicher Flächen vorrangig, traten ab dem Ende des 19. Jahrhunderts die Interessen der Wasserkraftnutzer in den Vordergrund.

Nachzeichnen lässt sich dieser Wandel an der faktischen Übernahme der Kehrbachkonkurrenz durch den Leitha-Fischa-Wasserwerksverein. Dieser wurde im Jahr 1866 als Zusammenschluss von 37 Triebwerksbesitzern gegründet. Ein Vereinsziel war, für höhere Wasserzufuhr zu den Kraftwerken an der Fischa und am Trautmannsdorfer Kanal zu sorgen, was über den Kehrbach erreichbar war. Der Leitha-Fischa-Wasserwerksverein wurde deshalb 1885 Mitglied der Kehrbachkonkurrenz und versuchte seine Interessen durchzusetzen.

Die Kraftwerksbetreiber suchten nach Wegen, die Abflüsse im Kehrbach zu erhöhen. Zu diesem Zweck bauten sie nicht nur das Gerinne des Kehrbachs schrittweise aus, sondern zapften auch die Leitha an. Durch das sogenannte Neudörflerprojekt schufen sie ein Gerinne, das bei Katzelsdorf zweieinhalb Kubikmeter Leitha-Wasser in den Kehrbach leitete. Davon profitierten damals 29 Kraftwerke an der Warmen Fischa. Für die Stadtgemeinde Wiener Neustadt war diese Maßnahme auch von Vorteil, da sie ein Kraftwerk und eine mit Leitha-Wasser betriebe Badeanstalt errichten konnte. Zudem ermöglichte der tiefer liegende Grundwasserspiegel die Entwässerung der „Ungargärten" und eine großflächige Kanalisation der Stadt.

Um die energiewirtschaftliche Nutzung zu optimieren, werden seitens der Kraftwerksbetreiber strukturarme Ufer angestrebt.

Die Uferverbauungen des Kehrbachs sind in manchen Bereichen stark erodiert. Hier tragen die Baumwurzeln zur Stabilität der Böschungen bei.

Einmündung der Katzelsdorfer Zuleitung in den Kehrbach

H. Wiesbauer (3x)

Der Kehrbach unmittelbar vor der Mündung in das Hafenbecken des Wiener Neustädter Kanals

Archiv M. Stiglbauer, Neuklostergarten 1906

Infolge des wachsenden Einflusses des Vereines verschoben sich auch die Anteile beim Finanzierungsschlüssel. Durch die höhere Wasserführung und die damit verbundene Produktivitätszunahme stieg der Anteil der Kraftwerksbesitzer, während die Betreiber von Bewässerungen entlastet wurden. Nach diesem vorletzten Schlüssel von 1925, der bis 2005 gültig war, entfielen auf den Leitha-Fischa-Wasserwerksverein 63 Prozent, die Wiener Neustädter Kanal AG 5,7 Prozent, die BGV (anstelle der Militärakademie) 4,5 Prozent, die Gemeinden Peisching, Breitenau und Schwarzau sowie Wiener Neustadt je zwei Prozent und auf die Bewässerungsberechtigten 18,8 Prozent.

NÖ Landesbibliothek, Topographische Sammlung

Die Holztrift erfolgte v.a. in den wasserreichen Monaten nach der Schneeschmelze (Seccomalereien im Pfarrhof Josefsberg von Pater Chrysostomus Sandweger).

4.3 Holztransport auf dem Wasser

Die aufblühende Eisenverarbeitung und die Bevölkerungszunahme ab der Neuzeit waren begleitet von einer starken Nachfrage nach dem Rohstoff Holz. Um das Holz von den unwegsamen Gebirgswäldern zu den rasch wachsenden Ortschaften des Alpenvorlandes zu befördern, nutzten die Holzknechte schon sehr früh die Kraft des Wassers.

Der Holztransport auf dem Wasser spielte nicht nur für die Nahversorgung eine wichtige Rolle, sondern auch für den Fernhandel. Die Versorgung der im 18. und 19. Jahrhundert stark expandierenden Stadt Wien mit Brennstoff wäre ohne die Lieferungen aus den waldreichen Tälern des Alpenvorlandes nicht möglich gewesen. Mit dem Abbau der Braun- und Steinkohle brach der Bedarf nach Holz innerhalb weniger Jahre stark ein.

4.3.1 Anfänge der Holztrift

Die Anfänge des wassergebundenen Holztransports reichen im Alpenraum vermutlich bis in die Römerzeit zurück, historisch belegen lässt sich die Holztrift für die Schwarza aber erst ab der Mitte des 17. Jahrhunderts.

Einer Ordnung für die Herrschaft Reichenau aus dem Jahr 1644 ist zu entnehmen, dass die Untertanen der oberen Rotten (Siedlungen) verpflichtet waren, das „Holz zum Wasser zu bringen". Vor diesem Hintergrund ist davon auszugehen, dass an der Schwarza und ihren Nebengewässern schon sehr früh Holz geschwemmt wurde.

Als das Stift Neuberg 1699 das Privilegium erhielt, Eisen in seinem Herrschaftsgebiet abzubauen, wurden in Reichenau eine Schmelze und ein Hammer errichtet. Die Produktion verschlang große Mengen an Holzkohle. Das dazu notwendige Holz schwemmten die Holzknechte aus dem Höllental, das damals nur bis zum Kaiserbrunnen begehbar war, und aus einigen Seitentälern. Der Holzbedarf stieg rapide, als die Eisenproduktion von der Innerberger Hauptgewerkschaft übernommen wurde. Dabei handelte es sich um jenen 1625 gegründeten Stahl-Großbetrieb, aus dem später die Österreichisch-Alpine Montan-

Eine Ansichtskarte vom Höllental belegt, dass im Jahr 1907 noch größere Holzmengen geschwemmt wurden.

ÖNB

gehoben und in den Meilern zu Holzkohle umgewandelt wurde. Wegen Streitigkeiten löste Georg Huebmer nach 20 Jahren den Vertrag mit der Hauptgewerkschaft. Stattdessen ging er mit Graf Hoyos einen Abstockungsvertrag ein und belieferte als selbstständiger Unternehmer die Reichenauer Eisenwerke.

Neue Betriebsgründungen und Produktionsausweitungen vergrößerten den Holzbedarf. Zu den wichtigsten regionalen Holzabnehmern zählten die Eisenhütten in Reichenau, Schottwien und Pitten sowie die Schlöglmühler Blaufarbenfabrik. Aufgrund des zunehmenden Holzmangels galt es, bestehende Erschließungsgebiete zu vergrößern und neue zu finden.

gesellschaft und in weiterer Folge auch die voestalpine AG hervorgingen. Der Begriff Gewerkschaft hat nichts mit Arbeitnehmervertretung zu tun, sondern umfasst nach damaligem Sprachgebrauch die Anteilseigner dieser eisenverarbeitenden Gesellschaft.

Um den steigenden Energiebedarf abzudecken, schloss die Hauptgewerkschaft mit Graf Hoyos einen Waldnutzungsvertrag für das Gebiet der Raxalpe. Die ins Höllental abfallenden Wälder waren lange Zeit kaum nutzbar, da es im Tal nur einen Steig bis Kaiserbrunn gab. Erst durch den Pioniergeist von Johann und Georg Huebmer, zweier Brüder aus Oberösterreich, die sich bei Graf Hoyos für die Holzbringung bewarben, änderte sich der Zugang in das damals noch weitgehend unberührte Höllen- und Naßtal. Sie schlossen 1782 mit der Hauptgewerkschaft einen weiteren Vertrag ab, der sie verpflichtete, jährlich 4000 Klafter Holz nach Hirschwang zu transportieren. Bereits ein Jahr später schwemmten sie die Scheiter bis zum Rechen unterhalb der Windbrücke in Hirschwang, wo das Holz aus dem Wasser

4.3.2 Holz für die Residenzstadt Wien

Zur Deckung des rasch steigenden Holzbedarfs von Wien im 18. und 19. Jahrhundert mussten neue Ressourcen bereitgestellt werden. Für den kostengünstigen Holztransport in die der Residenzstadt nutzte man vor allem die Donau-Zubringer für die Holztrift bzw. -schwemme. Bei den jeweiligen Mündungen in die Donau wurde das Holz auf Schiffe oder Plätten geladen und nach Wien befördert.

Wesentlich aufwendiger gestaltete sich der Transport von der Schwarza nach Wien, da es kein verbindendes Gewässer gab. Neben den noch wenig genutzten Wäldern existierten im südlichen Wiener Becken auch vielversprechende Kohlevorkommen. Um eine kostengünstige Anlieferung beider Brennstoffe zu ermöglichen, gab es im 18. Jahrhundert Überlegungen für den Bau eines Schifffahrtskanals. Die Arbeiten wurden 1797 in Angriff genommen und 1803 beendet (vgl. Kap. 4.4).

Schon während der Errichtung konfrontierten die Bauherren Graf Hoyos mit dem Anliegen, seine noch ungenutzten Wälder hinter Rax und Schneeberg für eine Scheiterschwemme zur Verfügung zu stellen. Eine für beide Seiten vielversprechende Ausgangslage, denn die Holzlieferungen sollten für hohe Auslastung bei der Kanalschifffahrt sorgen und für Hoyos neue Märkte mit zusätzlichen Abnehmern eröffnen.

Nach Ansicht seiner Experten, der Brüder Huebmer, war eine Triftung bis Wiener Neustadt durchführbar. Vor diesem Hintergrund bot Graf Hoyos der Regierung jährlich 10.000 Klafter (33.400 m^3) Holz für Wien an, obwohl sich die Hauptgewerkschaft heftig gegen die Scheiterschwemme wehrte. Eine Regierungskommission stellte 1799 fest, dass das Holz in den vorgesehenen Wäldern *„auf keine andere Art zu Nutzung gebracht werden könne als zum Gebrauche Wiens"*. Ein Jahr später erteilte der Kaiser das Schwemmprivileg mit der Auflage, jährlich 14.000 Klafter Brennholz nach Wien zu liefern, was aber an die Fertigstellung des Schifffahrtskanals gebunden war. Um die Eisenwirtschaft nicht zu gefährden, bestand die Verpflichtung, die Scheitertrift erst nach der Lieferung des Kohlholzes an die Reichenauer Eisenwerke durchzuführen.

Zwischen Graf Johann Ernest Hoyos und den Brüdern Huebmer gab es eine klare Arbeitsteilung: Der Graf hatte das Schwemmprivileg inne und wickelte die Lieferverträge ab, die Huebmerschen Holzknechte besorgten das Schwemmgeschäft. Als Johann Huebmer 1799 an den Folgen einer Rauferei verstarb, war Georg Huebmer alleiniger Partner des Grafen. Ihm oblag es, den Holztransport nach Wien über eine Entfernung von rund 125 Kilometern zu organisieren. Etwa die halbe Wegstrecke legten die Holzscheiter frei schwimmend zurück, die restliche Strecke auf Schiffen im Wiener Neustädter Kanal.

Als der Wiener Neustädter Kanal schon eine gewisse Bewährungsphase durchlaufen hatte, schloss Graf Hoyos mit der „k.k. priv. Kanal- und Bergbaukompagnie" 1807 einen Vertrag für den Holztransport auf Schiffen

Privatarchiv Familie Huebmer

Georg Huebmer überwand mittels eines Schwemmkanals Einzugsgebietsgrenzen und machte die Trift aus dem Naßwald möglich.

Georg Huebmer

Georg Huebmer wurde 1755 in Gosau am Dachstein geboren. Er stammte aus einer protestantischen Familie und verließ mit 17 Jahren zusammen mit seinem älteren Bruder Johann ohne Schulausbildung das Salzkammergut. Die Unterdrückung der Protestanten war damals massiv und lockerte sich erst durch das Toleranzpatent unter Joseph II.
Zunächst arbeiteten Georg und Johann Huebmer als Holzknechte im Waldviertel und im Ötschergebiet. Im Jahr 1784 bewarben sie sich bei Graf Hoyos um die Kohlholzbringung aus dessen Wäldern im Einzugsgebiet der Schwarza. Das Holz diente zur Versorgung des Eisenwerks in Hirschwang mit Brennstoff.
Mit der Expansion der Holztrift mussten immer neue Waldgebiete einbezogen werden, was immer kühnere technische Projekte erforderte. Georg Huebmers technisches und wirtschaftliches Geschick war bahnbrechend: Ihm gelang es, Holz aus dem Einzugsgebiet der Mürz über die Wasserscheide hinweg schwimmend bis nach Wien zu transportieren, was ihm den Namen „Raxkönig" einbrachte.

von Wiener Neustadt nach Wien. Der Graf vereinbarte mit Huebmer die Lieferung von jährlich mindestens 10.000 Klaftern Brennholz aus dem Neuwald, dem Preintal und anderen nicht verpachteten Wäldern bis nach Wien. Die Schwemmkompagnie musste sämtliche Kosten und Risiken tragen, erhielt aber auch den größten Teil des Verkaufspreises.

Nach der Vertragsunterzeichnung konnte Georg Huebmer mit dem Bau der notwendigen Schwemmwerke beginnen. Am Naßbach und Preinbach entstanden mehrere Klausen und Schwellen. Zudem mussten bestehende Wehranlagen adaptiert oder umgebaut werden. Im Frühjahr 1808 begann die Triftung über Naßbach, Schwarza, Höllental, Reichenau, Neunkirchen, Peischinger Landwehr und Kehrbach nach Wiener Neustadt.

Graf Hoyos übernahm auch die Bringung der Wälder der Militärakademie im Naßwald-Gebiet. Er verpflichtet sich, zwischen 1811 und 1815 jährlich 4000 Klafter und in weiterer Folge 2000 Klafter Holz in deren Wäldern zu schlägern und an die Akademie zu liefern. Neben den Einnahmen hatte dieser Auftrag für den Grafen den Vorteil, dass er die Gerinne im Bereich der Akademie umgestalten und für die Holzschwemmung optimieren konnte. So konnte er die Tiergartenmauer für die Anlage eines Schwemmtors teilweise entfernen, den Kehrbach umgestalten und eine Holzlagerstätte errichten. Die Ausführung der Arbeiten übernahm in bewährter Weise Huebmer.

Die Holzlieferungen waren für Wien trotz geringer Quantität von großer Bedeutung. Während des Franzoseneinfalls 1809 war die Schwarza-Schwemme die einzige, die durchgängig lieferte. Zwei Jahre später wurde deshalb der Ausbau der Holzschwemme auf dem Kehrbach diskutiert. Für die angestrebte Holzmenge von 30.000 Klaftern pro Jahr bedurfte es auch einer Aufsicht „zur Vermeidung von Exzessen". Zu diesem Zweck wurden ein Oberaufseher und drei Unteraufseher angestellt.

Die Schwemmkompagnie beteiligte sich mit 25 Prozent an den Kosten für die Wiederherstellung des Peischinger Wehrs und der Kehrbach-Räumungen. Zudem musste sie die Ufersicherungen am Kehrbach finanzieren und die Auslässe für die Bewässerung neu einrichten.

Der Staatsbankrott 1811 brachte einen Preisverfall und Absatzschwierigkeiten für Brennholz in Wien. Sowohl die Innerberger Hauptgewerkschaft als auch Graf Hoyos gerieten in Zahlungsschwierigkeiten, was Lohnrückstände für die Huebmersche Schwemmgesellschaft nach sich zog. Als dazu noch im September 1813 ein Hochwasser die Schwemmanlagen zerstörte und den Neustädter Schifffahrtskanal unterbrach, befand sich die Schwemmgesellschaft in einer existenziellen Krise. Huebmer gelang es dennoch, die Schäden innerhalb eines Jahres zu beseitigen. 1816 erhielt er zudem das Schwemmprivileg für die Traisen und konnte auf diesem Weg jährlich weitere 7000 Klafter Holz nach Wien liefern.

Die wirtschaftliche Situation der Schwarza-Schwemme verbesserte sich nachhaltig, als Hoyos 1820 das alleinige Schwemmrecht auf der Schwarza und ihren Nebenbächen und das Recht auf den freien Holzhandel erhielt. So konnte die Liefermenge auf 14.000 Klafter erhöht werden, ein Quantum, welches bereits 1799 angestrebt worden war. Um diese Menge aufbringen zu können, ergab sich die Notwendigkeit, auf die Urwälder im Neuwald in der Hoyos'schen Herrschaft Hohenberg jenseits des 1134 Meter hohen Gscheidl im Quellgebiet der Mürz zurückzugreifen. Der Tunnelbau wurde 1822 begonnen und von beiden Seiten vorangetrieben. Selbst die geringe Sauerstoffkonzentration im Berginneren konnte das Vorhaben nur kurzzeitig stoppen, da Huebmer mit einem wasserbetriebenen Gebläse für Frischluft sorgte. Nach fünfjähriger Bauzeit wurde 1827 ein 430 Meter langer und 3,80 Meter hoher Stollendurchschlag durch das Gscheidl vollendet (Gabriel 1994).

Dieser Erfolg machte Huebmer im In- und Ausland berühmt, handelte es sich doch damals um den längsten Tunnel Österreichs. Das Bauwerk ermöglichte die Bringung von 10.000 bis 14.000 Klaftern Schwemmholz pro Jahr aus dem Neuwald, sodass nun die Schwemme und die Kanalschifffahrt voll ausgelastet werden konnten.

Ein Gemälde von Chrysostomus Sandrieser im Pfarrhof Josefsberg zeigt die Schwemmanlagen im Neuwald detailreich. Sie bestanden aus einem unteren Kanal, der durch mehrere Seitenbäche der Stillen Mürz gespeist wurde und die Holzanlieferung ermöglichte. Die Länge des Kanalsystems erstreckte sich auf neun Kilometer und nahm insgesamt 22 Wasserläufe und Quellen auf. Vom Entnahmebecken dieses Schwemmkanals führte ein doppelgleisiger Schrägaufzug zum oberen Schwemmkanal, der 116 Meter höher lag. Über die Art des Antriebs gibt es keine gesicherten Angaben. Einige Beschreibungen erwähnen ein Wasserrad, das zum Antrieb genutzt wurde, aber auch ein mit Wasser gefüllter Ballastbehälter könnte mittels Umlenkrolle für das notwendige Gegengewicht gesorgt haben. Über den oberen Kanal schwemmten die Holzknechte das Holz durch den Tunnel bis zur nördlich anschließenden Wasserriese, über die das Holz in das Preintal gelangte (Gabriel 1994).

Um auch die weiter südlich gelegenen Waldungen im Einzugsgebiet der Kalten Mürz zu nutzen, errichtete Huebmer eine 2,3 Kilometer lange Pferdeeisenbahn, die über eine weitere Riese mit dem unteren Schiffskanal verbunden war.

Huebmers wasserbauliche Meisterleistungen machten es möglich, über das Einzugsgebiet der Schwarza hinweg auch einige Seitentäler der Mürz zu nutzen. Über den Naßbach, den

Pater Chrysostomus Sandweger war Wald- und Straßenmeister des Stiftes Lilienfeld. Er hielt in einem eindrucksvollen Bilderzyklus die Arbeit der Holzknechte um 1830 fest. Die Seccomalereien befinden sich im Pfarrhof Josefsberg.

Ein Ausschnitt der Wandmalerei zeigt den im Text beschriebenen Durchschlag, den oberen und unteren Kanal und den dazwischen liegenden Holzaufzug.

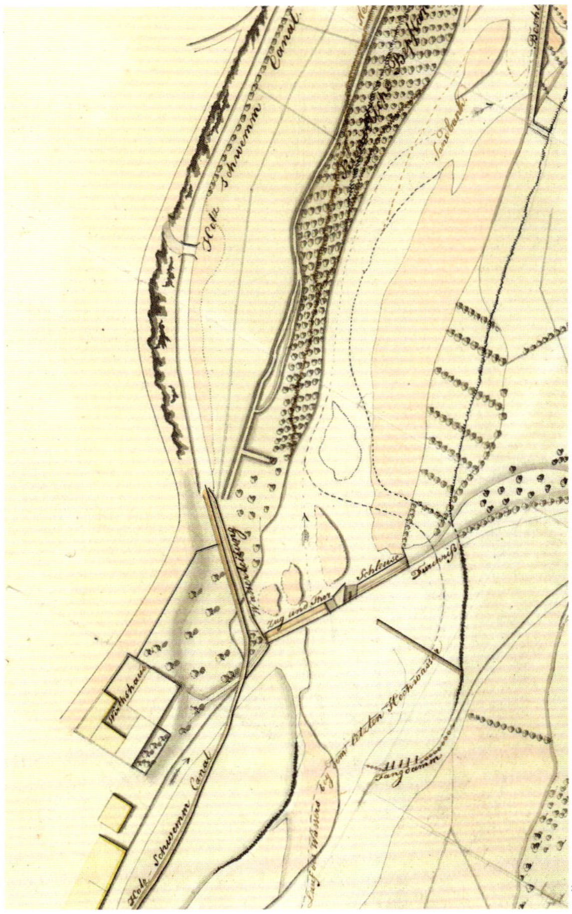

Da es in Neunkirchen viele Wasserkraftnutzungen gab, verlief der Schwemmkanal außerhalb des Flussbetts am orografisch linken Ufer (links im Bild).

Preinbach, die Schwarza und den Kehrbach beförderten die Holzknechte das Schwemmholz bis nach Wiener Neustadt. Dort wurde es auf Kanalschiffe umgeladen und weiter nach Wien zum gräflichen Holzplatz in der Brigittenau transportiert.

Die Triftstrecke vom Gscheidl bis Wiener Neustadt war rund 60 Kilometer lang und wies einen Höhenunterschied von rund 800 Metern auf.

Maßnahmen an der Schwarza

Für den reibungslosen Betrieb der Holzschwemme beseitigten die Holzknechte störende Felsen und sicherten die Ufer kleinräumig. Da die Gefahr von Holzverklausungen nur vermindert, aber nicht ausgeschlossen werden konnte, mussten auch in vielen schwer zugänglichen Bereichen Begleitwege angelegt werden. Besonders aufwendig war der Umbau bestehender Wehranlagen. Um den Betrieb der Wasserkraftanlagen nicht zu beeinträchtigen, mussten oft neben den Mühlbächen neue Gerinne für den Schwemmbetrieb angelegt werden. Bei Neunkirchen musste die Schwemmkompagnie alle auf der Schwarza schwimmenden Scheiter abfangen und in den Kehrbach umleiten. Dazu entwarf Huebmer 1824 einen großen Rechen und ein neues Wehr, da das bestehende nicht mehr den Anforderungen genügte.

1836 errichtete Huebmer in Neunkirchen eine neue Anlage zur Wasserteilung: Der Rechen leitete nicht nur alle Scheiter vom Hauptbett ab, sondern auch das Triebwasser für eine Mühle. So waren die Neunkirchner Brücken und Wehranlagen vor Beschädigungen durch die Wucht der Scheiter geschützt. Der Ausleitungskanal verlief über 3,5 Kilometer parallel zur Schwarza und mündete links in den Kehrbach, ohne dass Scheiter in den Peischinger Mühlbach gelangen konnten.

Einstellung des Huebmerschen Schwemmbetriebes

Als Georg Huebmer verstarb, hinterließ er seinen Erben, die durch elf Familien repräsentiert wurden, ein ansehnliches Vermögen. Nach erfolgter Teilung übernahmen drei Familien die Schwarza-Schwemme.

Um die Holzbringung wirtschaftlicher zu betreiben, errichtete die Schwemmgesellschaft Mitte des 19. Jahrhunderts einen weiteren, tiefer gelegenen Tunnel, der den Holzaufzug überflüssig machte und den unteren Schwemmkanal direkt mit dem Preintal verband. Vergeblich, denn mit der zunehmenden Substitution des Holzes durch Kohle

Öst. Volkshochschularchiv / brandstaetter images

Holzrechen im Höllental, um 1910 (handkoloriertes Glasdiapositiv)

erwuchs dem nachwachsenden Rohstoff eine Konkurrenz, sodass sein Preis verfiel. Als dann noch die Benützungsgebühr für den Wiener Neustädter Kanal im Jahre 1854 drastisch erhöht wurde, musste Hoyos den Abstockungsvertrag mit der Schwemmgesellschaft kündigen. Der noch in Bau befindliche Stollen konnte nicht mehr genutzt werden. Die stark verschuldete Schwemmgesellschaft löste sich in der Folge auf.

Graf Hoyos betrieb die Holzschwemme in geringerem Umfang bis Gloggnitz weiter; 1855 erbaute er bei Payerbach einen neuen Rechen samt Holzlagerplatz. Nachdem er das ausschließende Triftprivileg für die Schwarza zurücklegt hatte, wurde das Triftrecht in der Folge immer nur nur für kürzere Zeiträume vergeben. Triftstrecken waren die Schwarza, der Zellenbach, Klausbach, Fuchsgraben, Trauchbach, Tiefentalerbach, Raxbach, Voisbach, Steinbach, Naßbach, Reistalbach, Wasseralmbach, Schwarzriegelbach, Preintalbach, Schlagerbach und Frohnbach. Getriftet wurden maximal 30.000 Festmeter Brenn- und Schleifholz bis zu zwei Metern Länge sowie Blochholz bis zu sechs Metern Länge. Als günstiger Zeitraum für die Trift erwies sich das Frühjahr bei Wasserführungen von fünf Kubikmetern pro Sekunde. Ende 1934 wurde der Holztransport auf der Schwarza endgültig eingestellt.

Um die Schifffahrt am Wiener Neustädter Kanal zu ermöglichen, gab es insgesamt 52 Schleusen. Die Schleusentore mussten händisch betätigt werden. Das Schleusentor von Schleuse 34 wurde in der Zwischenzeit entfernt.

4.4 Wiener Neustädter Kanal

Der Wiener Neustädter Kanal wird durch die Schwarza und Leitha gespeist. Diesen Umstand nimmt der Autor zum Anlass, die Entstehungsgeschichte dieses künstlichen Gewässers näher zu betrachten.

Planung des Kanals

Wie in Kapitel 4.3 erwähnt, spitzte sich die Energiekrise in der Residenzstadt Wien Ende des 18. Jahrhunderts zu, da die triftbaren Wälder bereits stark übernutzt waren. Eine Entspannung wurde durch den Einsatz mineralischer Kohle erwartet. Die nächstgelegenen größeren Vorkommen befanden sich östlich von Wiener Neustadt und konnten nicht wasserwegig angeliefert werden. Aufgrund der hohen Transportkosten war die dort abgebaute Kohle für den Wiener Markt zu teuer.

Im Jahr 1791 schlossen sich fünf Unternehmer zur „Wiener Neustädter Steinkohlengewerkschaft" zusammen und begannen mit dem Abbau von Braunkohle am Brennberg nahe Ödenburg. Aufgrund hoher Transportkosten erwirtschaftete die Gesellschaft zunächst Verluste. 1793 beteiligte sich der Großhändler Bernhard von Tschoffen an der Gesellschaft. Er hatte die Idee, mit einem Schifffahrtskanal nach Wien die Transportkosten zu senken. Nachdem ihm Experten die technische Machbarkeit eines Kanals attestiert und Oberstleutnant Sebastian von Maillard als Planer empfohlen hatten, übernahm er zusammen mit weiteren Investoren die Geschäftsanteile der anderen Unternehmer. Ende 1794 stellte das Konsortium das Kanalprojekt Kaiser Franz II. (I.) vor und suchte um die Konzession für einen Schifffahrtskanal an. Dieser sollte in der ersten Ausbaustufe von Schottwien über Wiener

Neustadt nach Wien führen und einen Nebenast von Wiener Neustadt nach Ödenburg und weiter nach Györ aufweisen. Ziel war es, den Transport von Kohle zu verbilligen und die Straßenverbindungen zu entlasten.

Durch den Seitenast nach Györ hoffte man die Versorgung Wiens mit ungarischem Getreide zu verbessern, denn die Donau war stromabwärts von Pressburg aufgrund der Untiefen nur zeitweise schiffbar und zudem gefährlich. Kaiser Franz II. (I.) unterstützte das Projekt, indem er Oberstleutnant Sebastian von Maillard als Baudirektor abkommandierte und sich später auch selbst an der Gesellschaft finanziell beteiligte.

Maillard nivellierte im Mai 1795 die Trasse, die über weite Bereiche wasserdurchlässige Schichten tangierte. Wo Schotter den Untergrund bildete, konnte der Kanal zwar leichter gegraben werden, doch waren hier aufwendige Abdichtungen mit Lehm notwendig. Die Baumaßnahmen zwischen Wiener Neustadt und Wien und für den Seitenast nach Pöttsching konnten in nur sechs Jahren umgesetzt werden. In der Anfangsphase führten bauliche Mängel, Dammbrüche und Hochwasser zu erheblichen Problemen, sodass der Schifffahrtsbetrieb erst nach und nach in Gang kam.

Verlauf des Kanals

Der 1803 fertiggestellte Kanal begann in Wiener Neustadt beim ehemaligen Ungartor östlich der Stadtmauer und endete nach 57 Kilometern in Wien etwa dort, wo sich heute der Bahnhof Wien Mitte befindet. Östlich von Wiener Neustadt gab es den oben erwähnten Seitenast, der zum Kohleabbau bis nach Pöttsching („1. Triangel") führte.

Der Schifffahrtskanal wurde 1810 noch einige Kilometer bis zur damaligen ungarischen Grenze ausgebaut. Die für die Rentabilität so wichtige Verlängerung bis zu den Kohlegruben bei Ödenburg scheiterte aller-

Topothek Wiener Neustadt, Archiv Karl Mühl

Der Wiener Neustädter Kanal querte auf seiner Trasse von Wiener Neustadt nach Wien mehrere Flüsse. Zu diesem Zweck war die Errichtung aufwendiger Brückenkonstruktionen notwendig.

Wien Museum

Kohleabbau in Pöttsching

Topothek Wiener Neustadt, Archiv R. Wilczek, ca.1900

Die Entwicklung vom Schifffahrtskanal zum Freizeitparcours setzte Ende des 19. Jahrhunderts ein.

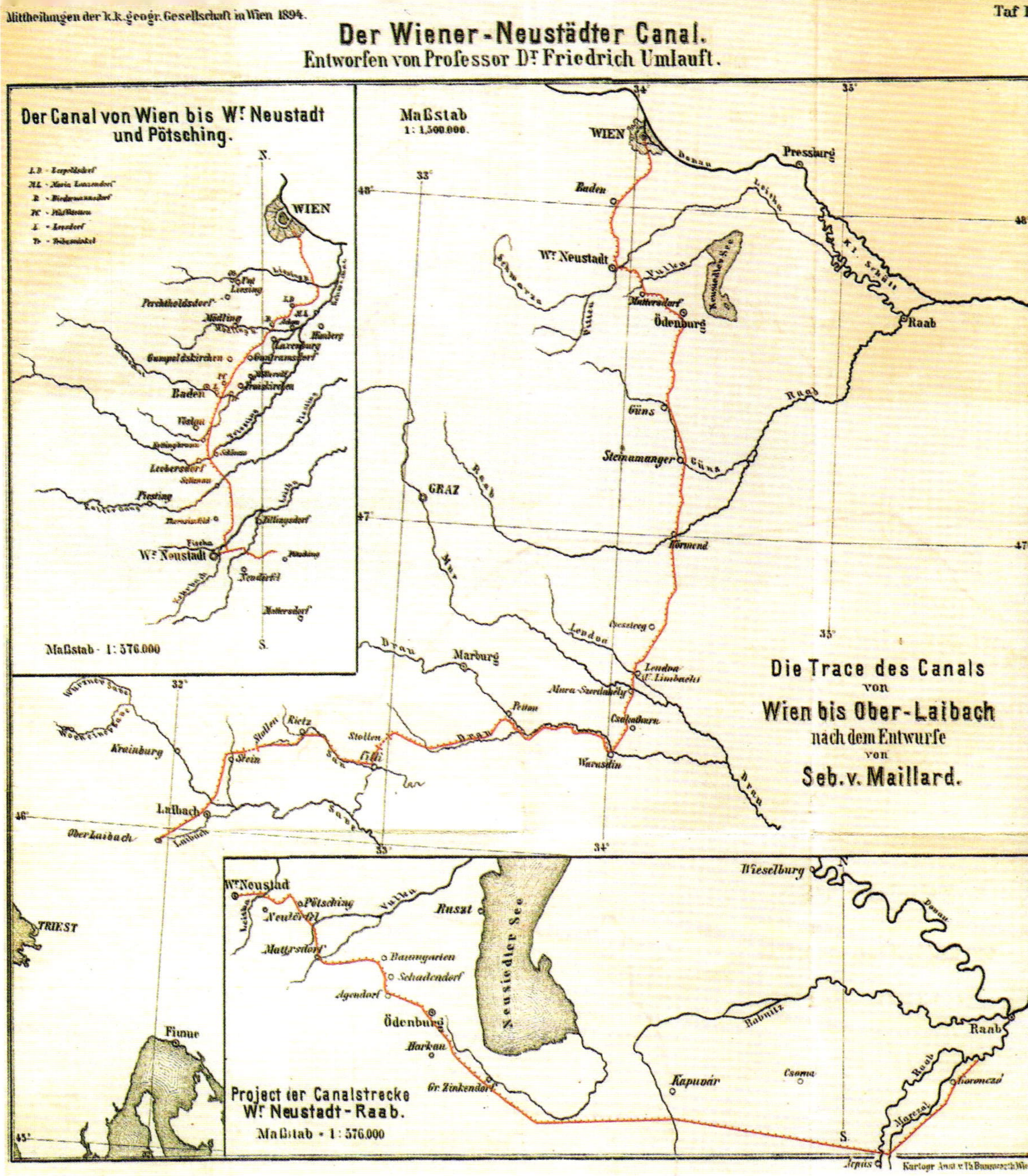

Der Wiener Neustädter Kanal sollte eigentlich bis an die Adria führen. Der Plan zeigt den Abschnitt zwischen Wien und Laibach sowie die Strecke zwischen Wiener Neustadt und der Donau bei Raab.

UMLAUFT 1894

dings am Widerstand ungarischer Großgrundbesitzer, die Einbußen beim Pferdehandel und eine Beeinträchtigung ihrer Mühlen befürchteten. An einen Ausbau der ursprünglich geplanten Trassen nach Triest und zur Donau war nicht mehr zu denken.

Das Wasser für den oberen Teil des Kanals lieferten die Schwarza über den Kehrbach und vor allem die Leitha. Das Leitha-Wasser wurde aus dem damals ungarischen Neudörfl teilweise abgezweigt und über die drei Kilometer lange „Neudörfler Rigole" nach Osten ins Heutal geführt. Hier mündete die Zuleitung in den Pöttschinger Ast und versorgte den gesamten oberen Abschnitt des Schifffahrtskanals sowie unterhalb der Tirangel den Abschnitt Richtung Wien.

Um auch im mittleren und unteren Teil des Schifffahrtskanals eine ausreichende Wasserversorgung sicherzustellen, zapften die Wasserbauer zudem die Piesting (Kalter Gang) und andere Voralpenbäche an. Die Entnahmen boten Anlass für Konflikte, da das Wasser der betroffenen Flüsse bereits intensiv für Mühlen, Gewerbebetriebe und Bewässerungen genutzt wurde.

Kanalgerinne

Der Kanal war ursprünglich mindestens 1,26 Meter tief und mit einem Trapezprofil ausgestaltet. Die Breite an der Wasseroberfläche war zehn bis elf Meter, an der Sohle fünf bis sechs Meter. An der orografisch rechten Seite verlief ein rund 2,50 Meter breiter Treppelweg für die Zugpferde. Auf der gegenüberliegenden Seite gab es einen schmalen Gehweg. Zu beiden Seiten des Kanals pflanzte man Pappeln, die mit ihren Wurzeln den Damm festigten und im Sommer Schatten spendeten.

Eine bauliche Herausforderung bedeuteten die aus dem Wienerwald-Gebiet kommenden Bäche und Gräben. Kleinere Gerinne konnten mit Durchlässen bzw. Dükern abgeleitet werden. Größere Wasserläufe mussten mit Hilfe aufwendiger Aquädukte überquert werden.

Der Kanal endete in einem Hafenbecken im Dritten Wiener Gemeindebezirk unweit des Wienflusses. Eine Schiffsverbindung zum Donaukanal oder zur Donau gab es nicht.

Das Wiener Hafenbecken und die angrenzenden Lagerplätze platzten schon nach kurzer Zeit aus allen Nähten. Zwischen Wien und Wiener Neustsdt gab es aber noch neun weitere Ladestationen. In Wiener Neustadt befand sich eine Schiffswerft mit Dockanlagen, in denen Boote gebaut und repariert wurden.

Die hier verkehrenden Boote waren rund 23 Meter lang und zwei Meter breit. Sie konnten eine Nutzlast von 23 Tonnen, in der etwas breiteren Ausführung nach 1850 über 30 Tonnen, tragen und von nur einem Pferd gezogen werden.

Wien Museum, Hans Klement 1881

Das k.k. Holzverschleißamt beim äußeren Kanalhafen des Wiener Neustädter Kanals (heute Ziakplatz) war ein wichtiger Umschlagplatz für Brennstoffe.

Stadtarchiv Wiener Neustadt, um 1900

Der Wiener Neustädter Kanal war kein ideales Gewässer für Segler, da ein Aufkreuzen gegen den Wind vermutlich schwer möglich war.

Wien Museum, Georg Emanuel Opitz 1805

Im Winter diente das Hafenbecken im Bereich des heutigen Bahnhofs Wien-Mitte zum Eislaufen.

Wiener Neustädter Kanal am Stadtrand von Wien (nach einem Aquarell von Josef Wohlmuth, 1876)

ÖNB

Wiener Neustädter Kanal als Ort der Abkühlung

Topothek Wiener Neustadt, Karl Hrabak, 1933

Ehemaliger Kanalhafen in Wiener Neustadt

Topothek Wiener Neustadt, Archiv Rudolf Hrabak, 1910

Schleusen und Schleusenwärterhäuser

Den Niveauunterschied zwischen Wiener Neustadt und Wien von rund 100 Höhenmetern überwand der Kanal in 52 Gefällestufen. In den Schleusenkammern mit rund 50 Metern Länge und 2,2 Metern Breite wurden die Schiffe innerhalb von drei bis vier Minuten um 1,90 Meter (in der Schleuse 34 um 2,30 Meter) gehoben oder abgesenkt. Die Witterung setzte den Mörtelfugen in den Schleusen schon in den ersten Betriebsjahren so stark zu, dass fast alle Schleusen bis 1850 neu gebaut werden mussten. Im Zuge des Umbaus verbreiterten die Wasserbauer die Schleusenkammern auf 2,5 Meter, sodass auch breitere Boote mit höherer Zuladung eingesetzt werden konnten.

Bei jeder Schleuse oder Schleusengruppe befand sich ein Wächterhaus, in dem der Schleusenwärter wohnte. Die hölzernen Schleusentore konnten vom Schleusenwärter oder von der Schiffsmannschaft mittels Drehbäumen bedient werden.

Niedergang

Über den Schifffahrtskanal transportierte man vor allem Holz, Ziegel und Kohle nach Wien. Neben diesen Gütern wurden auch Personen befördert. So verkehrte dreimal pro Woche ein Schiff von Wien nach Laxenburg, das wegen seiner attraktiven Parkanlage und des kaiserlichen Jagdschlosses ein begehrtes Ausflugsziel war.

Obwohl der Wiener Neustädter Kanal vor allem für den Transport billiger Kohle geschaffen worden war, blieben die erhofften Liefermengen unter den Erwartungen. Die Kohlevorkommen im Wiener Neustädter Raum erwiesen sich als unergiebig, die Kohle vom Ödenburger Brennberg war wegen fehlender Kanalanbindung zu teuer. Einen bedeutenden Anteil am Transportaufkommen hatte hingegen das Scheiterholz aus den Wäldern des Grafen Hoyos.

Mit der Errichtung der Südbahn erwuchs der Kanalgesellschaft eine übermächtige Konkurrenz, die ihr jähes Ende einläutete. Im Jahr 1842 eröffnete die Bahnstrecke Wien–Wiener Neustadt–Gloggnitz, 1847 folgte die Strecke Wiener Neustadt–Ödenburg.

Obwohl die Kanalgesellschaft zunächst noch satte Gewinne lukrierte, folgten Eigentümerwechsel, Probleme bei der Instandhaltung und eine Kanalverkürzung im Wiener Stadtgebiet, die für den Betrieb wenig förderlich waren. Trotz geringer werdender Auslastung konnte der Kanal noch bis 1890 positiv bilanzieren, dann machte sich die Bahnkonkurrenz durch das sinkende Frachtaufkommen zu Wasser immer stärker bemerkbar.

Der Verfall des Kanals mangels ausreichender Investitionen schritt voran und schränkte den Schiffsverkehr nach und nach ein. Die verminderte Aufsicht und Wartung bekamen auch die Bezieher von Kanalwasser zu spüren, die über zu geringe Wasserabgaben aufgrund undichter Stellen und unbefugter Entnahmen klagten und auch die zunehmende Verkrautung beanstandeten.

Die Einstellung des Schifffahrtsbetriebes erfolgte Ende des 19. Jahrhunderts. Nach dem Ersten Weltkrieg wurden nicht mehr benötigte Schleusentore entfernt und Schwellen oder andere Querwerke ersetzt, um den Wasserstand auf einem bestimmten Niveau zu halten. Bei einigen Stufen wurden Turbinen eingebaut.

Der Wiener Neustädter Kanal ist heute ein attraktiver Naherholungsraum, der sich durch seinen Baumbestand und die ehemaligen Gewerbe- und Industriebauten von der intensiv genutzten Landschaft des Wiener Beckens abhebt. Anstelle des ehemaligen Treppelweges verläuft heute ein attraktiver Radweg von Mödling nach Wiener Neustadt den künstlichen Wasserweg entlang. Das Gerinne wird von der Wasserbauabteilung des Landes Niederösterreich gepflegt.

Der Wiener Neustädter Kanal querte die Fischa mittels einer Holzbrücke.

Archiv M. Stiglbauer

Einige Kanalabschnitte sind in der Zwischenzeit aus der Landschaft verschwunden, denn die Mündung des Wiener Neustädter Kanals wurde in den Mödlingbach verlegt. Die Kanaltrasse im Bereich der Stadt Wien wurde zugeschüttet und ist heute im Gelände nicht mehr sichtbar. Mit der Einstellung des Kohleabbaus wurde auch der Pöttschinger Ast überflüssig, sodass sich heute nur mehr wenige Spuren dieser Wasserstraße finden.

4.5 Wiener Hochquellenleitung

Zu den hydrologisch bedeutsamen Nutzungen zählt auch die Wasserentnahme im Einzugsgebiet der Schwarza für die Versorgung der Stadt Wien.

Am 24. Oktober 1873, also vor 150 Jahren, wurde die I. Wiener Hochquellenleitung mit einer feierlichen Zeremonie am Schwarzenbergplatz eröffnet. Die Errichtung ist auch für heutige Verhältnisse eine technische Meisterleistung, denn die Leitung fördert das frische Gebirgswasser aus dem Rax-Schneeberg-Gebiet im freien Gefälle über eine

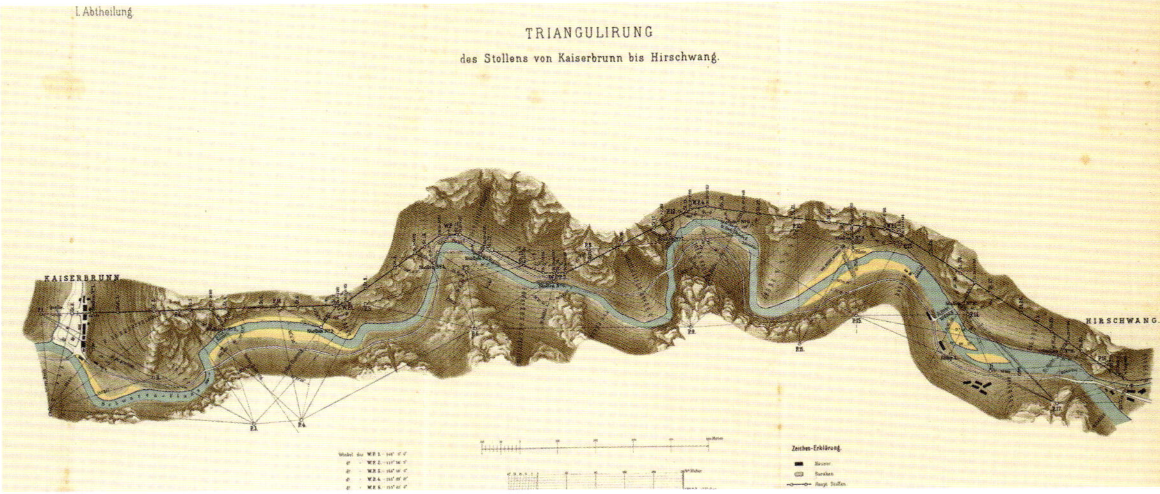

Triangulierungsplan des Stollens zwischen Kaiserbrunn und Hirschwang, 1881

Wien Museum

Länge von 95 Kilometern in die Großstadt. Bis heute trägt die Hochquellenleitung maßgeblich zur Wasserversorgung Wiens bei.

Dass die I. Wiener Hochquellenleitung errichtet wurde, ist vor allem dem Geologen Eduard Suess zu verdanken. Um die Bedeutung dieses Bauwerks richtig einschätzen zu können, ist ein Blick in die Vergangenheit notwendig.

Die Qualität des Wiener Wassers war lange Zeit besorgniserregend. Jahr für Jahr gab es Tausende Cholera- und Typhustote, da die ungeklärten Abwasser und die mangelhafte Straßenkanalisation das Wasser der rund 10.000 Hausbrunnen kontaminierte. Zudem konnten die bestehenden Hausbrunnen und Wasserleitungen für die im 19. Jahrhundert rasch wachsende Stadtbevölkerung nicht genügend Wasser liefern.

Fölsch & Hornbostel (1862) bringen die unbefriedigende Trinkwasserqualität in einer Denkschrift auf den Punkt: *„Ein namhafter Theil der Bevölkerung Wiens ist bezüglich des Wasserbezuges noch heutigen Tages ausschließlich auf die Benutzung von Pumpbrunnen angewiesen. Berücksichtigt man aber, dass diese Brunnen beinahe nur von demjenigen Wasser gespeiset werden, welches durch die vielfach verunreinigte Oberfläche der Stadt in den Boden einsickert; dass ferner die Unraths-Canäle häufig in unmittelbarer Nähe der Pumpbrunnen sich befinden; dass überdies das Wasser durch ein längeres Stehen in den Brunnen mehr oder minder in Fäulniss geräth, und Verunreinigungen durch den im Tegel enthaltenen Schwefelkies ebenfalls nicht zu den Seltenheiten gehören; dass endlich aussergewöhnliche Anschwellungen der Donau eine namhafte Anzahl von Brunnen zeitweilig ganz und gar unbrauchbar machen“,* so ist das *„innerhalb der Stadt entnommene Wasser ... vollständig ungeeignet für häusliche Zwecke.“*

Als in den 1860er-Jahren wieder eine Cholera- und Typhusepidemie wütete, tauchte erstmals die Idee einer Nutzung der Quellgebiete von Rax und Schneeberg auf. In einer Eingabe der Ärztegesellschaft an den Gemeinderat hieß es, dass die Situation nur durch die Hereinleitung von Gebirgswasser gelöst werden könne.

Da auch der öffentliche Druck stieg, schrieb der Gemeinderat 1861 einen Wettbewerb zur Sicherstellung des rasch wachsenden Wasserbedarfs aus. Mittels einer in der „Wiener Zeitung" geschaltenen und auch über die Konsulate in Paris und London verlautbarten Kundmachung wurden *„alle Ingenieure, welche sich bei der Errichtung von Wasserleitungsanlagen bereits bewährt hatten"* eingeladen, Offerte an den Wiener Gemeinderat zur Ausführung einer Wasserversorgung für Wien einzusenden. In dieser Kundmachung war bereits die Bestimmung enthalten, dass einem vom Gebirge stammenden Wasser der Vorzug gegenüber Filtratwasser aus der Donau gegeben werde.

Eingereicht wurden zwölf Projekte sowie ein Konzept des Wiener Stadtbauamts. Mehrere Planungen sahen die Entnahme des Wassers aus der Donau vor, andere wollten das Wasser der Traisen oberhalb von St. Pölten entnehmen und nach Wien leiten. Weitere Konzepte sahen Grundwasserentnahmen im südlichen Wiener Becken bzw. die Fassung der Fischa-Dagnitz-Quelle vor. Das Wiener Stadtbauamt wollte zudem das Wasser des Wiener Neustädter Kanals als Nutzwasser verwerten. Nicht aufgegriffen wurde die Möglichkeit einer Nutzung der Quellgebiete von Rax und Schneeberg. Die Ergebnisse des Wettbewerbs trugen nur wenig zur Variantenfindung bei.

Da die Wasserversorgung für die rasch wachsende Stadt eine immer wichtigere Rolle spielte, bewilligte der Gemeinderat weitere Geldmittel für zusätzliche Planungen und richtete eine schlagkräftige Wasserversorgungskommission ein. Nach dem Ausscheiden einiger Mitglieder wurde der Geologe Eduard Suess nachnominiert und mit der Leitung betraut.

Suess hatte nicht nur Visionen und Weitblick, sondern auch das Geschick, die Kommission effizient zu führen. Um qualitativ hochwertiges Wasser in ausreichender Quantität sicherzustellen, bezog er erstmals auch die Gebirgsregionen in die Betrachtung ein.
Im abschließenden „Bericht über die Erhe-

Wien Museum, Rudolf von Alt 1883

Kaiserbrunnen im Höllental, Ansicht der Hochquellenwasserleitung

Wien Museum, Rudolf von Alt 1873

Aquädukt der I. Hochquellenwasserleitung bei Liesing

Wien Museum, Rudolf von Alt 1873

Das neu errichtete Wasserreservoir auf dem Rosenhügel

Das Quellgebiet der I. Wiener Hochquellenleitung mit den Quellen Kaiserbrunn, Alta und Stixenstein in einem Plan aus dem Jahr 1864

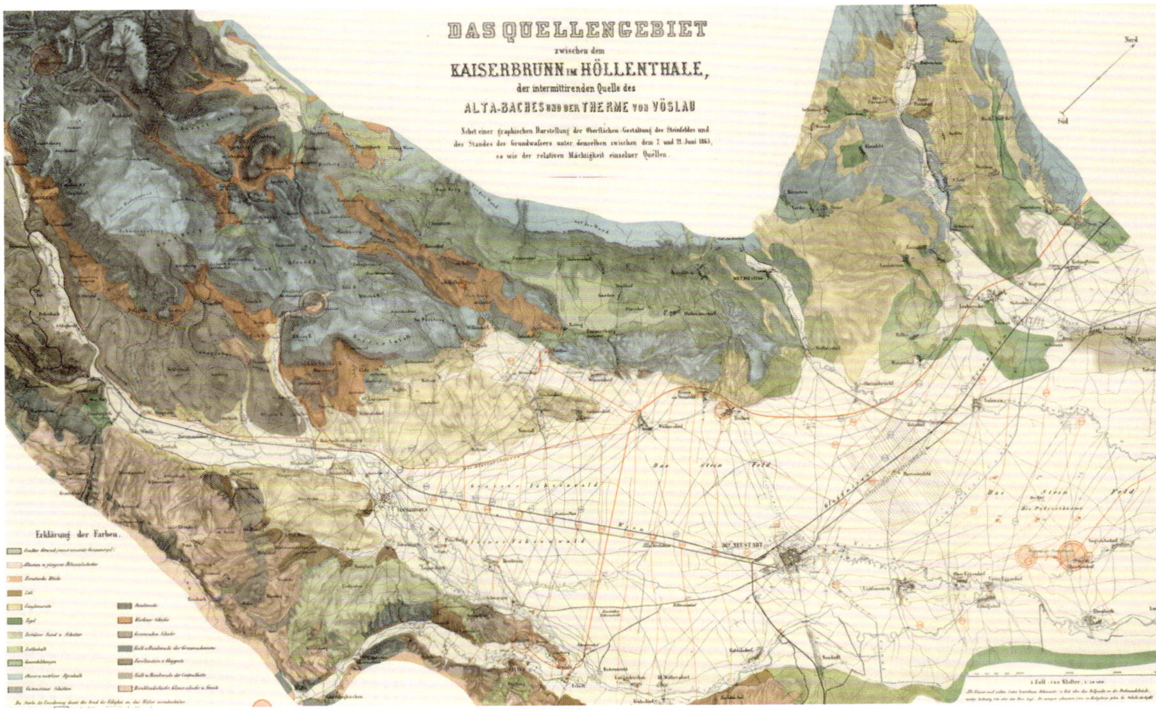

bungen der Wasserversorgungs-Commission des Gemeinderathes der Stadt Wien" geht Suess 1864 auf die damals diskutierten Varianten sowie auf neue Erschließungsgebiete ein. Eine wichtige Schlussfolgerung seines Berichts war, dass die drei Quellen Kaiserbrunn, Stixenstein und Alta genügend Wasser der besten Qualität liefern könnten und der Bau und der Betrieb der längeren Leitung weitaus kostengünstiger wäre als die Fassung der Fischa-Dagnitz-Quelle, da diese den Betrieb einer Pumpstation notwendig machen würde. Diese Erkenntnis war ausschlaggebend dafür, dass in weiterer Folge unter der Federführung von Eduard Suess ein Detailprojekt ausgearbeitet wurde.

Am 25. Mai 1866 wurde sein Plan zur Errichtung der Hochquellenleitung dem Gemeinderat vorgelegt, der nach längeren Debatten dem Vorhaben zustimmte. In einer Bauzeit von nur vier Jahren konnte die Hochquellenleitung errichtet werden. Heute liefert sie im durchschnittlich zwei Kubikmeter Wasser pro Sekunde (Anm.: Die Konsenswasserfestlegung ist variabel und hängt von zahlreichen Faktoren ab.) und deckt damit etwa 50 Prozent des Wasserbedarfs der Stadt ab.

Der oft beträchtliche Höhenunterschied zwischen den Quellen und dem Sammelstollen konnte zum Teil auch energiewirtschaftlich genutzt werden. So gibt es im Quellgebiet der I. Hochquellenleitung sechs Trinkwasserkraftwerke (KW Reithof, KW Kammer D, KW Hirschwang, KW Kaiserbrunn, KW Hinternaßwald, KW Naßwald B-Kammer).

5 Hydrologie

„Wenn das Schwarzawasser nach Neunkirchen herabgelangt, muss es ... [am] Tag über Räder gehen, und dann fliesst es im Schwarzabett weiter. Bei Nacht wird die Schwarza abgesperrt, und das Wasser auf die Wiesen geleitet; dort versickert es und das Schwarzabett ist trocken. ... Nun kommt das Wasser hinab an die Schleuse des Kehrbaches; gesetzt der Schleusenaufseher macht sein Wehr auf und lässt das Wasser in den Kehrbach, so kommt es in ein geschlossenes Gerinne und fliesst weiter. Lässt er das Wasser im Schwarzabett weiter gehen, so versickert es vollständig und geht dem Grundwasser zu, so dass an diesen beiden Stellen es in Menschenhand liegt, eine bedeutende Menge dem Grundwasser zuzuführen oder zu entziehen. Weiter unten am Kehrbache sind die grossen Bewässerungsanstalten angebracht, welche eine bedeutende Wassermenge hinausführen auf das Steinfeld, wo sie mit geringem Nutzen für die Vegetation versickert." Suess 1864.

Das obige Zitat von Suess (1864) bringt die hydrologischen Veränderungen infolge der Kehrbach-Ausleitung auf den Punkt. In Abhängigkeit von der Steuerung der Wehranlage kann der Abfluss der Schwarza geregelt werden und damit auch die Versickerung in deren Gerinne. Mehr Wasser in die Schwarza abzuleiten bedeutet aber nicht, dass dieses in der Leitha ankommt, da das Flussbett viel Wasser in den Untergrund abgibt. Doch davon später in diesem Kapitel.

Die Schwarza, und in weiterer Folge auch die Leitha, wurden schon ab dem Spätmittelalter genutzt. Wie sich am Beispiel des künstlich angelegten Kehrbachs darstellen lässt, erfolgten bereits im 14. Jahrhundert größere Wasserentnahmen für die Versorgung von Wiener Neustadt und die Wiesenbewässerungen des Steinfeldes.

Der Kehrbach leitet bei Nieder- und Mittelwasser das gesamte Wasser der Schwarza ab.

H. Wiesbauer (2x)

Unterhalb der Wehranlage in Peisching (Gemeinde Neunkirchen) gleicht die Schwarza einem Wadi. Nur an wenigen Tagen führt sie hier Wasser.

Schematische Darstellung der für den Wiener Neustädter Kanal maßgeblichen Gewässer im Wandel der Zeit (l., r.)

EBERSTALLER & al. 2009, verändert

Weit zurück reichen auch viele Wasserkraftnutzungen an der Schwarza und der Leitha. Um das Hochwasserrisiko für die Mühlen und andere wassergebundene Betriebe zu vermindern, legte man in einiger Entfernung zum Fluss Mühlbäche an, die die Wasserräder mit Triebwasser versorgten. So waren die Betriebsanlagen der Gewässerdynamik nicht ganz so stark ausgesetzt, da der Großteil des Hochwasserabflusses den Weg über das alte Flussbett nahm.

Die Hydrologie der Schwarza und der Leitha ist äußerst komplex, da neben Wasserentnahmen auch natürliche Einflüsse wie Versickerungen und Grundwasseraustritte eine bedeutende Rolle spielen. Das vorliegende Kapitel versucht, die wesentlichen Einfluss-

Die Leitha bei Klein-Wolkersdorf wurde durch die Ausleitung des Lanzenkirchner Werkskanals beeinträchtigt. Dazu kam noch, dass die Versickerung in diesem Abschnitt von Natur aus besonders hoch ist. Das Bild entstand um 1925.

ONB, W. Hacker

H. Wiesbauer

Schwarza bei Neunkirchen

faktoren auf den Wasserhaushalt näher zu beschreiben und stützt sich dabei im Wesentlichen auf die Untersuchungen von Eberstaller & al. (2009 und 2017) und Zwittkovits (2015).

5.1 Charakteristik des Einzugsgebiets

Für die Abflusscharakteristik eines Fließgewässers sind vor allem das Klima, die Bodenbedeckung, die Geomorphologie sowie die Form und Höhenlage des Einzugsgebietes maßgeblich. Im Falle der Schwarza und der Leitha hat der kiesige, stark durchlässige Untergrund des Wiener Beckens einen besonders starken Einfluss auf die Hydrologie.

Das Einzugsgebiet der Leitha hat eine längliche Form: Im unteren Teil ist es schmal, im oberen verbreitert es sich markant durch die stark aufgefächerten Flussgebiete der Schwarza und der Pitten. Beim Zusammentreffen dieser beiden Hauptzubringer, dem sogenannten Leitha-Ursprung, umfasst das Einzugsgebiet der Leitha bereits 53 Prozent seiner Gesamtfläche. Auf der restlichen etwa 120 Kilometer langen Strecke nimmt die Leitha nur mehr kürzere Nebenbäche auf. Das trichterförmige Einzugsgebiet, das im Gebirge beginnt und im Tiefland endet, verleiht der Leitha eine sehr spezifische Abflusscharakteristik, die man von alpinen und voralpinen Flüssen in dieser starken Ausprägung nicht kennt.

Der als Leitha bezeichnete Flusslauf beginnt in der Katastralgemeinde Haderswörth (Gemeinde Lanzenkirchen), wo sich die Schwarza und die Pitten zu einem Fluss vereinen. Die Geologie dieser Hauptzubringer unterscheidet sich markant. Die Schwarza entspringt im Kalkstock des Rax- und Schneeberggebiets, aus dem sie im Laufe der Flussgeschichte große Geschiebemengen erodiert und im Wiener Becken abgelagert hat. Die Pitten entwässert das vorwiegend von Gneis und Schiefer geprägte Gebiet des Wechselgebirges und der Buckligen Welt und weist im Gegensatz zur Schwarza nur einen geringen Geschiebetrieb auf. Die Einzugsgebiete beider Flüsse liegen am Alpenostrand und sind pluvio-nival, das heißt von Regen und untergeordnet von Schnee, geprägt.

Das natürliche Wasserregime der Schwarza ist aufgrund des großen Anteils subalpiner und montaner Bereiche durch hohe Abflüsse im Frühsommer und vergleichsweise niedrige im Winterhalbjahr gekennzeichnet. Der Niederschlag im Winter fällt in den höheren Lagen größtenteils in Form von Schnee, der oft erst im späteren Frühjahr zu schmelzen beginnt. Dementsprechend unterschiedlich fallen die Monatsmittel des Abflusses aus: Im Jänner beträgt der mittlere Abfluss für den Pegel Gloggnitz 6,1 m^3/s, im April und Mai steigen die Werte auf 13,6 bzw. 13,5 m^3/s (Reihe 1951–2007). Der mittlere Abfluss liegt bei 8,9 m^3/s, das hundertjährliche Hochwasser (HQ100) bei 350 m^3/s.

Mit dem Eintritt in das Wiener Becken gibt die Schwarza große Wassermengen an den Kieskörper ab. Ihr Flussbett ist so durchlässig, dass bei Niederwasserführung das gesamte Wasser in den Untergrund geht. Die stärkste Versickerung ist zwischen Schwarzau und der Einmündung in die Leitha zu verzeichnen. Durchgängig wasserführend ist sie hier nur bei höheren Abflüssen.

Damit unterscheidet sich die Schwarza von allen anderen Flüssen Österreichs. Der untere Flussabschnitt ähnelt einem Wadi, einem Trockental, das sich nur nach starken Regenfällen in ein durchgängiges oberirdisches Fließgewässer verwandelt. Hier würde das Flussbett auch ohne die Ausleitung in den Kehrbach immer wieder trockenfallen, durch die Entnahmen verlängert sich der wasserlose Zeitraum aber beträchtlich.

Auch im oberen Abschnitt der Leitha versickert viel Wasser. Die Pitten trägt zwar für wenige Kilometer zu einer kontinuierlichen Wasserführung bei. Das Flussbett der Leitha ist aber ähnlich durchlässig wie das der Schwarza und trocknet im oberen Teil ohne menschliches Zutun ebenfalls zeitweise aus. Erst ab der sogenannten Feuchten Ebene weist die Leitha aufgrund zahlreicher Grundwassereintritte von Natur aus eine kontinuierliche Wasserführung auf (siehe S. 77).

5.2 Wasserentnahmen

Die Abflüsse von Schwarza und Leitha sind seit vielen Jahrhunderten durch Wasserentnahmen geprägt. Zu den ältesten Wasserbauten an der Schwarza zählt der schon erwähnte Kehrbach, dessen Gerinne bereits im 12. Jahrhundert für die Versorgung von Wiener Neustadt und für die Bewässerung des trockenen Steinfeldes angelegt wurde. Seit den 1820er-Jahren speist ein Teil des ausgeleiteten Wassers auch den Wiener Neustädter Kanal. Der Großteil des Kehrbach-Wassers gelangt aber über die Warme Fischa wieder in die Leitha. Die hydrologisch beeinflusste Strecke zwischen dem Peischinger Wehr an der Schwarza und der Rückführung bei Wampersdorf in die Leitha umfasst eine Länge von 40 Kilometern.

Neben der Kehrbach-Ausleitung gibt es an der Schwarza und der Leitha noch eine Vielzahl anderer Wasserentnahmen für den Betrieb der Ausleitungskraftwerke. Bei diesem Bautyp sind Wehranlage und Krafthaus räumlich getrennt. Im ursprünglichen Flussbett verbleibt oft nur eine geringe Wasser-

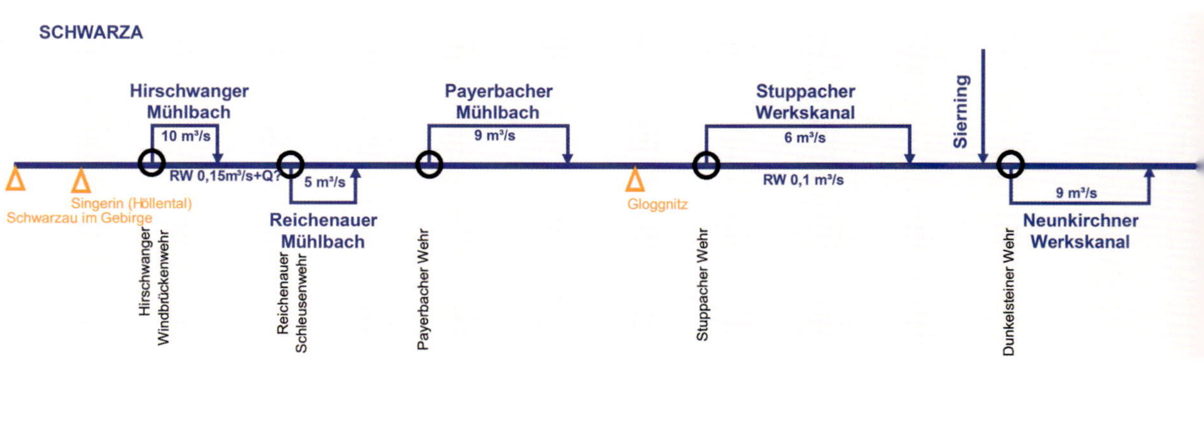

EBERSTALLER & al. 2009, verändert

Geschichte des Kehrbaches

„Das Wasser im ‚cherpach', wie er in älteren Urkunden genannt wird, bildet seit vielen Jahrhunderten den Gegenstand zahlreicher Streitigkeiten unter den Anwohnern. Es lässt sich urkundlich erweisen, dass der Kehrbach durch Herzog Leopold VI., den Bürgern von Neustadt geschenkt wurde. Schon die Verfügungen, welche dem Stadtrechte Friedrichs des Streitbaren in Bezug auf die Rechte der deutschen Herren beigefügt wurden, enthalten Verordnungen in Bezug auf die Zahl der Schwellen im Kehrbache zum Bewässern der Gärten bei Neustadt, so wie die Bestimmung, dass in die Möhrung um die Stadt nicht mehr Wasser aus dem Kehrbache rinnen soll ‚denn durch ein nab [Nabe] *eins wagen rad'. Man kennt Urkunden von den Herzogen Heinrich und Otto aus dem Jahr 1324, von Friedrich dem Schönen aus dem Jahr 1327, von Herzog Rudolf aus dem Jahr 1361, von Kaiser Friedrich dem III. aus den Jahren 1443, 1453, 1458, 1459 und 1463 und von Kaiser Maximilian I. aus dem Jahr 1491, welche sämmtlich den Zweck haben, die zur Bewässerung angelegten Ableitungen des Kehrbaches zu regeln, zu beschränken oder zu vermehren, und demselben einen möglichst ungehinderten Lauf bis in den Thiergarten, die Vorstadt von Neustadt und in die Fischa zu sichern; auch liess Kaiser Friedrich III. einen neuen Graben für einen Theil des Kehrbaches ausheben, der, wie mit vielem Grunde vermuthet wird, seinen Namen eben dem Umstande verdankt, dass er an so vielen Orten auf die Wiesen ‚gechert' wurde.*

Im Jahr 1753 begegnet man zahlreichen Beschwerden, und im Jahr 1767 sah man sich sogar veranlasst, zwei Wächter aufzustellen, welche längs dem Laufe des Kehrbaches diese Ableitungen zu überwachen hatten.

In diesem Augenblicke befinden sich längs dem Kehrbache vom Peischinger Wehr bis zum Einflusse in den Garten der k. k. Militär-Academie in Wr. Neustadt herab nicht weniger als 147 Wasserabzüge zur Bewässerung der benachbarten Gründe; 8 von diesen Abzügen sind beständig offen, die übrigen nur zeitweilig. Da die Terrainverhältnisse in der Regel nicht gestatten, dass die Wassermengen, welche einmal aus dem Bache in die Bewässerungsgräben geführt sind, wieder in den Kehrbach zurückgelenkt werden, hat man an den Enden vieler dieser Bewässerungsgräben Gruben angelegt, welche die überflüssige Wassermenge ohne weiters absorbiren. Durch dieses Verfahren wird dem offenen Gerinne, namentlich in der wärmeren Jahreszeit, eine grosse Wassermenge entzogen. Nur ein sehr geringer Bruchtheil derselben wird von der Humusdecke aufgenommen, und kömmt der Pflanzendecke zu Gute; fast die ganze Menge sinkt sofort durch den losen Schotter in die Tiefe, und trägt zur Vermehrung des Grundwassers bei. Es mag hier sofort bemerkt werden, dass z. B. im städtischen Föhrenwalde, knapp neben dem Kehrbache das Niveau des Grundwassers sehr tief, stellenweise bis zu 84 Fuss tief, unter der Oberfläche des Bodens liegt, und dass, wäre sein Bett nicht bis zu einem gewissen Grade wasserdicht, der Kehrbach hier ganz und gar versiegen musste.

Vom städtischen Föhrenwalde fliesst der Kehrbach in den Park der k.k. Akademie zu Neustadt. Hier wird derselbe zur Berieselung der Wiesen, zur Bewässerung der Teiche u. s. f. verwendet; die k. k. Akademie hat hier das erste und vorzüglichste Recht auf den Kehrbach. Aus ihrem Parke fliesst derselbe durch den Garten des Neuklosters, neben dem Ungarthore vorbei und wird durch eine Schütze abgesperrt. Das k. k. Kanal-Aerar hat an dieser Stelle das Recht auf sein gesammtes Wasser und leitet ihn je nach Bedarf in das Bett des Wiener-Neustädter-Schiffahrtskanales oder in jenes der Fischa. …

Von den Verlusten am oberen Laufe des Kehrbaches gibt folgende Beobachtung einen Begriff. Am 25. März 1864 waren bereits sämmtliche Berieselungs-Anstalten auf den Wiesen in Thätigkeit, obwohl sie der Vorschrift nach nur vom 1. April bis 1. October gespeist werden sollen. An diesem Tage nun gab die Schwarza am Peischinger Wehr an den Kehrbach 11,294.000 Eimer [= 4,3 m³/s]*, und an den Mühlbach, welcher neben dem Kehrbache abfliesst, 1,516.000 Eimer* [= 0,58 m³/s]*, zusammen etwa 12,8 Mill.* [= 4,9 m³/s] *ab, während oberhalb der k.k. Academie in Neustadt weniger als 6 Mill.* [= 2,3 m³/s] *davon ankamen. Beiläufig 6,8 Mill. Eimer* [= 2,6 m³/s] *wurden daher von den Berieselungs-Anstalten verzehrt."*

Quelle: Böheim's Chronik v. Wr. Neustadt, 1863

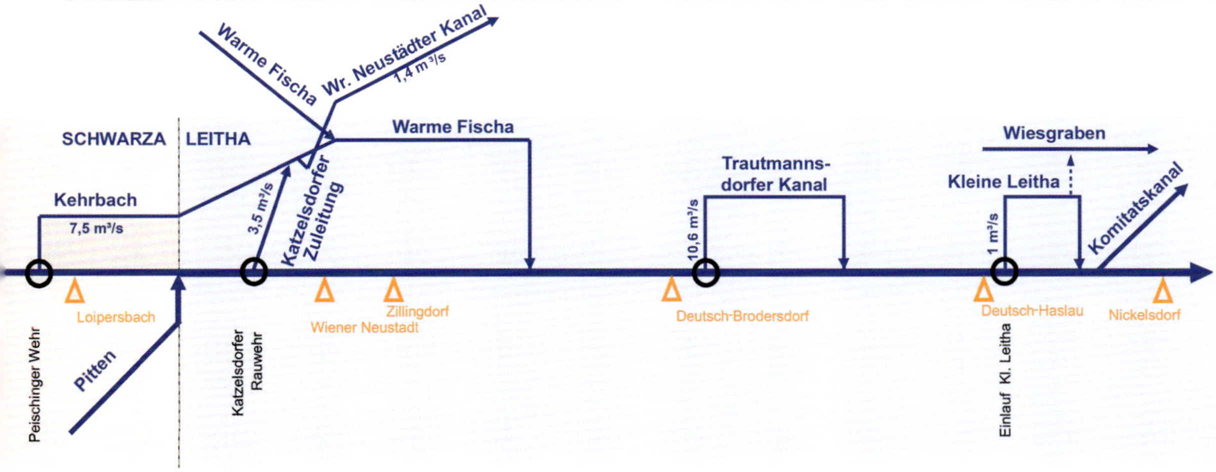

Maßgebliche Zu- und Ableitungen an der Schwarza und der Leitha

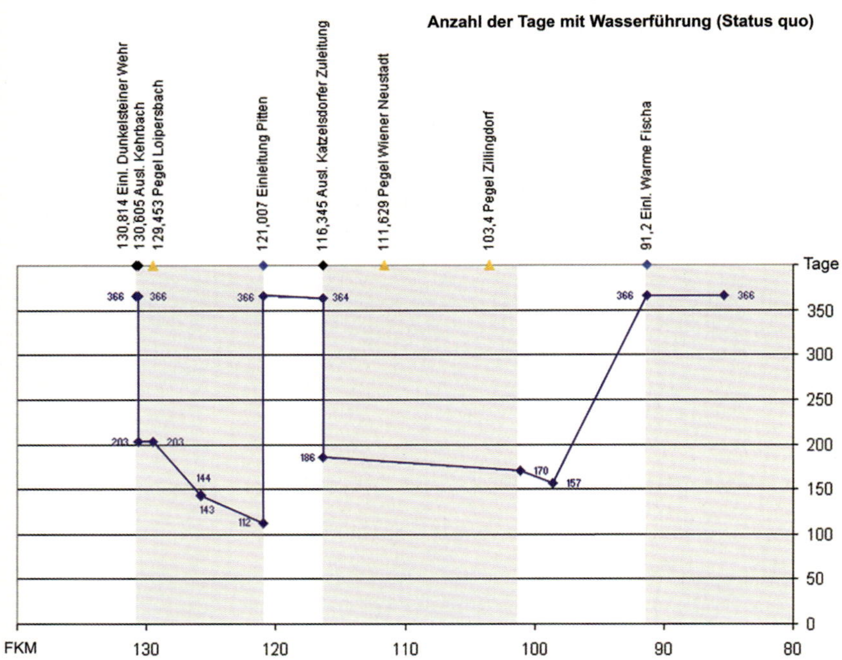

EBERSTALLER & al. 2009, verändert

Bezeichnung der Ausleitung	Beginn	Ende	Ausbaudurchfluss bzw. Restwasser	Messungen
Hirschwanger Mühlbach	Schwarza-km 37,81 Hirschwanger Windbrückenwehr	Schwarza-km 35,74	Schluckvermögen 10 m³/s Restwasser über FAH: 150 l/s + zusätzliches Q?	nein
Reichenauer Mühlbach	Schwarza-km 33,58 Reichenauer Schleusenwehr	Schwarza-km 33,20	Schluckvermögen/ Ausbaudurchfluss: 5,0 m³/s	nein
Payerbacher Mühlbach	Schwarza-km 31,56 Payerbacher Wehr	Schwarza-km 26,12	Schluckvermögen/ Ausbaudurchfluss: 9,0 m³/s	nein
Stuppacher Werkskanal	Schwarza-km 24,51 Stuppacher Wehr	Schwarza-km 18,21	Schluckvermögen/ Ausbaudurchfluss: 6,0 m³/s (Auskunft Ing. Scherz) Restwasser: 100 l/s	nein
Neunkirchner Werkskanal	Schwarza-km 14,57 Dunkelsteiner Wehr	Schwarza-km 9,81	Schluckvermögen/ Ausbaudurchfluss: 9,0 m³/s, (Auskunft Ing. Scherz)	nein
Kehrbach	Schwarza-km 9,60 Peischinger Wehr	Leitha-km 91,26 (Anm.: Einmündung über Warme Fischa)	Schluckvermögen/ Ausbaudurchfluss: 7,50 m³/s, (Auskunft Ing. Scherz)	ja
Katzelsdorfer Zuleitung	Leitha-km 116,35 Katzelsdorfer Rauwehr	Leitha-km 91,26 (Anm.: Einmündung über Warme Fischa)	Konsens: 3,50 m³/s	ja
Wiener Neustädter Kanal			Konsens: 1,40 m³/s	ja
Trautmannsdorfer Kanal	Leitha-km 79,37 Sohlstufe Kotzenmühle	Leitha-km 56,03	Konsens: 10,6 m³/s	nein
Kleine Leitha	Leitha-km 31,28 Sohlrampe Kleine Leitha	Leitha-km 22,99	Konsens:1,0 m³/s	ja
Komitatskanal	Leitha-km 22,81			ja

EBERSTALLER & al. 2009

Triebwasserentnahmen an der Schwarza und der Leitha

menge, im Extremfall fällt es zeitweise trocken (siehe Abb. links).

Doch auch von Natur aus ist das Flussbett der unteren Schwarza und oberen Leitha, also im Bereich zwischen Peisching und Zillingdorf, fallweise ohne Wasser. Durch die Entnahme verlängert sich aber der Zeitraum des Trockenfallens beträchtlich.

Einen Überblick über die Entnahmen an der Schwarza und der Leitha geben das folgende Kapitel, die Tabelle unten und die schematische Abbildung links.

5.3 Abflussänderungen im Längsverlauf von Schwarza und Leitha

Die Abflüsse der Schwarza sind bereits im Oberlauf verändert, da seit dem späten 19. Jahrhundert mehrere Quellen im Einzugsgebiet der Schwarza und ihres größten Zubringers, der Sierning, für die Erste Wiener Hochquellenwasserleitung genutzt werden. Im Mittel betragen die Entnahmen für diese Anlage rund einen Kubikmeter pro Sekunde. Im Höllental ist die Abflussreduktion aufgrund der Morphologie der Schwarza kaum wahrnehmbar.

Unterhalb des Höllentals gibt es an der Schwarza insgesamt vier Ausleitungsstrecken mit folgenden Entnahmemengen: der Hirschwanger Mühlbach mit 10,0 m³/s, der Reichenauer Mühlbach mit 5,0 m³/s, der Payerbacher Mühlbach mit 9,0 m³/s und der Stuppacher Werkskanal mit 6,0 m³/s.

Die Entnahmestrecken fallen über längere Zeiträume trocken und sind verödet, da keine oder nur geringe Restwasserabflüsse vorgeschrieben wurden. So werden beim Hirschwanger Windbrückenwehr 0,15 m³/s in das natürliche Flussbett abgegeben, beim Stuppacher Wehr sind es 0,1 m³/s. Beim Reichenauer Mühlbach und beim Payerbacher Mühbach wird nur dann Wasser in die Restwasserstrecke geleitet, wenn der Zufluss das Schluckvermögen der Turbine übersteigt.

Für die Hydrologie der unteren Schwarza ist die Wasserentnahme durch den Kehrbach ein gravierender Eingriff. Im Kehrbach werden derzeit bis zu 7,5 m^3/s Wasser abgeleitet. Unterhalb der Kehrbach-Ausleitung führt die Schwarza über ein durchschnittliches Jahr betrachtet nur mehr an 203 Tagen Wasser. Durch die starke Versickerung reduziert sich dieser Wert bis zur Pitten-Mündung auf 112 Tage. Das heißt, nur mehr an jedem dritten Tag fließt hier überhaupt noch etwas Wasser. Die restliche Zeit ist das Flussbett trocken und gleicht einem Wadi.

Nach der Vereinigung von Pitten und Schwarza, dem schon erwähnten Leitha-Ursprung, ist die Leitha auf eine kurze Strecke ganzjährig wasserführend, da die Pitten einen kontinuierlichen Abfluss aufweist. Der benetzte Abschnitt endet aber schon beim Katzelsdorfer Rauwehr, wo dem Fluss bis zu 3,5 m^3/s Wasser entnommen und über die Katzelsdorfer Zuleitung dem Kehrbach zugeführt werden. Im Flussabschnitt unmittelbar nach dem Rauwehr ist die Leitha nur mehr an 186 Tagen wasserführend.

Im Gegensatz zum Oberlauf der Leitha machen sich etwa ab Neufeld–Ebenfurth bedeutendere Grundwasseraustritte bemerkbar. Bezeichnenderweise wird die angrenzende Landschaft des Steinfeldes „Feuchte Ebene" genannt. Diese Zuflüsse sorgen dafür, dass hier aber zumindest etwas Wasser im Flussbett sichtbar ist. Nach der Einleitung der Warmen Fischa ist die Leitha ganzjährig wasserführend. Eine Ausnahme bildet jedoch die Ausleitungsstrecke des Trautmannsdorfer Kanals, wo das Wasser der Leitha bei Seibersdorf zum Zweck der Energiegewinnung erneut auf einer Strecke von 23 Kilometern entnommen wird. Da die Konsenswassermenge 10,6 m^3/s beträgt, ist der Abfluss in der angrenzenden, regulierten Leitha-Strecke die meiste Zeit über verschwindend gering.

Für den untersten Abschnitt der Leitha sind die Wasserentnahmen bzw. Mindestdotationen seit einigen Jahren in einem zwischenstaatlichen Abkommen festgelegt. Die Niederwasserbetriebsordnung (NW-BO 2017) regelt die Wasserentnahme für die Kleine Leitha, den Wiesgraben und den Kombinatskanal. Der Regelbetrieb sieht vor, dass bei Abflüssen der Leitha von über 3,5 m^3/s Wasser beim Wehr in Gattendorf so viel in die Kleine Leitha geleitet wird, dass dort zumindest 100 l/s und im Wiesgraben sowie in dessen Zubringern 50 l/s fließen. Da die bewilligten Entnahmen und die natürlichen Verluste in diesen Werten noch nicht enthalten sind, sind die notwendigen Dotationen etwas höher. Bei Niedrigwasserführung werden zunächst die Wassernutzungen eingeschränkt, was bis zum Entnahmestopp führen kann (NW-BO 2017).

Auf ungarischer Seite gibt es zwei weitere Ausleitungen: So wird in Hegyeshalom im Bereich der Márialigeti-Mühle Wasser entnommen. Eine weitere Wehranlage befindet sich in Wieselburg-Ungarisch Altenburg (Mosonmagyaróvár) unweit der Mündung in die Donau. Sie dient zur Dotation der Alten Leitha, die in weiten Bögen durch die Stadt führt und heute als Mühlbach genutzt wird. Höhere Abflüsse werden über ein Entlastungsgerinne abgeleitet.

Zusammenfassend ist festzuhalten, dass sowohl die Schwarza als auch die Leitha durch Wasserentnahmen stark beeinträchtigt werden. Die Entnahmen verlängern den wasserlosen Zeitraum an der unteren Schwarza (flussab von Peisching) und oberen Leitha (flussauf von Zillingdorf) stark. Wie erwähnt würde das Flussbett in diesen Bereichen aber auch von Natur aus gelegentlich trockenfallen. Paradox erscheint es auf den ersten Blick, dass sich die Kehrbach-Ausleitung für die Wasserbilanz der unteren Leitha sogar positiv auswirkt, trotz Speisung des Wiener Neustädter Kanals und einiger Bewässerungen. Dies liegt daran, dass das teilweise ge-

In einem Plan aus dem Jahr 1818 ist zu lesen: „Kleine unbedeutende aufgehende Seuchwasser oder Quellen fließen mehrere in die Leitha". Genannt wird u.a. das „Galt Graben Bachel" unterhalb von Deutsch-Brodersdorf und das „Loibenbachel" unterhalb von Neudörfel.

MNLGyőr-Moson-Sopron, SMT 036-05

Im Nahbereich der Leitha gab es zahlreiche Quellwasseraustritte. Mit der Streckung und Tieferlegung des Flussbetts verschwanden der „Oh Bach" und viele andere Lauenbäche aus der Landschaft.

MNLGyőr-Moson-Sopron, SMT 036-04

pflasterte Kehrbach-Gerinne im Gegensatz zur Schwarza und zur oberen Leitha kaum Wasser verliert.

Veränderungen stehen aber bevor: So gibt es durch die Vorgaben der EU Wasserrahmen-Richtlinie bzw. des Nationalen Gewässerplans erheblichen Anpassungsbedarf. Ziel ist es, einen guten ökologischen Zustand zu erreichen, was entsprechende Änderungen der Mindestabgaben notwendig macht. Die wasserwirtschaftliche Planung des Amtes der Niederösterreichischen Landesregierung hat auf Basis umfangreicher Studien festgelegt, dass die Durchgängigkeit der Leitha bis zur Mündung der Warmen Fischa herzustellen ist. Für den flussauf angrenzenden Abschnitt ist dies nicht erforderlich, da das Flussbett auch unter natürlichen Gegebenheiten immer wieder trockenfällt.

Basierend auf den Ergebnissen der Dotationsmessungen haben Eberstaller & Pieler 2017 einen Dotationsvorschlag für das Rauwehr Katzelsdorf ausgearbeitet, der die Wiederherstellung der Durchgängigkeit bis zur Mündung der Warmen Fischa zum Ziel hat. Bei Anwendung der Qualitätszielverordnung des BMLFUW werden in der Strecke Neufeld–Ebenfurth 1,5 m³/s benötigt. Da in dieser Strecke der geringste Restwasser-Abfluss vorliegt, ist dies der maßgebliche Abfluss für eine Restwasserdotation.

5.4 Einfluss von Versickerungen und Grundwasseraustritten

Die Schwarza konnte im Laufe der Flussgeschichte einen mächtigen Kieskörper ablagern, auf dem sich das Flussbett vor Umsetzung wasserbaulicher Maßnahmen frei entwickeln konnte. Für das Wiener Becken sind zudem die von der Piesting und Triesting aufgeschütteten Geschiebekegel maßgeblich. Die mächtigen Kiesablagerungen ermöglichen einen starken Austausch zwischen dem Oberflächen- und dem Grundwasser und liefern dadurch die Basis für die

Hydrologischer Längenschnitt Status quo – Niederwasser Q95:

Im gesamten Längsverlauf der Schwarza und der Leitha liegt die Niederwasserkenngröße Q95 (= Abfluss der an 95 Prozent der Tage im Regeljahr überschritten wird) zwischen 0 und rund 3,5 m³/s. Da bis auf die Ausleitung beim Hirschwanger Windbrückenwehr keine Restwasserabgabe vorgeschrieben ist, fällt die Schwarza in allen Entnahmestrecken trocken. Möglicherweise auftretende geringe Wasserführungen sind auf Einleitungen kleiner Seitenzubringer zurückzuführen.

Unmittelbar nach der Ausleitung des Kehrbachs (Ausleitungswassermenge Q95 = 2,1 m³/s) fällt die Schwarza aufgrund der hohen Versickerung schon nach kurzer Strecke trocken.

Mit der Einleitung der Pitten führt der nun als Leitha bezeichnete Fluss bis zum Wehr der Katzelsdorfer Zuleitung wieder etwas Wasser. Die Ausleitung in Katzelsdorf von rund 0,6 m³/s (= Q95) reduziert den Abfluss wesentlich, sodass die Leitha schon nach kurzer Strecke trockenfällt. Nach Zillingdorf bzw. vor Neufeld machen sich Grundwassereintritte in das Leitha-Bett bemerkbar, sodass wieder eine durchgehende Wasserführung in der Leitha vorhanden ist. Mit der Einleitung der Warmen Fischa im Bereich von Wampersdorf erhöht sich der Abfluss deutlich. Die Leitha ist ab hier mit Ausnahme der Ausleitungsstrecke des Trautmannsdorfer Kanals durchgehend wasserführend.

Hydrologischer Längenschnitt Status quo – Mittelwasser MQ:

In der Schwarza führen die hohen Entnahmen auch bei Mittelwasser (MQ) bereichsweise zum Trockenfallen des Flussbetts. Ausgenommen davon ist die Ausleitungsstrecke des Stuppacher Werkskanals, bei der rund 2,2 m³/s (= Q95) im Hauptgerinne verbleiben.

Die Ausleitungen des Kehrbachs und der Katzelsdorfer Zuleitung sowie die hohe natürliche Versickerung in diesem Bereich führen zu einer deutlichen Reduktion des Abflusses.

Durch die Einleitung der Pitten (MQ = 3,40 m³/s) kann eine durchgehende Wasserführung erreicht werden.

Mit der Einleitung der Warmen Fischa nimmt die Wasserführung deutlich zu. Bis zur Staatsgrenze ist die Leitha bis auf die Ausleitungsstrecke des Trautmannsdorfer Werkskanals wasserführend. Aufgrund der hohen Entnahme von maximal 10,6 m³/s fällt die Leitha wieder trocken. Eine geringe Wasserführung kann durch einmündende Seitenzubringer aus dem Leithagebirge auftreten.

Die Grafik unten zeigt den hydrologischen Längenschnitt der Schwarza und der Leitha für das Mittelwasser MQ und Niederwasser Q95.

Quelle: Eberstaller & al. 2009

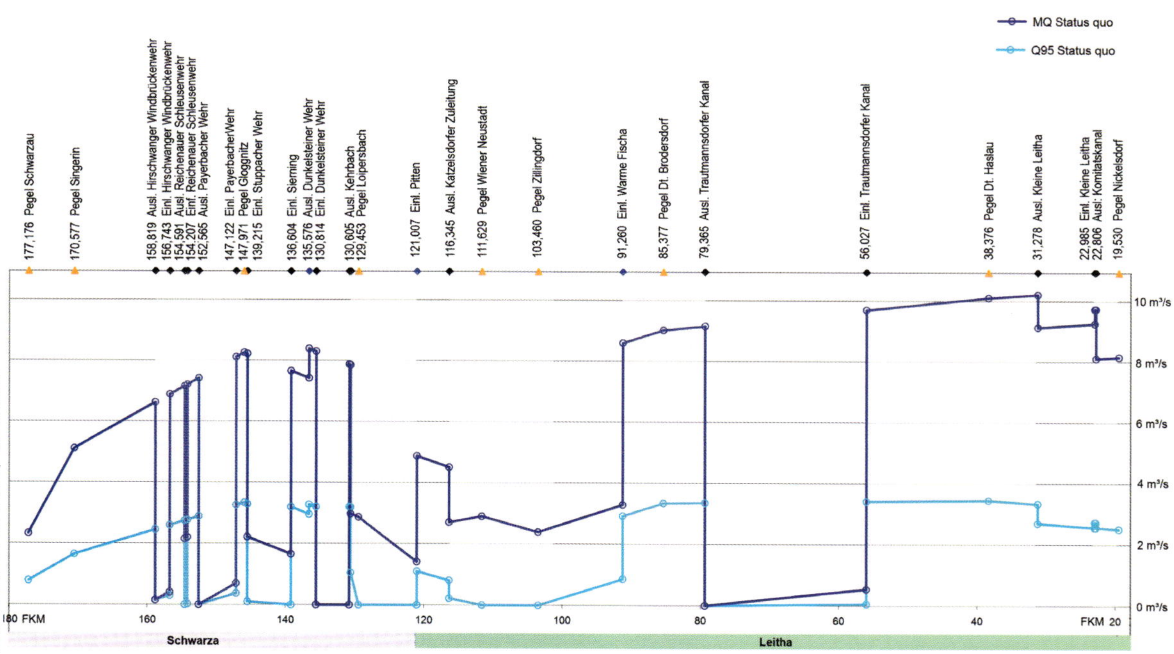

Eberstaller & al. 2009, verändert

Hydrologischer Längenschnitt der Schwarza. Die hellblaue Linie zeigt das Q95, die dunkelblaue Linie das MQ. Die Angaben beziehen sich auf den Status quo.

reichen Trinkwasservorkommen der Mitterndorfer Senke. Im Raum von Neunkirchen bis Wiener Neustadt spielt die Versickerung (Infiltration) in den teilweise sehr tief liegenden Grundwasserkörper eine bedeutende Rolle. Kein Wunder, dass die angrenzende Landschaft des Steinfeldes als die „Trockene Ebene" bezeichnet wird.

Die größten Versickerungswerte wurden an der Schwarza im Abschnitt zwischen Schwarzau im Steinfeld und Bad Erlach gemessen. Die Studie von Eberstaller & al. (2009) beziffert die Versickerungsraten in diesem Bereich mit durchschnittlich 0,41 m³/s pro Kilometer Flusslänge. In der angrenzenden Strecke der Leitha zwischen Lanzenkirchen und dem Katzelsdorfer Rauwehr liegen sie bei 0,34 m³/s pro Kilometer Flusslänge, wobei hier punktuell Werte von bis zu 0,55 m³/s pro Kilometer ermittelt wurden. Weitere simultane Abflussmessungen von Eberstaller & Pieler (2017) ergaben, dass sogar von noch höheren Versickerungswerten auszugehen ist.

Anders als am Oberlauf der Leitha machen sich etwa ab Neufeld–Ebenfurth bedeutendere Grundwasseraustritte bemerkbar. Sie sorgen dafür, dass in weiterer Folge zumindest etwas Wasser im Flussbett sichtbar ist. Erst nach der Einleitung der Warmen Fischa ist die Leitha wieder auf einem längerem Abschnitt ganzjährig wasserführend.

Die Versickerungen der Schwarza und der Leitha spielen eine wichtige Rolle für die Lage des Grundwasserspiegels und die Grundwasserverfügbarkeit. In der weiter zurückliegenden Vergangenheit wurde das Versickerungswasser als verlorenes Wasser betrachtet. So wurde beispielsweise der Umstand kritisiert, dass die Bewässerungen ineffizient seien und viel Wasser an den Untergrund verloren gehe. Zudem wurde der Grundwasserspiegel in besonders feuchten Gebieten durch Entwässerungsmaßnahmen tiefer gelegt. Für die Entwicklung von Wiener Neustadt war die Tieferlegung des Kehrbachs im Zuge einer Kraftwerkserrichtung ein Vorteil, da Kanalisationen geschaffen werden konnten.

Heute wissen wir, dass das Grundwasser im Wiener Becken trotz seiner schier unermesslichen Größe eine begrenzte Ressource ist. Ein alarmierendes Zeichen ist etwa der stark fallende Grundwasserspiegel im Wiener Neustädter Raum, der zwischen 2019 und 2022 um rund sechs Meter gesunken ist (NÖN 30.3.2022). Früher gut gefüllte Bade- und Fischteiche waren im Jahr 2022 ohne Wasser. Der niedrige Grundwasserspiegel hat uns vor Augen geführt, dass wir den Umgang mit dem kostbaren Nass überdenken müssen.

5.5 Hochwasser

Eine Besonderheit der Leitha ist, dass die größten Hochwassermengen im oberen Abschnitt, also unmittelbar nach dem Zusammenfluss von Schwarza und Pitten, auftreten, dann aber in Richtung Mündung sukzessive abnehmen. Gründe dafür sind die Form des Einzugsgebiets und großräumige Ausuferungen im gesamten Längsverlauf, die eine hohe natürliche Retention bewirken. Dazu kommen noch zahlreiche Rückhaltebecken, die die Hochwasserspitzen deutlich herabsetzen. Beim Leitha-Ursprung liegt das hundertjährliche Hochwasser (HQ100) bei rund 350 m³/s. Nach einer Fließstrecke von rund 80 Kilometern nimmt diese Kennzahl bei Deutsch-Haslau auf 130 m³/s ab, was einer Reduktion um 63 Prozent entspricht. Bei einem HQ30 sind auf österreichischem Gebiet rund 50 km² überflutet, bei einem HQ100 rund 75 km² (GE-RM Leitha 2022).

Ab dem Ende des 19. Jahrhunderts wurden an der Schwarza und der Leitha umfangreiche flussbauliche Maßnahmen durchgeführt, deren Ziel es war, den Hochwasserschutz zu verbessern und den Ausbau von Verkehrswegen zu ermöglichen. Weitere Maßnahmen erfolgten im 20. Jahrhundert. Heute sind die

Schwarza unterhalb des Höllentals und der überwiegende Teil der Leitha durchgehend reguliert.

Betrachtet man die Siedlungsentwicklung an der Schwarza, so fällt auf, das die Ortschaften nicht unmittelbar an die Wildflusslandschaft grenzen, sondern zumeist einen gewissen „Sicherheitsabstand" aufweisen. Lediglich die wassergebundenen Betriebe befanden sich unmittelbar an den Ufern des Flusses oder eines Mühlbaches.

Waren die Menschen ursprünglich den Naturgewalten schutzlos ausgeliefert, so versuchten sie später, durch bauliche Maßnahmen das Risiko einzudämmen. Dies gelang aber – wie die enormen Hochwasserschäden der vergangenen Jahrzehnte zeigen – nur teilweise. Unter dem wachsenden Siedlungsdruck wich man teilweise auf gefährdete Gebiete aus und vertraute auf den technischen Hochwasserschutz. Dieser stößt mittlerweile aber immer häufiger an seine Grenzen, da die Begradigungen der Flüsse und Bäche, die Verbauung der natürlichen Retentionsräume und die Versiegelung der Böden die Situation vielerorts verschärft haben.

Betrachtet man die Schutzmaßnahmen der vergangenen Jahrzehnte großräumig, zeigt sich eine scheinbar paradoxe Situation: Obwohl der Hochwasserschutz über die Jahrhunderte immer wieder verbessert wurde, nahm das Schadenspotenzial stetig zu, da mit steigender Sicherheit vermehrt auch in ehemaligen Überflutungsgebieten gebaut wurde.

Heute ist man deshalb bei der Planung von Hochwasserschutzmaßnahmen bestrebt, die bestehenden Retentionsräume zu bewahren und potenzielle Überflutungsgebiete einzubeziehen. Die Erhaltung der naturräumlichen Schutzwirkungen hat dabei Vorrang vor technischen Schutzmaßnahmen. Bei der Planung der Hochwasserschutz-

Leitha-Wasserverband III

Hochwasser in Leithaprodersdorf im Jahr 1965

Gemessene Hochwasserwerte

Historische Hochwasser der Schwarza in Gloggnitz

Datum	Q [m³/s]	W [cm]	Jährlichkeit
29.07.1897	355	330	105
13.09.1899	355	330	105
08.07.1997	283	418	40
13.12.1961	260	400	27
29.11.1913	254	260	24
23.04.1966	250	190	23
24.04.1907	241	140	20
05.09.1922	241	250	20
20.05.1940	232	274	18
21.07.1959	200	350	12

Historische Hochwasser der Schwarza in Loipersbach

Datum	Q [m³/s]	W [cm]	Jährlichkeit
08.07.1997	278	409	50
07.09.2007	184	360	14
16.05.2014	168	350	11
08.08.2006	142	348	8
29.06.2009	124	321	6
22.10.1996	113	334	5
29.07.1991	107	346	5
13.08.2002	106	321	5
22.03.2002	103	319	4-5
03.08.1991	103	340	4.5

Historische HW der Leitha in Deutsch-Brodersdorf

Datum	Q [m³/s]	W [cm]	Jährlichkeit
23.04.1965	195	342	60
29.07.1991	183	349	50
26.07.1966	175	340	40
08.07.1997	149	406	10
25.06.2009	149	483	10
21.05.1940	148	330	10
16.05.2014	142	480	8,5
02.07.1975	140	313	8,5
08.09.2007	130	359	6,5
14.09.1899	128	-	6

Pegelbeobachtungen seit 1895, Änderung des Pegels in Deutsch-Brodersdorf 2007

Historische Hochwasser der Leitha in Deutsch-Haslau

Datum	Q [m³/s]	W [cm]	Jährlichkeit
27.06.2009	119	536	60
11.07.1997	98	508	23
07.08.1991	97	503	23
11.09.2007	88	493	15
31.07.1991	85	473	13
16.05.2014	78.7	509	9
06.06.2006	75	485	8
23.10.1996	70	476	6
10.08.2006	68.6	454	5
07.04.2009	52.1	432	2,5

Pegelbeobachtungen in Loipersbach seit 1970, in Deutsch-Haslau seit 1924

www.noel.gv.at

maßnahmen ist darauf zu achten, dass die Gewässerentwicklung nicht weiter eingeschränkt wird und notwendige Eingriffe im Gewässer mit morphologischen Verbesserungen kombiniert werden.

Auf die Maßnahmen im Rahmen des LIFE-Projekts IRIS geht Kapitel 8.3 ein. Weitergehende Informationen sind der Homepage https://ife-iris.at und den dort abrufbaren Berichten zur Leitha zu entnehmen.

Neues Prognosemodell

Seit 2020 gibt es ein neues Hochwasserprognosesystem entlang der Leitha, das mehrmals täglich Auskunft über mögliche Hochwasser-Entwicklungen gibt. Die sechs Pegelstationen in Lanzenkirchen, Wiener Neustadt, Zillingdorf, Deutsch-Brodersdorf, Götzendorf und Deutsch-Haslau senden mehrmals täglich Daten an das zentrale System und liefern die Basis der Prognosen. Dadurch sollen sich die Menschen in Zukunft auf Hochwasser vorbereiten können. Diese Messwerte sind abrufbar unter: www.wasserstand-niederoesterreich.at

Während die Entwicklung der Abflüsse in Lanzenkirchen nur für einen Zeitraum von vier Stunden prognostiziert werden kann, ist in Deutsch-Haslau bereits eine Vorhersage von etwa 24 Stunden möglich.

Um diese Prognosen noch genauer zu machen, wird an einer Erweiterung des Systems für die Leitha-Zubringer Pitten, Schwarza und Warme Fischa gearbeitet. Damit sind

Hochwasser Leithaprodersdorf 1965

dann auch Vorhersagen für die jeweiligen Einzugsgebiete möglich.

Pegelmessungen

Voraussetzung für eine fundierte Hochwasserprognose ist ein engmaschiges Netz an Pegelmessstellen. Regelmäßige Beobachtungen der Wasserstände finden an der Leitha seit 1919 und an der Schwarza seit 1896 statt.

Im 20. Jahrhundert wurden die Aufzeichnungen automatisiert, indem sogenannte Schreibpegel eingerichtet wurden. Schreibpegel gibt es heute in Niederösterreich an

Außergewöhnliche Hochwasser der Leitha (Auswahl)

19. Jh.:	1813, 1815, 1833, 1846, 1863, 1868, 1897, 1899
20. Jh.:	1903, 1921, 1940, 1953, 1959, 1965, 1966, 1975, 1991, 1997
21. Jh.:	2007, 2009, 2014

der Leitha in Lanzenkirchen, Wiener Neustadt und Zillingdorf (Bezirk Wiener Neustadt), Deutsch-Brodersdorf (Seibersdorf, Bezirk Baden), Götzendorf und Deutsch-Haslau in Prellenkirchen (Bezirk Bruck/Leitha) sowie an den Zubringern Schwarza, Pitten und Warme Fischa. Sie senden mehrmals täglich Daten an das zentrale System. An der burgenländischen Leitha erfolgen die Pegelaufzeichnungen in Nickelsdorf sowie an den Nebengerinnen der Leitha in Deutsch Jahrndorf (Kleine Leitha), Gattendorf (Kleine Leitha) und Nickelsdorf (Komitatskanal). Alle Messwerte sind im Internet abrufbar unter: www.wasserstand-niederoesterreich.at bzw. https://wasser.bgld.gv.at/hydrographie/die-fluesse

Erst kontinuierliche Daten ermöglichen es, die Ausprägung und Häufigkeit von Hoch- und Niederwasserständen und deren Änderung über die Zeit zuverlässig anzugeben. Von den größeren Hochwassern sind teilweise auch Berichte vorhanden, in denen der Hochwasserablauf und die Schäden beschrieben werden.

6 Wasserbauliche Eingriffe

Die Geschichte der wasserbaulichen Eingriffe an der Schwarza und der Leitha reicht weit zurück und lässt sich punktuell bis in die Zeit der Mühlengründungen im späten Mittelalter zurückverfolgen. Kleinräumige wasserbauliche Maßnahmen gab es aber vermutlich schon während der Römerzeit, vielleicht sogar früher. Aufgrund der frühen Siedlungstätigkeit im Leitha-Gebiet (Zámolyi & al. 2015) ist es naheliegend, dass der Mensch schon sehr bald gestaltend eingriff und die Flusslandschaft veränderte.

Solange die wasserbaulichen Möglichkeiten eingeschränkt waren, ging es darum, mit den Gefahren des Flusses zu leben und das Überschwemmungsrisiko zu minimieren. Den unberechenbaren Naturgewalten trugen die Römer Rechnung, indem sie, wenn irgendwie möglich, außerhalb der potenziell hochwassergefährdeten Gebiete siedelten. Nördlich der Alpen vermieden sie größere wasserbauliche Eingriffe oder beschränkten sich dabei auf das notwendige Minimum (vgl. Thüry, 1995, Schwarz 2006).

Landessammlungen NÖ, Franz Steinfeld d. Jüngere 1837

Die Schwarza im Höllental in einem Gemälde von Franz Steinfeld 1837

Auch im Mittelalter und in der Neuzeit erfolgte der Hochwasserschutz in erster Linie präventiv durch Wahl eines hochwassersicheren Siedlungsstandorts. Ausgenommen davon waren Mühlen und andere wassergebundene Gewerbe. Um sie vor der Dynamik der Hochwasser zu schützen, waren laufend wasserbauliche Eingriffe und Sanierungsmaßnahmen notwendig.

Die Siedlungsentwicklung an der Schwarza und der Leitha scheint einer inneren Logik zu folgen, die im Wesentlichen von der Überflutungshäufigkeit bestimmt ist. Mythenumrankt und geheimnisvoll erscheinen jedoch zwei von Menschenhand geschaffene Hügel in der Leitha-Niederung, die von den Hochwassern nicht erfasst wurden. Das sogenannte „Türkenbergl" (in der Walter-Karte 1754-6 als „Tabor Bergl" bezeichnet) unweit der heutigen Leitha-Brücke in Wasenbruck war ein sechs Meter hoher und 40 Meter breiter Erdwall, der mittlerweile abgetragen wurde. Ob diese Erhebung zur Grenzsicherung diente oder andere Funktionen hatte, ist unbekannt, ebenso ihre Entstehungszeit. Bei Grabungen Ende des 19. Jahrhunderts stießen die Archäologen Franz Heger und Moritz Hoernes auf dunkle Erdschichten, die mit Holzkohle vermengt waren. Die damaligen Funde sind nicht mehr erhalten. Einen ähnlichen Erdwall, das sogenannte „Königl Bergl" (Walter-Karte 1754-6), gab es auch noch zwischen Trautmannsdorf und Götzen-

NÖ Landesb., BIII_118

NÖ Landesb., E. Fink 1898

Der Zeichner Eduard Fink verewigte Ende des 19. Jahrhunderts den Türkenhügel bzw. -berg in Wasenbruck in mehreren Skizzen. Der Bereich wurde später eingeebnet.

dorf. Auch diese Erhebung war hochwasserfrei und könnte als Rettungsinsel für das Vieh von Bedeutung gewesen sein. Die primäre Funktion kann wohl nicht mehr entschlüsselt werden, da auch dieser Bereich eingeebnet wurde.

Noch immer voll funktionstüchtig ist hingegen der Kehrbach, der wohl zu den herausragenden wasserbaulichen Leistungen der Vergangenheit zählt. Bereits im 12. Jahrhundert legten die Wasserbauer einen Kanal zur Versorgung von Wiener Neustadt mit Wasser an. Zudem diente das künstliche Gerinne zur Wasserkraftnutzung und Bewässerung der Wiesen.

Für die Schwarza bzw. Leitha lässt sich die Geschichte des Wasserbaus ab dem ausklingenden 18. Jahrhundert genauer illustrieren, da es zu dieser Zeit bereits Pläne, Protokolle und schriftliche Quellen für die Regulierungsmaßnahmen gibt. Die Wasserbauer waren mit unterschiedlichen Problemen konfrontiert. Während die Schwarza und der Leitha-Oberlauf von Natur aus einen Gebirgscharakter aufweisen, der durch starkes Gefälle und ein gestrecktes bis verzweigtes Gerinne gekennzeichnet ist, weisen der Mittel- und Unterlauf der Leitha ein mäandrierendes Gerinne auf. Hier erzielten die anfangs durchgeführten Hochwasserschutzmaßnahmen oft nicht den gewünschten Effekt, da mit den Durchstichen die Schleppspannung zunahm, was zu weiteren Erosionen und Verlagerungen führte.

Die Unterlagen belegen v.a. für den gefällearmen Mittel- und Unterlauf der Leitha massive wasserbauliche Probleme, die trotz aufwendiger Eingriffe über viele Jahrzehnte kaum abnahmen.

Vergleichsweise einfach gestalteten sich die Regulierungsmaßnahmen in den engen Tallandschaften der Schwarza, da hier allenfalls kleinräumige Ufersicherungen notwendig waren. Anders war die Situation unterhalb des Höllentals. Hier führten die hohen Geschiebeeinträge zu massiven Problemen bei der Umsetzung der wasserbaulichen Maßnahmen, da die Transportkraft des Flusses nicht ausreichte, das anfallende Geschiebe mitzunehmen.

Das folgende Kapitel liefert einen Überblick über die Entwicklung der wasserbaulichen Grundlagen. Anhand schriftlicher und kartografischer Quellen lassen sich die wichtigsten Eingriffe in die Flusslandschaft ab dem späten 18. Jahrhundert nachzeichnen.

Heute sind in die Erde gerammte Pflöcke als Uferschutz nur mehr in wenigen Bereichen an der Schwarza und Leitha zu finden (l.).

Eine Flusskarte der Leitha aus dem Jahr 1854 zeigt Verbauungen aus Stein am Außenufer (r.).

Landessammlungen NÖ, Anton Romako 1850

National Archives of Hungary, HU-MNL-OL-S 80-VII.-5-14

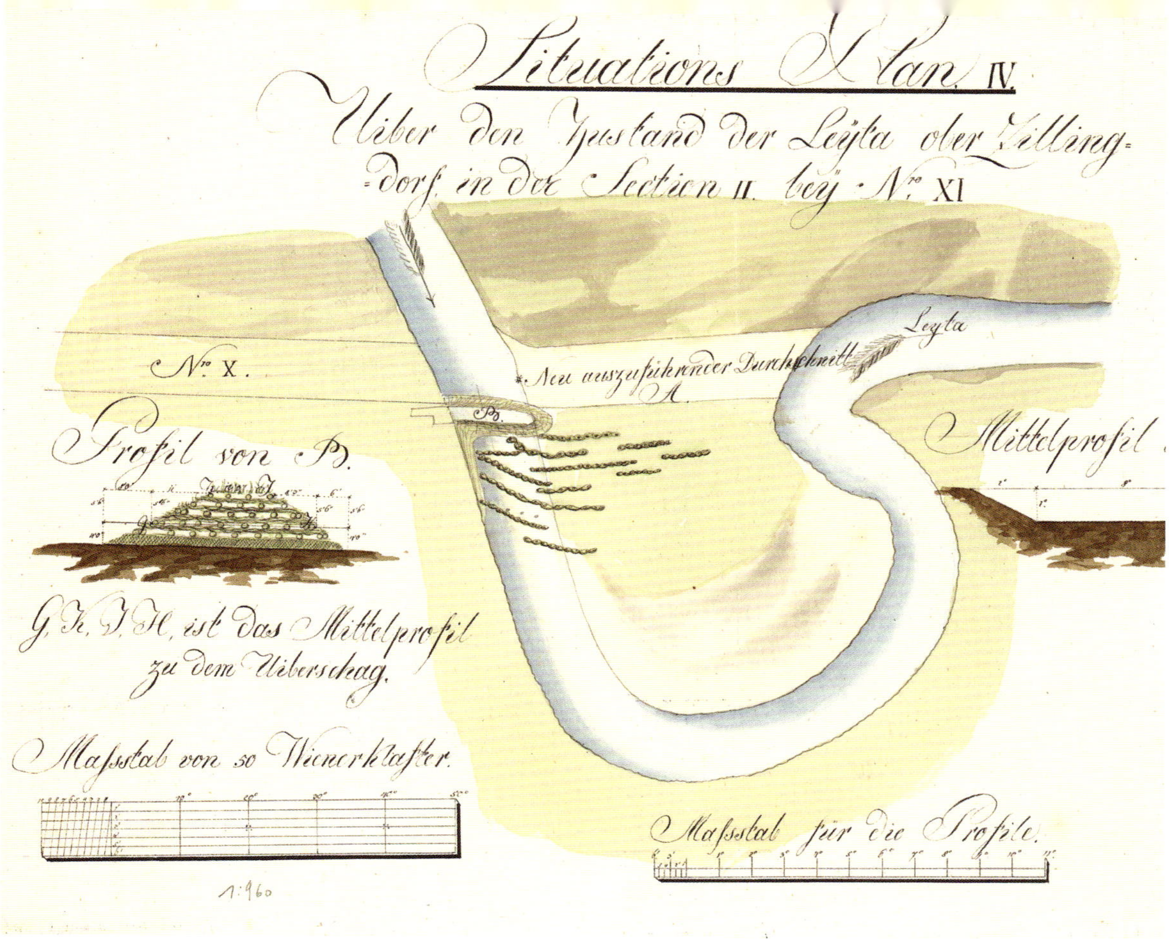

Durchstiche wurden in neuralgischen Bereichen oft massiv gesichert. Zu diesem Zweck sperrte man das alte Gerinne der Leitha mittels eines Faschinendammes ab und befestigte angrenzende Bereiche mittels Flechtzäunen.

6.1 Der Weg zum modernen Wasserbau

Lange Zeit vermochte der Mensch der Dynamik der Flüsse kaum etwas entgegenzusetzen. Der frühe Wasserbau beschränkte sich auf kleinräumige Eingriffe zum Schutz gewässernaher Objekte wie Brücken, Wehranlagen sowie Triebwasserkanäle für die Nutzung der Wasserkraft.

Die ersten Verbauungen wurden meist als „Schlachten" oder „Bschlacht" bezeichnet. Die Begriffe leiten sich vom „Schlagen" der Holzpfähle in den Untergrund ab. In alten Schriften wird der Einsatz sogenannter Hurten erwähnt (Winter 1919, Grimm 1842). Dabei handelt es sich um ein Flechtwerk aus dünnen Ästen, das als Schutz vor Erosion durch Wellenschlag eingesetzt wurde.

Wo der Mensch in die Flussdynamik eingriff und die Kraft des Wassers nutzte, spielten die Techniken des Wasserbaus eine bedeutende Rolle, etwa um die Ufer lokal zu stabilisieren oder die Ausleitungsgerinne zu sichern. Schon im Mittelalter wurden im Zusammenhang mit der Wasserkraftnutzung Wehranlagen errichtet und Mühlbäche angelegt.

Solange sich der Wasserbau mit kleinen Eingriffen begnügte, war er dabei nicht auf präzise Planungsgrundlagen angewiesen. Über Linienführungen und Verbauungsart entschied man vor Ort. Mit den ersten großräumigen Maßnahmen änderte sich die Herangehensweise grundlegend.

Grundlagen

Für den Wasserbau brachten das 18. und 19. Jahrhundert viele Innovationen. So erschienen erste einschlägige Schriften, die in der Folge das Fundament für die wasserbaulichen Planungen bildeten. Sie förderten den Erfahrungsaustausch und waren eine wichtige Voraussetzung für die weitere Entwicklung des Wasserbaus und die Durchführung umfangreicher Regulierungen. Zu den Wegbereitern zählen u.a. Jacob Leupold, Lucas

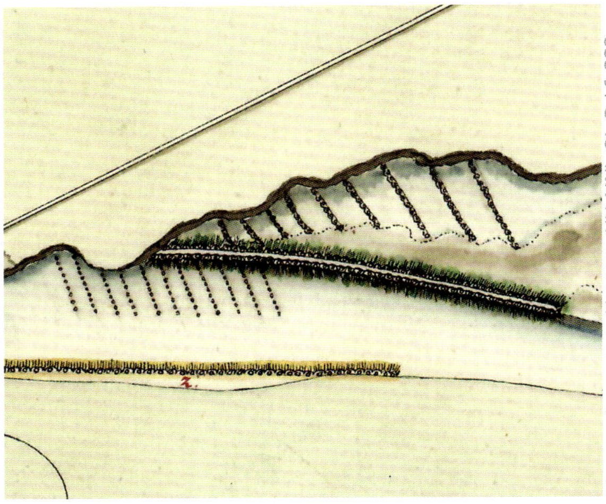

Uferverbau mit Faschinen und vorgelagerten, mehrreihig angeordneten Flechtzäunen

Massiver Faschinendamm zum Schutz von Gebäuden im Hinterland

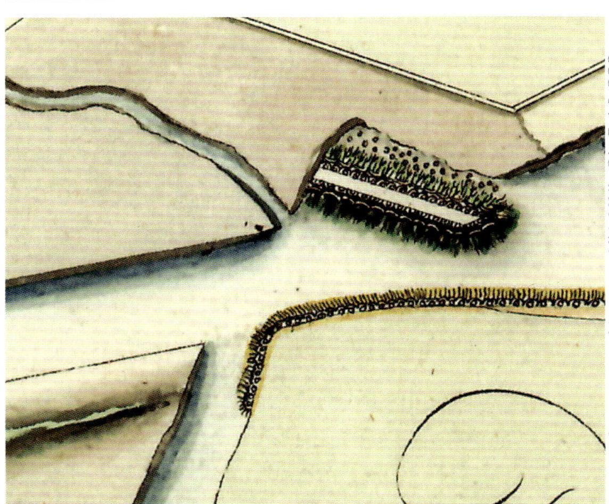

Buhnenartige Sicherung eines Anrisses durch einen Faschinendamm. Die Bildfolge stammt aus einem Regulierungsplan der Leitha bei Neufeld aus dem Jahr 1823.

Voch, Johann Esaias Silberschlag, Albert Eytelwein, Adrian Riedl, Joseph Schemerl und Carl Friedrich von Wiebeking. Erste Werke zur Wildbachverbauung folgten Anfang des 19. Jahrhunderts. Franz Zallinger zum Thurn, Georg von Aretin und Joseph Duile gelten als die Väter dieser Disziplin. Gestützt auf diese theoretischen Grundlagen planten die Wasserbauer und Forstingenieure Maßnahmen zur Stabilisierung der Geschiebeherde in den Seitenbächen von Schwarza und Pitten.

Der Zuwachs an theoretischem Wissen machte den Wasserbau mehr und mehr zu einem Handwerk, das auch entsprechende Regeln und Handlungsrichtlinien für die Beherrschung der Bäche und Flüsse entwickelte. Auch große Zubringer zur Donau wie Enns, Ybbs, Traisen oder March wurden Anfang des 19. Jahrhunderts zum Objekt großräumiger Planungen in Niederösterreich. Bei den Regulierungsmaßnahmen ging es zunächst darum, die Dynamik des Flusses auf einen vorgegebenen Bereich zu reduzieren und dem Fluss dabei etwas Land abzuringen. Die Verbesserung des Hochwasserschutzes wurde erst Ende des 19. Jahrhunderts zum vorrangigen Thema.

Die Regulierung des Mittel- und Unterlaufs der Leitha gestaltete sich lange Zeit schwierig, da die Wasserbauer gegen die Flussdynamik keine geeigneten Mittel hatten. Sie versuchten den stark mäandrierenden Flusslauf durch neu gegrabene Gerinneabschnitte zu begradigen, was dazu führte, dass die Schleppspannung zunahm und weitere Erosionen folgten. Bemüht man das Bild von Goethes Zauberlehrling, so folgte auf jeden Eingriff ein noch größeres Problem, das neue Sicherungsmaßnahmen notwendig machte. Es entstand ein fragiles System, das der Wasserbau mit neuen Buhnen, Leitwerken, Dämmen und Durchstichen bedachte. Doch die Verbauungen wurden meist schon nach einigen Jahren zerstört, sodass der Fluss die Ufer wieder erodierte und neue Wege nahm.

Der Wasserbau fand lange Zeit nicht die „Zauberformel" gegen die zunehmenden Erosionskräfte. Erst mit widerstandsfähigen Längs- und Querverbauungen konnte die Gerinnestabilität über längere Zeiträume erreicht werden, meist aber auf Kosten der Naturverträglichkeit.

Die Ziele der Regulierungsmaßnahmen änderten sich im Laufe der Zeit. Erfolgten die ersten Eingriffe vor allem im Zusammenhang mit der Wasserkraftnutzung und der Holztrift, so stand bei den Regulierungsmaßnahmen ab dem Ende des 19. Jahrhunderts ein verbesserter Hochwasserschutz im Vordergrund, der aber erst mit den systematischen Regulierungsmaßnahmen im 20. Jahrhundert schrittweise umgesetzt wurde.

6.2 Bauweisen

Über die frühen Bauweisen zur Sicherung der Ufer kann nur gemutmaßt werden. Grundsätzlich standen Holz- und Steinverbauungen zur Wahl.

Zur Sicherung der Ufer setzten die Wasserbauer Quer- und Längswerke ein, zur Verbauung dienten zumeist Faschinen, kleinräumig auch Steinmaterial.

Steinverbauungen hatten den Nachteil, anfällig für Unterspülung zu sein. Die Ufersicherungen wurden instabil und stürzten ein. Als wesentlich widerstandsfähiger erwiesen sich Holzbauweisen oder solche in Kombination mit anderen Materialien. Der nachwachsende Rohstoff Holz hatte im Vergleich zum Stein den Vorteil, dass er nicht erst gebrochen und über größere Distanzen transportiert werden musste, sondern im unmittelbaren Flussumland reichlich vorhanden war. Zudem hielten der Faschinenverbau oder kombinierte Bauweisen lokalen Erosionsangriffen wesentlich besser stand und stürzten nicht ein. Der Wasserbauer Albert Eytelwein (1813) beschäftigte sich mit der Konstruktion von Faschinen und verfasste ein Grundlagenwerk.

Werkzeuge zur Herstellung von Faschinen um 1800

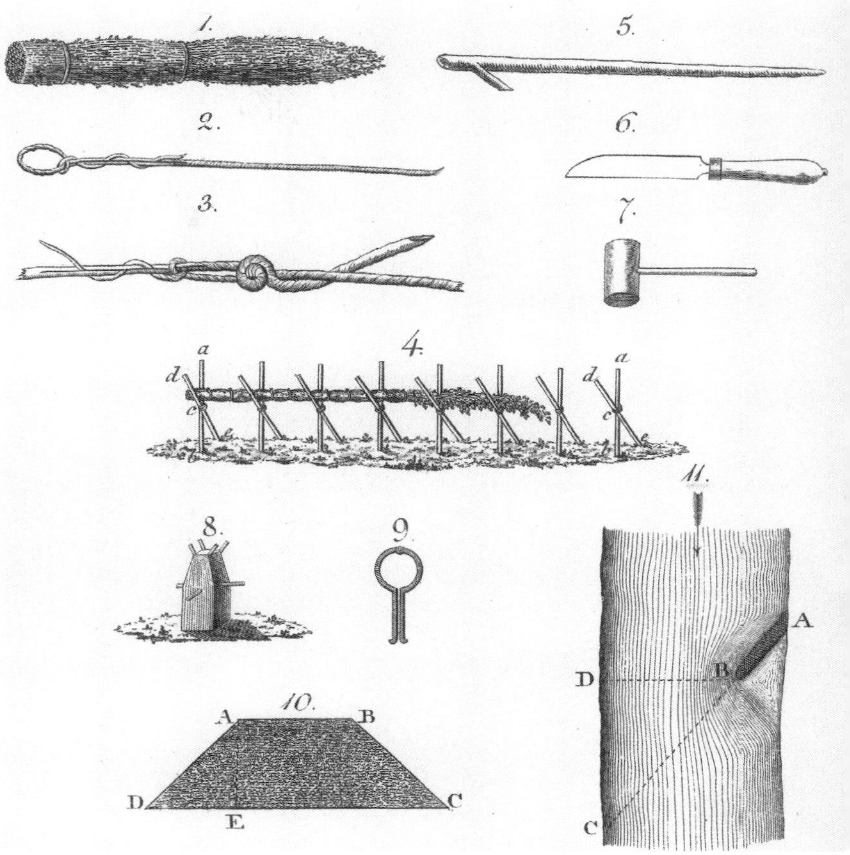

Eytelwein 1813

Buhnen und Verlandungsbauwerke

Hauptziel der alten Verbauungen war die Abtrennung von Flussarmen und deren anschließende Verlandung. Zahlreiche Karten aus dem 18. Jahrhundert zeigen Durchstiche zur „Ertüchtigung des Abflusses". Um die Altarme dauerhaft abzutrennen, wurden bei den jeweiligen Anbindungen mehrere Reihen von Holzpflöcken in den Untergrund versenkt und quer zur Fließrichtung mit Weidenästen verflochten. Indem man mehrere Pilotenreihen hintereinander anordnete, nahm die Fließgeschwindigkeit im alten Gerinne ab und förderte so eine rasche Verlandung. Da Verbauung den Abfluss im Seitengerinne langfristig unterbindet, spricht man auch von Sperrbuhnen.

Eytelwein beschreibt die Wirkung dieser Sperrbuhnen wie folgt: „ ... *es ist vielmehr zur Sicherung der Sperrbuhne vorteilhaft, wenn derselbe* [Flussarm] *sich bald verlandet und in nutzbares Land verwandelt wird. Es ist also hier wie bei den Strombuhnen der Zweck, Verlandung zu bewirken. Liegt nun die Sperrbuhne oberhalb des Stromarms, so wird, weil der Strom seinen Sand und Schlick meistentheils da absetzt, wo das Wasser keiner heftigen Bewegung ausgesetzt ist ..., der Sand und Schlick vor derselben niederlegen, und nur der geringere Theil des Schlicks, ... kann unterhalb der Sperrbuhne zur Verlandung des Arms beitragen. ... Auch sind die hinter der Sperrbuhne durch das überstürzende Wasser entstehenden Austiefungen nicht so gefährlich, weil der vor der Buhne angelegte Schlick und Sand bald bepflanzt werden kann, wodurch die Gewalt des Stroms sehr gebrochen wird.*" (Eytelwein 1818)

Faschinen

Als Faschinen werden walzenförmige Reisig- bzw. Rutenbündel von einigen Metern Länge bezeichnet, die zur Abwehr von Erosionserscheinungen bzw. Böschungsbrüchen dienen. Es handelt sich um eine vegetabile Bauweise, die sich bei der Sicherung dynamischer Flussufer besonders bewährt hat, wie Eytelwein in seinem Grundlagenwerk *„Zur Bauart der Faschinenwerke und der dazu gehörigen Anlagen an Flüssen und Strömen ...“* feststellte: Gegenüber Pfahl- und Steinwerken ist es bei der Regulierung von Flüssen von großem Vorteil, wenn man sich *„der Faschinenbaue bedient, welche bei dem Stoße des Wassers und Eises weniger Beschädigung ausgesetzt sind und außer der ansehnlichen Kostenersparung bei ihrem Aufbaue noch die Vortheile mit sich führen, daß sie länger* [über]*dauern und eine Benutzung des Weidenstrauchs gewähren. Diese Vortheile werden besonders einleuchtend, wenn man erwägt, daß zu dem Materiale bei dem Baue selbst, nichts als Strauch, Erde und kleine Pfähle, und zu den Geräthschaften nur Karren, Bretter, Handrammen, Schippen, Schlägel, Beile u. d. gl. nöthig sind*." (Eytelwein 1813)

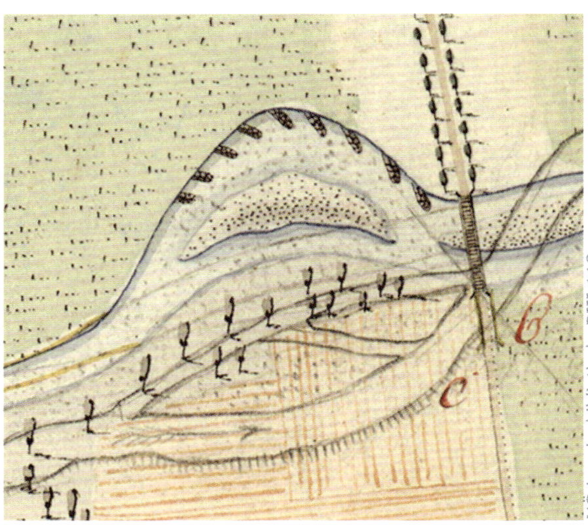

Ein Plan der Schwarza aus dem Jahr 1805 zeigt Steinbuhnen in einem Außenbogen der Schwarza.

NÖ Landesbibliothek, BIII 118

Über die an der Schwarza und der Leitha angewandten Faschinenbauweisen gibt es nur spärliche Information. Einige Plangrundlagen zeigen, dass die Wasserbauer erosionsgefährdete Uferbereiche mit in den Boden geschlagenen Holzpflöcken und Weidengeflecht zu schützen versuchten.

Bei stark geschiebeführenden Gewässern entwickelte sich der Faschinenbau in nur wenigen Jahrzehnten zur wichtigsten Sicherungstechnik (Eytelwein 1813). Erst mit dem Einsatz großer Bruchsteine in der zweiten Hälfte des 20. Jahrhunderts gerieten die alten Verbauungsweisen teilweise in Vergessenheit.

Steinsicherungen

Steinsicherungen kamen an der Leitha im 18. und 19. Jahrhundert meist nur kleinräumig zum Einsatz. Anders war die Situation im Schwarza-Tal. Hier errichteten die Wasserbauer nach 1830 vermehrt Uferwerke aus Stein.

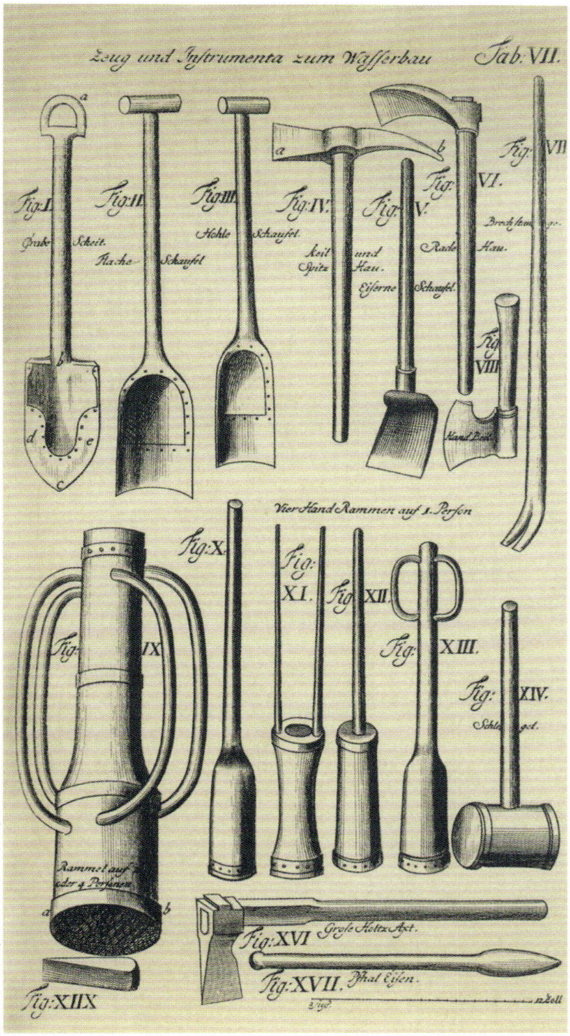

Jakob Leupold 1724 (2x)

Werkzeuge zum Graben, Schlagen (l.) und Transportieren (r.)

Bei der Herstellung von Steinsicherungen verwendete man zunächst vorwiegend kleinere Felsblöcke, mit denen der Böschungsfuß und die Uferböschungen abgedeckt wurden. Mit dem Einsatz größerer Maschinen wurden die „Steinschlichtungen" meist durch „Blockwürfe" ersetzt. Dabei werden große Felsblöcke in losem Verband gelegt, um das Ufer zu schützen. Die Bruchsteine sollten an der Oberseite möglichst glatt sein, um dem abfließenden Wasser wenig Angriffsfläche zu bieten. Der damit einhergehende massive Verlust an Fischeinständen war aus gewässerökologischer Sicht unbefriedigend.

Nachdem die traditionellen Faschinenbauweisen im Wasserbau durch den Einsatz massiver Steinbauweisen stark zurückgedrängt wurden, erleben die alten Sicherungstechniken heute mit der Etablierung der Ingenieurbiologie eine Renaissance. Anstelle harter Verbauungen werden für den Uferschutz wieder vermehrt Pflanzen (vorwiegend Weiden, Erlen und Gräser) einge-

Die Vergabe der Wasserbau-Arbeiten erfolgte über Ausschreibungen. Ob dabei auch die fachlichen Qualifikationen abgefragt wurden, geht aus den Unterlagen nicht hervor.

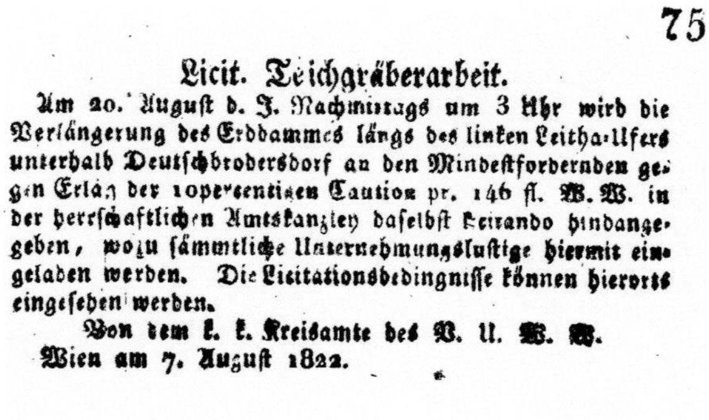

75

Licit. Teichgräberarbeit.

Am 20. August d. J. Nachmittags um 3 Uhr wird die Verlängerung des Erddammes längs des linken Leitha-Ufers unterhalb Deutschbrodersdorf an den Mindestfordernden gegen Erlag der 10percentigen Caution pr. 146 fl. W. W. in der herrschaftlichen Amtskanzley daselbst Licitando hindangegeben, wozu sämmtliche Unternehmungslustige hiermit eingeladen werden. Die Licitationsbedingnisse können hierorts eingesehen werden.

Von dem k. k. Kreisamte des V. U. W. W.

Wien am 7. August 1822.

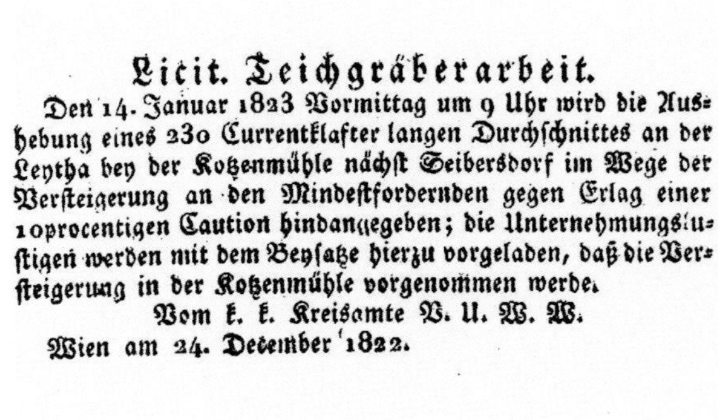

Licit. Teichgräberarbeit.

Den 14. Januar 1823 Vormittag um 9 Uhr wird die Aushebung eines 230 Currentklafter langen Durchschnittes an der Leytha bey der Kotzenmühle nächst Seibersdorf im Wege der Versteigerung an den Mindestfordernden gegen Erlag einer 10procentigen Caution hindangegeben; die Unternehmungslustigen werden mit dem Beysatze hierzu vorgeladen, daß die Versteigerung in der Kotzenmühle vorgenommen werde.

Vom k. k. Kreisamte V. U. W. W.

Wien am 24. December 1822.

Wiener Zeitung 1822 (2x)

setzt, deren Wurzeln den Boden festigen. Zudem schützen auch die oberirdischen Pflanzenteile vor Erosion, indem sie sich eng an die Bodenoberfläche schmiegen.

6.3 Werkzeuge und Maschinen

Die Werkzeuge des Flussbaus waren über viele Jahrhunderte sehr einfach. Durch eine Urkunde Kaiser Friedrichs III. vom 31. Juli 1490 wissen wir beispielsweise, dass für die Beseitigung der Hochwasserschäden an der Ybbs u.a. *„Wägen, Hauen, Schaufeln, Krampen, Multern* [flaches Gefäß, Mulde] *und anderes Gerät*" zum Einsatz kamen (Friess 1867, Wiesbauer 2015). Und auch an der Schwarza und der Leitha dürfte man mit ähnlichen Mitteln gegen die Zerstörungen der Hochwasser angekämpft haben. Als Transportmittel dienten Schubkarren, Handschlitten sowie von Ochsen oder Pferden gezogene Fuhrwerke und, wo es die Wassertiefe zuließ, Schiffe oder Flöße.

Zum Heben schwerer Felsblöcke setzte man Greifzangen, sogenannte Steinheber, und Flaschenzüge ein. Über viele Jahrhunderte hat sich an diesem Instrumentarium nicht viel verändert. Bei starker Strömung und größeren Wassertiefen stieß man dabei rasch an kaum überwindbare Grenzen.

Den wirksamsten Schutz gegen Erosion bildeten lange Zeit in den Untergrund versenkte Holzpflöcke, die mit Ästen verflochten wurden. Zu diesem Zweck wurden die Rundhölzer auf einer Seite angespitzt und meist mit einem spitzen Eisenbeschlag versehen. Die Pflöcke schlug man mit schweren Rammen, die vier bis sechs Arbeiter bedienten, in den schottrigen Untergrund.

Als das theoretische Fundament der Hydrologie noch nicht ausgereift war, wurde der Beruf des Wasserbauers mit dem eines Teichgräbers gleichgesetzt. Größere Bauaufträge vergab man im Rahmen von öffentlichen Ausschreibungen an den Billigstbieter. So wurden in der „Wiener Zeitung" im Jahr 1822 mehrere „Licitationen" (Ausschreibungen) für Teichgräberarbeiten zur Herstellung eines Durchstichs bzw. eines Begleitdamms an der Leitha verlautbart. Besondere Qualifikationen waren nicht gefordert.

Der Wasserbau bedeutete bis ins 20. Jahrhundert vor allem Handarbeit und war besonders beschäftigungsintensiv. Erst ab den 1950er-Jahren erleichterte der Einsatz von Maschinen und anderen technischen Hilfsmitteln die Arbeiten des Wasserbaus.

Die Technisierung half, die Kosten zu senken und ermöglichte massivere Uferschutzbauten. Um die schweren Steine entlang der Ufer zu transportieren, verwendeten die Wasserbauer Förderwägen, die auf Schienen gezogen wurden. Ab der Mitte des vergangenen Jahrhunderts veränderten Planierraupen, Förderbänder und Bagger den

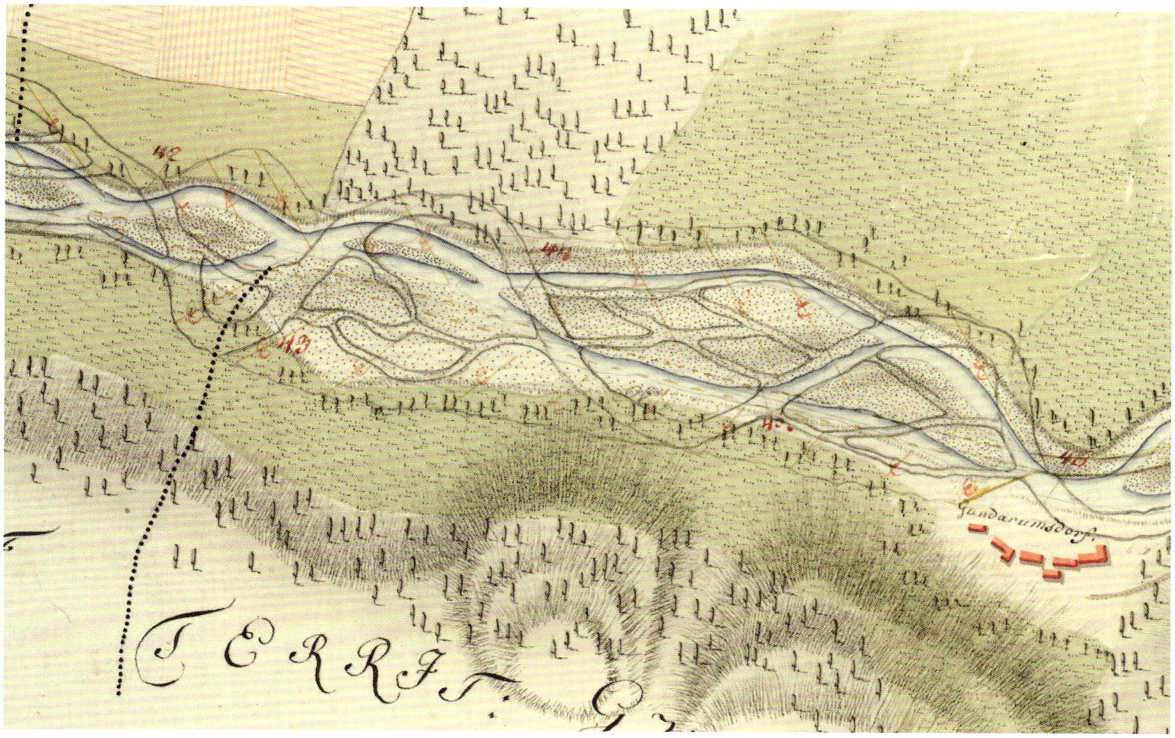

NÖ Landesbibliothek, BIII 118

Das Gerinne der unteren Schwarza war bis ins 20. Jahrhundert in stetiger Umbildung. Die Karte wurde im Jahr 1810 erstellt. Nachträgliche Bleitstifteintragungen zeigen die enorme Dynamik des Flusses. Der Ausschnitt liegt in Breitenau, einige Kilometer unterhalb von Neunkirchen.

Wasserbau grundlegend und ebneten den Weg für massive, durchgängige Verbauungen.

Im Folgenden werden die Regulierungsmaßnahmen für die unterschiedlichen Abschnitte der Schwarza und der Leitha näher beleuchtet. Dabei wird insbesondere auf die jeweiligen wasserbaulichen Probleme Bezug genommen.

6.4 Schwarza und Leitha-Oberlauf

Die Schwarza weist oberhalb von Payerbach, dem sogenannten Höllental, ein starkes Gefälle auf. Da die Sohle und die Ufer durch den anstehenden Fels fixiert sind, gab es hier keine gravierenden wasserbaulichen Probleme, sieht man von einigen Elementarereignissen wie Hangrutschungen ab. Die Transportkraft des Flusses reicht aus, das anfallende Geschiebe abzuführen.

Grundlegend anders war die Situation unterhalb des Höllentals. Hier entsprach die Schwarza einem verzweigten Flusstyp (Furkationstyp). Das unregulierte Flussbett teilte sich in mehrere Rinnen, die bei höheren Wasserführungen immer wieder umgebildet wurden. So entstanden neue Gewässer, während alte allmählich verlandeten. Bei der Planung der Regulierungsmaßnahmen war zunächst die Flussbettbreite von überragender Bedeutung, da sie die Transportkraft des Flusses und somit die Sohllage beeinflusste. Solange die natürliche Flussdynamik nicht gestört wurde und ein breites Gerinne aus Haupt- und Nebenarmen existierte, herrschte Geschiebeüberschuss bzw. ein Gleichgewicht. Mit der Begradigung und Einengung des Flussbetts nahmen die Schleppspannungen zu und bewirkten oft schon nach kurzer Zeit lokale Eintiefungen. Eine Folge davon war, dass die Uferverbauungen unterspült wurden und einstürzten. Aus diesem Grund wurden

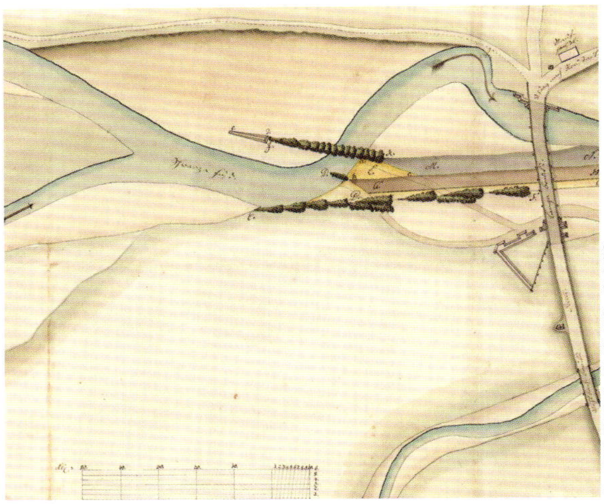

Um Uferanrisse zu unterbinden, wurde die Schwarza flussauf der Neunkirchner Brücke begradigt und massiv gesichert. Der Plan ist mit 1782 datiert.

OeStA/FHKA SUS KS, G 073

Um Anrisse zu unterbinden, wurde das Gerinne oberhalb der Brücke massiv gesichert. Der Plan zeigt den oben beschriebenen Abschnitt und entstand 1786, also vier Jahre später.

OeStA/FHKA G074-2

Ufersicherungen unterhalb eines Querwerks. Schöpfer dieser Karten war der Mathematiker und Vermesser Johann Jakob Marinoni.

OeStA/FHKA G074-2

mit den systematischen Regulierungsmaßnahmen ab dem 20. Jahrhundert vielerorts auch Sohlschwellen und -gurte errichtet, die eine stärkere Sohleintiefung unterbanden. Im 19. Jahrhundert stieg das Bedürfnis nach stabilen Ufern und einem verbesserten Hochwasserschutz. Sie waren wichtige Voraussetzungen für die Erweiterung der Siedlungsgebiete und eine intensivere Nutzung des Talbodens.

6.4.1 Wasserbauliche Probleme

Anfang des 19. Jahrhunderts wüteten mehrere Hochwasserereignisse an der Schwarza und Leitha. Aufgrund der massiven Schäden forderte die Bevölkerung wirksame Schutzmaßnahmen. Eine Karte der Schwarza unterhalb von Gloggnitz aus dem Jahr 1810 von Joseph Wimsberg zeigt ein verzweigtes Gerinne und ausgedehnte Kiesfluren. Nachträgliche handschriftliche Aktualisierungen des Flussbetts aus dem Jahr 1813 machen die starke Dynamik und die daraus resultierenden flussmorphologischen Verlagerungen deutlich. So hatte der Fluss innerhalb von nur drei Jahren sein Bett im gesamten Abschnitt massiv verändert. Das Flussbett war nicht wiederzuerkennen, die neu entstandene Morphologie glich in keinem Bereich der ursprünglichen Situation.

Der hohe Geschiebeeintrag aus dem Oberlauf prägte nicht nur die morphologische Entwicklung der Schwarza, sondern war auch für zahlreiche Probleme an der oberen Leitha verantwortlich. Aus historischen Berichten geht hervor, dass sich das Geschiebe im Gerinne lokal ablagerte und Staurücken bildete, die in weiterer Folge zu Flussbettverlagerungen führten. Großflächige Überflutungen und die Verwüstung fruchtbarer Böden waren die Folge (vgl. dazu Seite 106).

Auch spätere Beschreibungen kommen zum Schluss, dass die Verminderung des Geschiebeeintrags zu den vordringlichen Zielen zählt. *„Der Lauf der Schwarza ist oberhalb* *der Vereinigung von Schwarza und Pitten vollständig verwahrlost. Durch die sehr hohen Schotterablagerungen bricht sich das Wasser bald da, bald dort ein neues Bett. Beim letzten Hochwasser hat sich nun der Wasserlauf gegen das linke Ufer gekehrt und dasselbe angegriffen."* (NÖ Landes-Ausschuss 1899)

Für den Erfolg der Regulierung wurde die Lösung des Geschiebeproblems im Einzugsgebiet der Schwarza von verschiedenen Seiten als prioritär betrachtet. So wiesen einige Mitglieder des Schwarza-Komitees darauf hin, dass eine Regulierung ohne Geschieberückhalt in den Oberläufen nichts bringe, da *„die Zufuhr von Schotter, die Vermurung des Flussbettes nach wie vor dieselbe bleiben wird und gerade die Schottermengen an den Überschwemmungen und Wasserstauungen Schuld tragen. Wenn nicht oberhalb zuerst die Wildbäche verbaut und die Schwarza reguliert wird, dann hat die untere Regulierung gar keinen Sinn und das dafür ausgegebene Geld ist nutzlos vergeudet."* (50 Jahre Schwarza Wasserverband 2012)

6.4.2 Maßnahmen

Planliche Grundlagen über wasserbauliche Maßnahmen finden sich ab der zweiten Hälfte des 18. Jahrhunderts. Sie zeigen u.a. Eingriffe in Zusammenhang mit Brücken und Mühlen. So wurden die Ufer flussauf und flussab einer Brücke in Neunkirchen massiv gesichert. Flusskarten aus den Jahren 1782 und 1786 zeigen einige der damals angewandten Sicherungsmaßnahmen (siehe Abb. Seite 94). Bei den älteren Verbauungen handelt es sich fast ausschließlich um lokale Eingriffe, großräumige Wasserbauprojekte folgten erst ab der Mitte des 19. Jahrhunderts.

Aufgrund der massiven Hochwasserschäden Anfang des 19. Jahrhunderts und ihrer Auswirkungen auf die lokale Industrie veranlasste die staatliche Verwaltung eine rasche

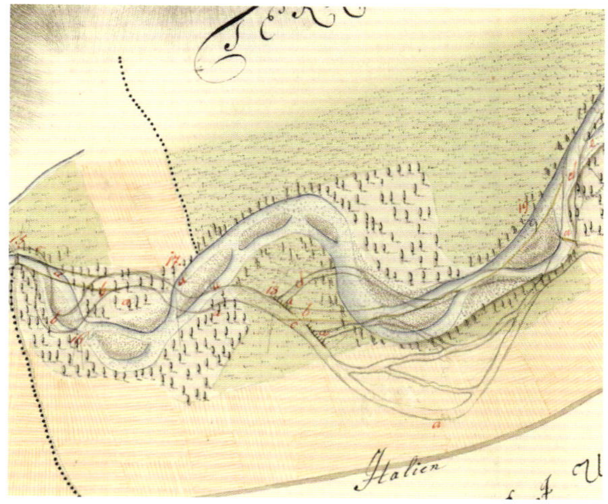

Flussverzweigungen der Schwarza in Wimpassing im Jahr 1805 und nach dem Hochwasser 1813 (?).

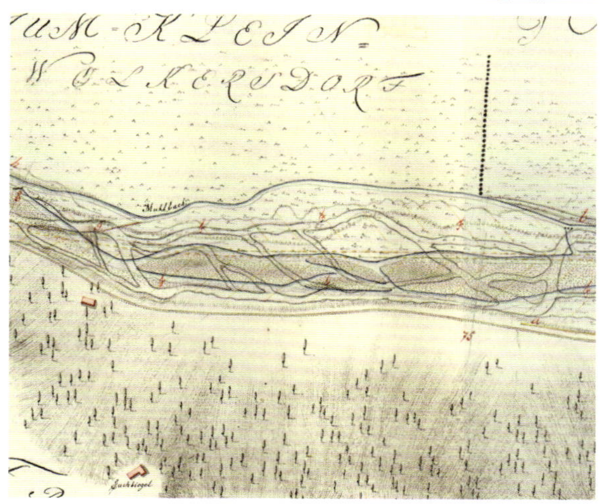

Die Leitha hatte bis etwa Katzelsdorf einen verzweigten bis gewundenen Flusslauf.

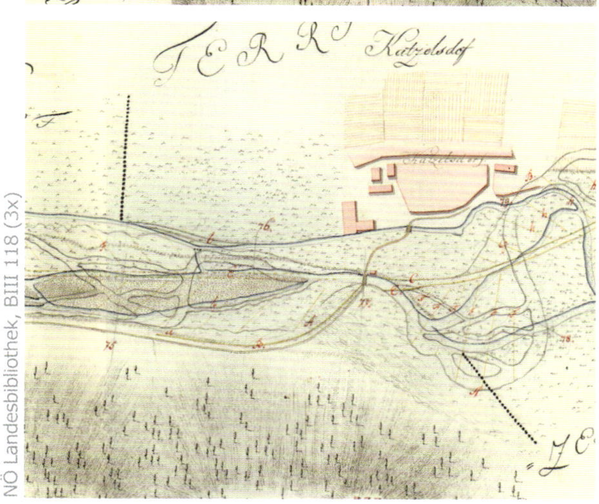

Etwa bei Katzelsdorf ging das verzweigte Gerinne der Leitha in ein mäandrierendes über. Die Karte entstand 1805.

Maßnahmenplanung für den Schwarza-Unterlauf und die Leitha. Mit der Konzeption wurde der k.k. Kreis-Ingenieur Joseph Wimsberg betraut. Von ihm stammen detaillierte Vermessungspläne aus dem Jahr 1805, die die Grundlage für seine revidierten morphologischen Aufnahmen im Jahr 1810 bildeten. Die Gewässermorphologie der letztgenannten Karte wurde kurze Zeit später aufgrund eines Hochwassers aktualisiert.

Dass sich die staatliche Verwaltung für die Schwarza interessierte, war zu diesem Zeitpunkt außergewöhnlich. Normalerweise gab es nur für Grenzstrecken oder bedeutende Schifffahrtswege staatliche Unterstützung. Beides traf auf die Schwarza nicht zu, teilweise aber für die Leitha.

Da die Schwarza den Wiener Neustädter Kanal speiste und für einige Ärarbetriebe (u.a. Schlöglmühl) Energie lieferte, schaltete sich die staatliche Verwaltung dennoch ein und veranlasste eine großräumige Planung von Schutzmaßnahmen zu einem frühen Zeitpunkt. So gab es bereits 1805 ein wasserbauliches Konzept für die untere Schwarza und die Leitha, das den Raum zwischen Gloggnitz und Gattendorf umfasste.

Die Flusskarte des Wasserbauers Wimsberg zeigt das verwilderte Gerinne und enthält Vorschläge für Regulierungsmaßnahmen. So sollte die Schwarza unterhalb von Neunkirchen in ein neu gegrabenes Bett verlagert und teilweise gesichert werden.

Gefährdete Ufer in Haderswörth

„Bei dem Hochwasser im September 1889 wurde die Ortschaft Haderswörth, welche zur Ortsgemeinde Lanzenkirchen gehört, durch die Schwarza schwer betroffen. ... Der Ort Haderswörth liegt dort ca. 2,5 m über dem am Schwarzabett bestehenden Ufer. Die Schwarza hat nun das Uferland bis zu den Häusern angegriffen und konnte nur mit großer Anstrengung der Einsturz von Gebäuden verhindert werden. Wenn jedoch nicht rasch Abhilfe geschaffen wird, so ist beim nächsten Hochwasser eine Catastrophe für den Ort unausweichlich. Die Leitha-Regulierung endet an der oberen Grenze der Catastral Gemeinde Lanzenkirchen. In der Ortsgemeinde Haderswörth wurde bereits mehrmals der Versuch gemacht, eine Concurrenz für die Fortsetzung der Regulierung zu bilden. Die Gemeinde ist jedoch zu arm, um einen erheblichen Beitrag zu leisten, daher es bis jetzt noch nicht gelang, dort eine Concurrenz zu bilden. Der Lauf der Schwarza von der Pitteneinmündung aufwärts ist daher in einem ganz verwilderten Zustand und bildet einen Ablagerungsplatz für sämtliche aus dem oberen Flussgebiet herabgelangenden Schottermassen. Es wäre sehr zu wünschen, dass für die Regulierung der Schwarza von der Leitha-Section Lanzenkirchen aufwärts ein Project verfasst und für die Durchführung desselben die Mittel durch eine Concurrenz mit Beihilfe des Staates und Landes beschafft würden. Diese Durchführung erfordert jedoch Zeit, während der Schutz des Ortes Haderswörth, welcher aus 19 Hausnummern, davon 6 Wirtschaftsbesitzern besteht, ein äusserst dringlicher ist. Die Landesbauabteilung 4 hat im Einvernehmen mit dem Gemeinde-Vorstand Lanzenkirchen ein Project zum vorläufigen Schutz des Ortes verfasst und wird dasselbe mit dem Antrage unterbreitet, der Gemeinde Lanzenkirchen zur Durchführung der mit 3179 Gulden veranschlagten Uferschutzbauten eine Subvention in Höhe von 2500 Gulden zu gewähren und das Landes-Bauamt anzuweisen, für die Regulierung der Schwarza von der Lanzenkirchner Grenze aufwärts die erforderlichen Erhebungen zu pflegen, damit die Verhandlungen über die nach einem einheitlichen Projecte durchzuführende Regulierung vorgenommen werden könne.“

NÖ Landes-Ausschuss 1899, Antrag der Gemeinde Lanzenkirchen auf „Subvention zur Behebung von Elementarschäden an der Schwarza bei Haderswörth und zur Veranlassung der Schwarza-Regulierung von Lanzenkirchen aufwärts“.

Die Verbauungen dürften aber nur eine geringe Wirkung entfaltet haben. In den handschriftlichen Notizen im Plan drei Jahre später finden sich keine Informationen über den Umsetzungsstand. Es ist anzunehmen, dass sich die Maßnahmen auf lokale Eingriffe beschränkten, um weitere Anrisse oder Verlagerungen zu verhindern. Ziel war es laut Plan, die Ufer zu fixieren und *„zur Concentrirung des Wassers im Hauptrinnsale"* beizutragen, indem Seitenarme abgetrennt und verlandet wurden. In einigen Bereichen wurden auch Durchstiche gegraben.

Im 19. Jahrhundert setzte sich bei der Regulierung stark geschiebeführender Flüsse ein neues Verbauungskonzept durch: das System der Mittelwasser- bzw. Parallelbauten. Hier ging es darum, die Kraft des Flusses zu nutzen und ihm einen Teil der Regulierungsarbeit zu übertragen. Indem das Gerinne ein enges, durch Längs- und Querwerke gesichertes, Korsett verpasst bekam, nahm die Fließgeschwindigkeit und somit auch die Schleppspannung zu. Die höhere Transportkraft bewirkte, dass der Fluss mehr Geschiebe erodierte als ankam und sich so allmählich eintiefte. Vorgegeben war nur ein Mittelwasserbett, damit der Fluss bei höheren Abflüssen großflächig ausufern konnte und die Regulierungsbauwerke nicht zerstörte.

Entstehung der Wasserbauverwaltung

Die wasserrechtlichen Vorschriften waren lange Zeit regional wie sachlich zersplittert. Erst im 19. Jahrhundert schuf man übergeordnete gesetzliche Bestimmungen, die den

Dynamik der unregulierten Schwarza

Zu den größten Befürwortern der Schwarza-Regulierung zählte Ing. J. A. Ruedl aus Ternitz. In einer Denkschrift für die Rohrbach-Neunkirchner Wassertriebwerksbesitzer beschreibt er die zunehmende Hochwassergefährdung im unteren Schwarza-Tal Ende des 19. Jahrhunderts. Demnach traten die Hochwasser schon früher über die Ufer, der Fluss drohte einen neuen Lauf zu nehmen. Neuralgische Bereiche waren Wimpassing, Ternitz (Katastralgemeinde Dunkelstein) und Neunkirchen. Aus diesem Grund strebten die Wassertriebwerksbesitzer eine Regulierung der Schwarza unterhalb des Höllentals an. Die Dynamik des weitgehend unregulierten Flusses beschreibt Ruedl eindrucksvoll:

„Die verwilderte Schwarza bricht seitlich aus, bildet Seitenarme, die sich oft rasch tief einschneiden, wirft Schotter auf die benachbarten Felder, erzeugt ein Labyrinth von Rinnsalen, Inseln und Schotterbänken und entzieht nicht nur einen breiten Streifen Landes der Cultur, sondern droht auch – vielleicht schon beim nächsten Hochwasser – weitere Strecken jetzt üppiger Felder in trostlose Oede zu verwandeln und Wohnstätten und werthvolle Objecte zu gefährden; insbesondere drohen bei der stets zunehmenden Verwilderung die größten Gefahren jenen Strecken der Schwarza und ihrer Nebenflüsse, in welchen der derzeitige Lauf sich nicht in der tiefsten Thalmulde befindet, was leider bei der Schwarza in der Strecke von Köttlach bis Neunkirchen mehrfach und beim Weißenbache in der Strecke zwischen Weißenbach und Gloggnitz, endlich bei der Sierning in der Strecke zwischen St. Johann und Ternitz der Fall ist. Durch welche Herstellungen und Vorkehrungen kann diesen Gefahren wirksam begegnet werden?
Die Verwilderung radical zu beseitigen und die correcte Abführung des kleinsten (3 m³/s) sowie des größten Quantums (350 m³/s) zu erreichen, ist nur durch eine durchgreifende Regulierung des Schwarzaflusses möglich, während gleichzeitig eine gründliche Verbauung der Gebirgszuflüsse und -gerinne im Rax- und Schneeberggebiet geboten erscheint."

Die Kosten nur für die Regulierung zwischen Gloggnitz (Wörth) und Neunkirchen (Katastralgemeinde Peisching) schätzte Ruedl auf 700.000 Gulden. Dieser große Betrag war trotz weit fortgeschrittener Planungen auch der Grund dafür, dass die Verbauung der Schwarza noch mehr als zwei Jahrzehnte aufgeschoben wurde.
RUEDL 1899: Denkschrift für die Rohrbach-Neunkirchner Wassertriebwerksbesitzer

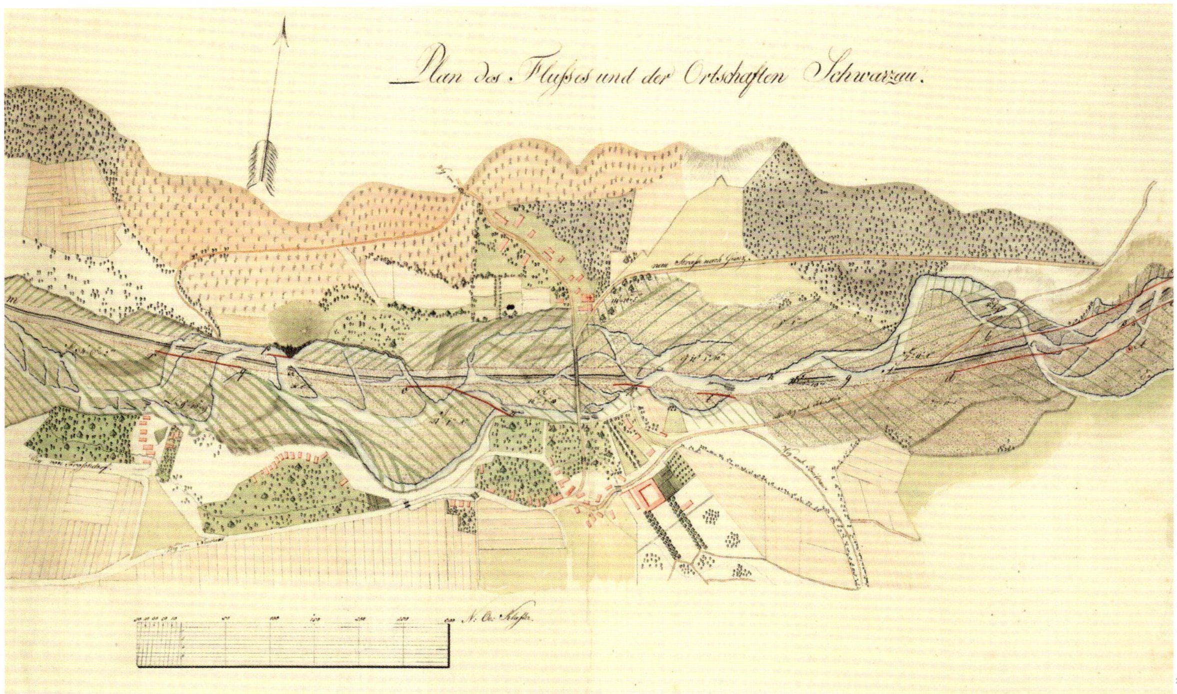

Ein Plan aus dem Jahr 1818 zeigt die Herangehensweise bei der Regulierung der Schwarza. Indem das Gerinne eingeengt wurde, tiefte sich die Sohle ein, sodass sich das Abflussgeschehen allmählich auf einen Hauptarm konzentrierte. War dieser Zustand erreicht, konnten weitere Uferverbauungen folgen.

NÖ Landesbibliothek, BIII 123

Wasserbau regelten. Wichtigste Grundlage war das Hofkanzleidekret vom 10. November 1830 („Wasserbaunormale"), das allgemeine Grundsätze für das Verfahren bei Wasserbauten und Regelungen über die Kostentragung vorsah.

Mit der autonomen Landesverwaltung und dem kaiserlichen Patent vom 26. Februar 1861 änderte sich die Organisation des staatlichen Wasserbaus, da nun alle Angelegenheiten der Landeskultur – und hiezu zählen auch die Regulierungen von Flüssen und Bächen sowie Be- und Entwässerungen – in den Wirkungsbereich der autonomen Landesvertretungen wanderten.

1869 wurde das Reichs-Wasserrechtsgesetz und darauf basierend am 28.8.1870 das NÖ Wasserrechtsgesetz (RGBl 56/1870) erlassen, das im Rahmen der genossenschaftlichen Bestimmungen auch Regelungen für Schutzbauten beinhaltete.

1885 fasste der niederösterreichische Landtag den Beschluss, für jene Flussgebiete Generalregulierungsprojekte und Kostenvoranschläge zu erstellen, die von Überflutungen besonders betroffen waren. In den Jahren 1886–1891 arbeitete das niederösterreichische Landesbauamt ingesamt 17 Generalplanungen aus, darunter auch ein Projekt für die Schwarza.

Diese Planung enthielt erste Maßnahmenvorschläge und war eine wichtige Grundlage für weitere Detailplanungen. Trotz fertiger Ausbaukonzepte kam es aber zu keinen größeren Umsetzungsschritten, da die dafür notwendigen Kofinanzierungen von den Gemeinden nicht bereitgestellt werden konnten.

Komitee zur Schwarza-Regulierung

An einem Ausbau der Schwarza hatten die Gemeinden und die Wasserkraftbetreiber großes Interesse. Über ihr Wirken finden sich

Der Preiner Bach wurde 1896 massiv verbaut (l.).

Die Katharinensperre am Griesbach aus dem Jahr 1896 zählt zu den ältesten Sperren in Niederösterreich (r.).

Grundsätze der Schwarza-Regulierung 1906

Das zunächst nicht umgesetzte Projekt der Schwarza-Regulierung von 1906 sollte sich auf das Gebiet vom Hirschwanger Windbrückenwehr bis zum Dunkelsteiner Wehr in Neunkirchen erstreckten. Im „Motivenbericht" wird erläutert:

„2. Zweck
Der Zweck der projektierten Regulierung besteht in der geschlossenen Abfuhr der max. Hochwässer (in geschlossener Schale, resp. Schlauch) unter tunlichster Beibehaltung des bestehenden Flusslaufes und Gefälles und soll derselbe im allgemeinen durch die entsprechende, versicherte Erweiterung des Profiles und Eindämmung des Gerinnes erreicht werden.
3. Normalprofile
Nachdem das Niederschlagsgebiet der Schwarza für die gegenständliche Strecke 673 km² beträgt, berechnet sich die max. Abflussmenge des Hochwassers mit 450 m³/s. Auf Grund dieser Hochwassermenge und der Gefällsverhältnisse wurden die einzelnen 17 Normalprofile aufgestellt, für welche im allgemeinen die Trapezform angenommen erscheint; ihre Sohlenbreite variiert zwischen 20 und 35 m, die Dammkronenbreite beträgt 4 m. Die Dammkronen werden den künftigen Hochwasserspiegel um das Maß von 0,50 m überragen; die wasserseitigen Böschungen sind mit einer Neigung im Verhältnis von 1:1,5 projektiert.
4. Richtungsverhältnisse
Die bestehenden Richtungsverhältnisse des Flusses wurden im Projekt im allgemeinen beibehalten und sind nur bei größeren Serpentinierungen und bei scharfen Krümmungen flache Durchstiche nach der natürlichen tiefsten Talrinne projektiert.
5. Gefällsverhältnisse
Die durch die Wehren und sonstigen Sohlenstufen fixierten Gefällsverhältnisse wurden im vorliegenden Projekt nach Tunlichkeit beibehalten, insoweit dieselben in ihrem bisherigen Bestände nicht etwa für den schadlosen Abfluß der Hochflut ein Hindernis bilden. Dieserwegen wurde im vorliegenden Regulierungs-Projekte der Umbau oder die Rekonstruktion insbesonders folgender Stauobjekte aufgenommen, mit deren Kosten die Wehr-Interessenten belastet erscheinen und zwar:
– die Hirschwanger Hilfswehr der Akkumulatorenfabrik
– die Schmidsdorfer Hilfswehr der Papierfabrik Schlöglmühl
– die Gloggnitzer Schleuswehre der Fa. A. Volpini & Söhne
– die Gloggnitzer Wehre des Emil Hamburger
– die Köttlacher Griesmühlenwehr der Gemeinde Wien
– das Stauobjekt der Wimpassinger Wehr-Interessenten
Die im Interesse der Regulierung projektierten Umbauten oder Rekonstruktionen vorgenannter Stauobjekte charakterisieren sich der Hauptsache nach dahin, dass einerseits die alten festen Wehren in umlegbare Schleusen – oder doch in ausschlagbare Schützenwehren mit tiefer eingelegten festen Wehrschwellen – andererseits die bestehenden Schleusenwehren (wie z.B. jene der Fa. Volpini) – der geplanten Erweiterung des Schwarza-Profiles entsprechend – durch Einschaltung neuer Schleusenfelder vergrößert werden.
6. Uferversicherung
Die Uferversicherungen sind einfach projektiert. Die scharfen, konkaven Ufer werden mit Steinwurf, Abpflasterungen und Talous [glatte Ufermauer]*, die flachen Krümmungen, sowie die sonstigen allenfalls gefährdeten Uferstellen durch einfache Fluß-Flechtzäune mit Rasenbelag zur Sicherung kommen. Nur an einzelnen Stellen konnte jedoch von der Projektierung weitergehender Schutzmaßnahmen nicht abgegangen werden. So mußte unter anderen die Herstellung von Ufermauern in Hirschwang, die Anlage von Stütz- und Parapet-Mauern in Payerbach und Gloggnitz und dergleichen mehr vorgesehen und für die Strecke von der Putzmannsdorfer Brücke bis zur Dunkelsteiner Brücke talseitig separate Inundationsdämme eingeschaltet werden.*
7. Objekte
Die Durchführung der kurrenden Regulierung bedingt auch den Neu- und Umbau diverser Objekte (Wehren, Brücken, Durchlässe, Kanalaus- und -einläufe, Seitenbäche und Seitengräbeneinmündungen, Straßenhebungen, Straßenobjekte und dergl. mehr). Die Daten über die neu herzustellenden und die zu rekonstruierenden Objekte sind in dem Technischen Bericht und in den betreffenden Plänen ersichtlich."

(Quelle: 50 Jahre SchwarzaWasserverband, S 121)

Schwarza-Wasserverband

Als es noch keinen Wasserverband an der Schwarza gab, waren Regulierungsgemeinschaften bzw. Konkurrenzen für die Umsetzung und Erhaltung der Wasserbauten zuständig. Die älteste bekannte Regulierungsgemeinschaft ist die Schwarza-Regulierungsgenossenschaft Neunkirchen, die Mitte des 19. Jahrhunderts gegründet wurde. Im Jahr 1880 wurden die Konkurrenzen im unteren Schwarza-Bereich neu ermittelt und die Schwarza-Regulierungsgenossenschaft, Sektion Rohrbach-Neunkirchen, geschaffen.

Die Wasserkraftbetreiber an der Schwarza strebten eine Regulierung des Flusses an und organisierten sich ab 1899 in einem „Aktions-Komitee", dem auch die Gemeinden angehörten. Da die Kommunen zum Teil finanziell unterdotiert waren und die notwendigen Kofinanzierungen nicht leisten konnten, verzögerte sich der Ausbau der Schwarza immer wieder und kam erst in den 1920er-Jahren zustande. Für die Erhaltung der jeweiligen Regulierungsstrecken wurden Konkurrenzen gebildet. Aus diesen ging 1962 der Schwarza-Wasserverband hervor, um die damals fertiggestellte Regulierung der Schwarza in seiner Gesamtheit funktionsfähig zu erhalten.

Der Schwarza-Wasserverband ist eine Körperschaft öffentlichen Rechtes. Das Verbandsgebiet reicht von Payerbach bis Natschbach-Loipersbach (etwa bis zur Querung der Südautobahn). Die Schwarza ist im Gegensatz zur Leitha kein „Bundesfluss", sondern ein „Interessentengewässer". Instandhaltungen im Verbandsgebiet werden vom Bund, Land NÖ und dem Verband finanziert.

Aufgabe des Schwarza-Wasserverbandes ist die Erhaltung der Regulierungsabschnitte im Bereich der Verbandsgemeinden. Dazu zählen u.a. die Sicherung der Ufer und die Durchführung aller Maßnahmen zur schadlosen Abfuhr der Hochwässer, die Erhaltung der ausgeführten Bauwerke und Anlagen sowie der Gewässerrückbau und der passive Hochwasserschutz. Im Ermessen des Wasserverbandes können auch wasserbauliche Maßnahmen an den nicht regulierten Strecken der Schwarza und im Einzugsgebiet durchgeführt werden. Bei der Umsetzung der Maßnahmen ist auf den Natur- und Landschaftsschutz sowie auf die ökologische Funktionsfähigkeit der Gewässer Bedacht zu nehmen.

Rechtsgrundlagen für Verbandsgründungen

Die wasserrechtlichen Vorschriften waren lange Zeit regional wie sachlich zersplittert. Erst im 19. Jahrhundert schuf man übergeordnete wasserrechtliche Bestimmungen. Wichtigste Grundlage war das Hofkanzleidekret vom 10. November 1830 („Wasserbaunor- male"), das allgemeine Grundsätze für das Verfahren bei Wasserbauten und Regelungen über die Kostentragung traf.

Die Grundzüge des Wasserrechts wurden einige Jahrzehnte später im Reichswasserrechtsgesetz, RGBl. Nr. 93/1869, und im Meliorationsgesetz, RGBl. Nr. 116/1884, festgelegt. Die damalige Kompetenzordnung sah vor, das Reichswasserrechtsgesetz als Rahmengesetz zu erlassen, zu dem die Länder in der Folge dann ihre Ausführungsgesetze – Landeswasserrechtsgesetze – erließen. Aufgrund des Gesetzes des Erzherzogtums Österreich unter der Enns vom 28. August 1870 (L.G.u.V.Bl. 56) waren für die Aufsicht der Gewässer ausschließlich die jeweiligen Ortspolizeibehörden zuständig. Für die Ausführung von Wasserbauten war in diesem Gesetz die Bildung von Wassergenossenschaften vorgesehen. Die Möglichkeit der Verbandsbildung war bereits im § 20 des Reichsgesetzes vom 30. Mai 1869, RGBl. Nr. 93 (Reichswasserrechtsgesetz), verankert worden.

Um die Aufbringung ausreichender Mittel für die Realisierung und Erhaltung notwendiger Regulierungsvorhaben sicherzustellen, suchte die Landesverwaltung des Erzherzogtums Österreich unter der Enns nach einer erfolgversprechenden einheitlichen Regelung für das gesamte Landesgebiet und schuf das Flussaufsichtsdienstgesetz (L.G u.V.Bl.Nr. 36 vom 22. Juli 1899). Gemäß § 1 dieses Gesetzes kam dem Bezirksstraßenausschuss bei der Aufsicht und Instandhaltung der Gewässer eine tragende Rolle zu, sofern es keinen eigenen, zu diesem Zweck eingerichteten Wasserverband gab.

Mit der Gründung von Wasserverbänden für die Schwarza und die Leitha wurden die Zuständigkeiten neu geregelt. De Mitgliedsbeiträge der Gemeinden werden nach einem komplizierten Schlüssel berechnet, in den u.a. der Anteil der Gemeinde am Einzugsgebiet und die jeweiligen Nutzwerte der geschützten Flächen eingehen.

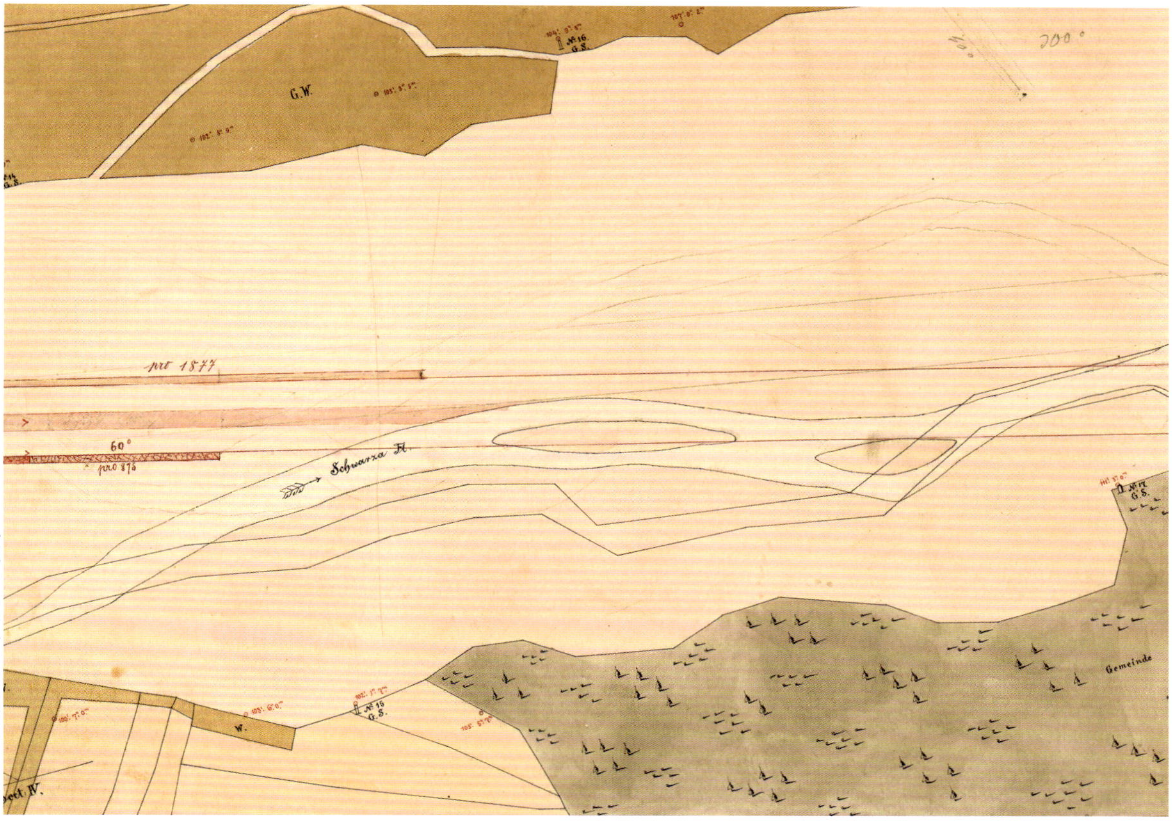

Ein Regulierungsplan der Schwarza aus dem Jahr 1877 zeigt die angestrebte Regulierungstrasse. Die notwendigen Abgrabungen waren sehr aufwendig und sicherten viele Arbeitsplätze. Die Errichtung der rot dargestellten Leitdämme in Schwarzau war für 1875 bzw. 1877 vorgesehen. Die Hochwasser Ende des 19. Jahrhunderts haben die Bauwerke weitgehend zerstört.

im Buch „50 Jahre Schwarza Wasserverband" umfangreiche Unterlagen (50 Jahre Schwarza Wasserverband 2012), die hier nur überblicksartig dargestellt werden.
Zur Vorgeschichte: Die Hochwasserereignisse der Jahre 1892, 1897 und 1899 verursachten massive Schäden im Schwarza-Tal. Um in der Landesverwaltung Gehör zu finden, wurde am 23.11.1899 ein „Aktions-Komitee" gegründet, das eine möglichst rasche Regulierung der Schwarza forderte. Es bestand aus den Gemeinden Reichenau, Gloggnitz und Neunkirchen, mehreren Fabriks- und Großgrundbesitzern sowie den „Rohrbacher-Neunkirchner Wassertriebwerksbesitzern". Die Wasserkraftbetreiber verfolgten eine klare Strategie und engagierten den Baurat J.A. Ruedl als Sachverständigen und Planer.

Im Tätigkeitsbericht beschreibt dieser die zunehmende Hochwassergefährdung im unteren Schwarza-Tal Ende des 19. Jahrhunderts mit bedrohlichen Worten. Demnach traten die Hochwasser sehr früh über die Ufer, der Fluss verlagerte seinen Lauf häufig. Neuralgische Bereiche waren Wimpassing, Ternitz (KG Dunkelstein) und Neunkirchen. Aus diesem Grund strebten die Wasserkraftbetreiber eine Regulierung der Schwarza unterhalb von Gloggnitz an.

Die Wasserkraftbetreiber forcierten Ende des 19. Jahrhunderts die Planungen und forderten eine finanzielle Beteiligung des Landes an der Umsetzung. Ein Problem war jedoch, dass einige Gemeinden finanziell unterdotiert waren und sich die Kofinanzierung nicht leisten konnten oder wollten.

1902 lag ein generelles Projekt für die Regulierung der Schwarza von Hirschwang bis zur Dunkelsteiner Brücke vor. Die Kosten beliefen sich auf 3,120 Mio. Kronen. Geplant war, das Gerinne der Schwarza auf einen Hochwasserabfluss von 380–450 m³/s auszubauen. Interessengegensätze innerhalb des Komitees führten schließlich dazu, dass das Land andere Projekte priorisierte und die Verbauung der Schwarza noch ein Jahrzehnt warten musste.

Als der Landesausschuss 1910 erneut seine Bereitschaft zur Förderung zeigte und einen Aufteilungsschlüssel vorlegte, wurde dieser nicht von allen Beteiligten angenommen. Damit verzögerte sich die Umsetzung weiter.

Das Buch „50 Jahre Schwarza Wasserverband" beschreibt die Rückschläge der Bemühungen um eine Regulierung aufgrund der Uneinigkeit des Komitees minutiös. Neben finanziellen Aspekten spielten auch inhaltliche Argumente eine Rolle. Einige Komiteemitglieder wiesen etwa darauf hin, dass eine Regulierung ohne gleichzeitigen Geschieberückhalt in den Oberläufen nichts bringe, da die hohen Kiesablagerungen für den ungünstigen Zustand verantwortlich waren (50 Jahre Schwarza Wasserverband 2012).

Was das Komitee nicht zuwegebrachte, schaffte schließlich die hohe Arbeitslosenrate im Schwarza-Tal Anfang der 1920er-Jahre. Regulierungsprojekte waren Großbaustellen. Deshalb versuchte der Staat die Not der Menschen durch Infrastrukturprojekte wie die Schwarza-Regulierung zu lindern. Als Konsenswerber fungierten nun nicht mehr die zerstrittenen Komiteemitglieder, sondern ausschließlich die Gemeinden. Ihnen oblag auch die Erhaltungspflicht. So konnte 1923 das erste Teilprojekt Ternitz-Putzmannsdorf genehmigt werden. Kurze Zeit später folgten auch die anderen Projekte, sodass der gesamte Abschnitt bis zur Leitha noch vor dem Zweiten Weltkrieg reguliert werden konnte.

Verbauung der Seitengerinne

Um den Geschiebeeintrag zu vermindern, versuchte man ab Ende des 19. Jahrhunderts größere Geschiebeherde im Einzugsgebiet zu stabilisieren und einige Seitengräben zu verbauen.

Schon kurze Zeit nach der Gründung der k.k. Forsttechnischen Abteilung für Wildbachverbauung im Jahr 1882 begannen die Planungen für die Schwarza und die Pitten. 1884 startete die Verbauung der Preiner Wildbä-

Regulierungsmaßnahmen in Gloggnitz um 1930 (l.)

Wehranlage in Hirschwang (r.)

Schwarza Wasserverband

ÖNB

Wasserbaumaßnahmen an der Schwarza

12.–13. Jh.: Erste flussbauliche Maßnahmen im Zusammenhang mit Mühlengründungen (z.B. die Anlage von Mühlbächen und die Errichtung von Querwerken zum Aufstau)

1190: Älteste Erwähnung des Kehrbachs. Dieses künstliche Gerinne leitet einen Teil des Wassers der Schwarza nach Wiener Neustadt (vgl. S. 47).

14.–16. Jh.: Höhepunkt der Mühlengründungen, Errichtung zahlreicher Wehranlagen und Mühlbäche an der Schwarza und ihren Zubringern für die Wasserkraftnutzung

1566, 1628, 1694, 1735, 1755, 1807 etc.: mehrmaliger Wiederaufbau des Peischinger Wehrs nach Hochwasserereignissen und Zerstörungen durch Vereisung

ab 18. Jh.: Lokal begrenzte Wasserbaumaßnahmen im Zusammenhang mit Betriebsansiedlungen für wassergebundenes Gewerbe (Stampfen, eisenverarbeitende Betriebe, im 19. Jh. auch Papierfabriken u.a.)

1781: Wasserbaumaßnahmen im Zusammenhang mit dem Bau der Holzschwemmanlage in Hirschwang, Errichtung eines Rechens und eines Nebengerinnes

1782–1786: Regulierung der Schwarza im Bereich von Neunkirchen (aus dieser Zeit stammen die ältesten Pläne zum Wasserbau an der Schwarza)

Anf. 19. Jh.: Ausbau der Holzschwemmanlage durch die Huebmersche Schwemm-Kompagnie an der Schwarza und am Kehrbach

1805: Ausarbeitung wasserbaulicher Grundlagen für die Schwarza flussab von Gloggnitz

1817: Errichtung mehrerer Schutzbauten in Schwarzau

1827: Wiederaufbau der Schutzbauten bei Schlöglmühl und Schmidsdorf nach einem Hochwasser

1840/1844: Weitere Planungen zur Regulierung der Schwarza

1875–1877: Umsetzung der Regulierungsmaßnahmen in den Abschnitten Schwarzau und Haderswörth sowie im Bereich von Neunkirchen

1883–1885: Bau des Werkskanals von Payerbach nach Schlöglmühl (KW Schlöglmühl)

1886–1893: Ausarbeitung von Generalregulierungsprojekten für besonders bedrohte Flüsse, darunter auch die Schwarza. Der Regulierungsplan für die Schwarza stammt aus dem Jahr 1893.

1893: Errichtung des Kraftwerks der Holzschleiferei H. Gamperl in Gloggnitz

1896: Verbauung des stark geschiebeführenden Preiner Baches durch den Forsttechnischen Dienst für Wildbach- und Lawinenverbauung

ab 1906: Abschnittsweise Regulierungsmaßnahmen zwischen Hirschwang und Neunkirchen (Einzelmaßnahmen)

1923: Beginn der systematischen Regulierungsmaßnahmen zwischen Ternitz und Putzmannsdorf, um 1930 in Gloggnitz und in weiterer Folge in anderen Abschnitten. Ende der 1930er-Jahre waren die Verbauungen weitgehend fertiggestellt.

1962: Gründung des Schwarza-Wasserverbandes, zuvor gab es für die Regulierungsbereiche Konkurrenzen

um 1970: Weitere Regulierungsmaßnahmen an der Schwarza, Vollendung des Abschnitts Payerbach

2012–2014: Umsetzung des Hochwasserschutzprojekts Gloggnitz

2009–2010: Umsetzung des Hochwasserschutzprojekts Reichenau BA01

2014–2015: Umsetzung des Hochwasserschutzprojekts Reichenau BA02

Folgezeit: Anpassung an den jeweiligen Stand der Technik und Instandhaltungsmaßnahmen

Plan der Schwarza-Regulierung im Bereich der Gemeinden Peisching, Breitenau und Loipersdorf aus dem Jahr 1893

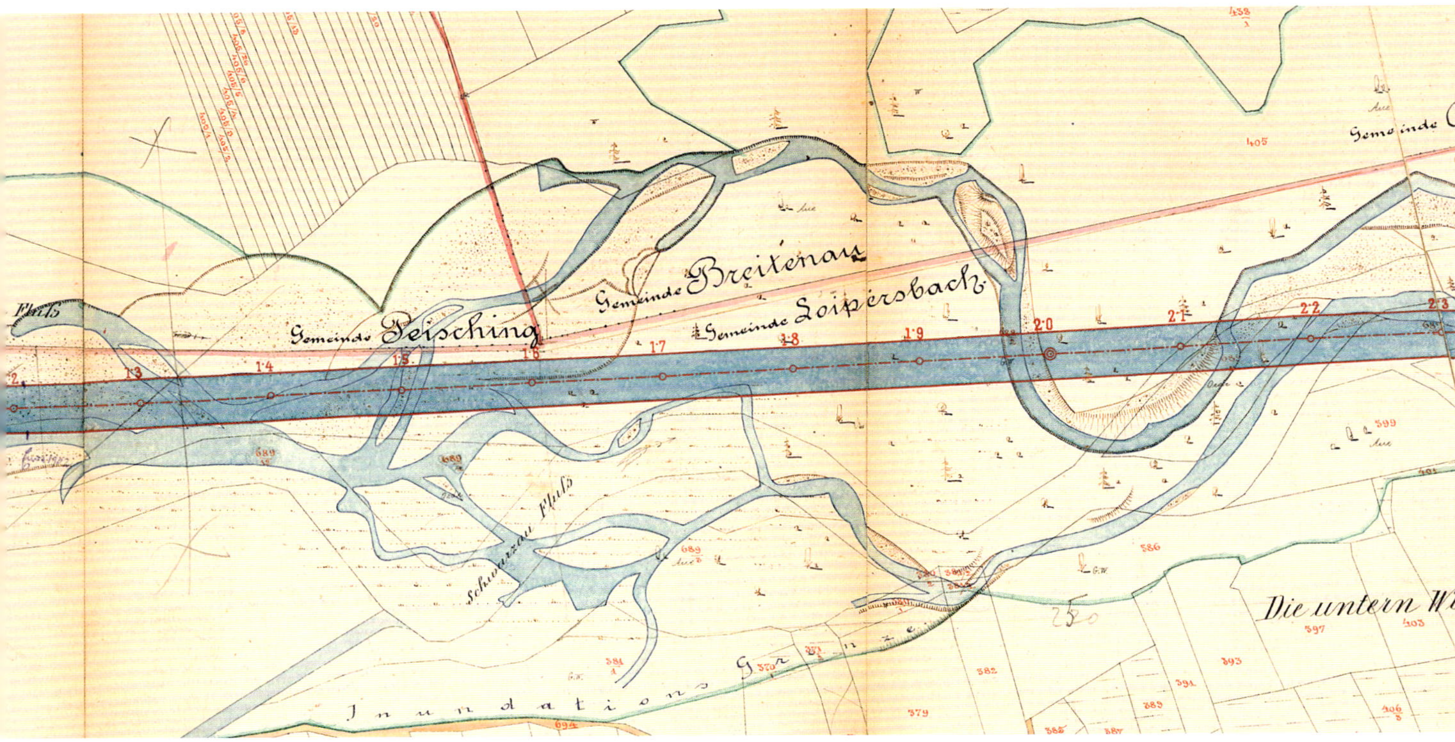

che in der Gemeinde Reichenau an der Rax zwischen Prein-Griesleiten und Rettenbach. Einige weitere Ausbauschritte folgten. Da das obere Einzugsgebiet auch damals nur dünn besiedelt war, sind heute noch viele Zubringer naturbelassen.

Die erste Lawinenverbauung des neu geschaffenen Dienstzweiges war übrigens jene des Lahngrabens auf der Rax (WLV 1984, S. 144).

Maßnahmen in jüngerer Zeit

Die systematischen Regulierungsmaßnahmen im 20. Jahrhundert (insbesondere im Zeitraum 1928–1962) prägen noch immer das Bild der heutigen Flusslandschaft, da die Linienführung und Gerinnegeometrie im Wesentlichen damals festgelegt wurden. Die Plandarstellung oben spiegelt die naturräumlichen Veränderungen eindrucksvoll wider. So unterbanden die Fixierung der Ufer und die Stabilisierung der Sohle erneute Verlagerungen des Flusses weitgehend. Heute beschränken sich die wasserbaulichen Eingriffe v.a. auf die Erhaltung der Regulierungsbauwerke und auf Maßnahmen zur Verbesserung des Hochwasserschutzes. In der jüngeren Vergangenheit wurden auch zahlreiche Maßnahmen zur Aufwertung der gewässerökologischen Situation umgesetzt (vgl. S. 118).

Gravierende naturräumliche Veränderungen sind im Bereich der Stauhaltungen zu verzeichnen. Für die Erhaltung der Rückstaubereiche und der Eintiefungsstrecken im Nahbereich der Kraftwerke sind die jeweiligen Kraftwerksbetreiber verantwortlich.

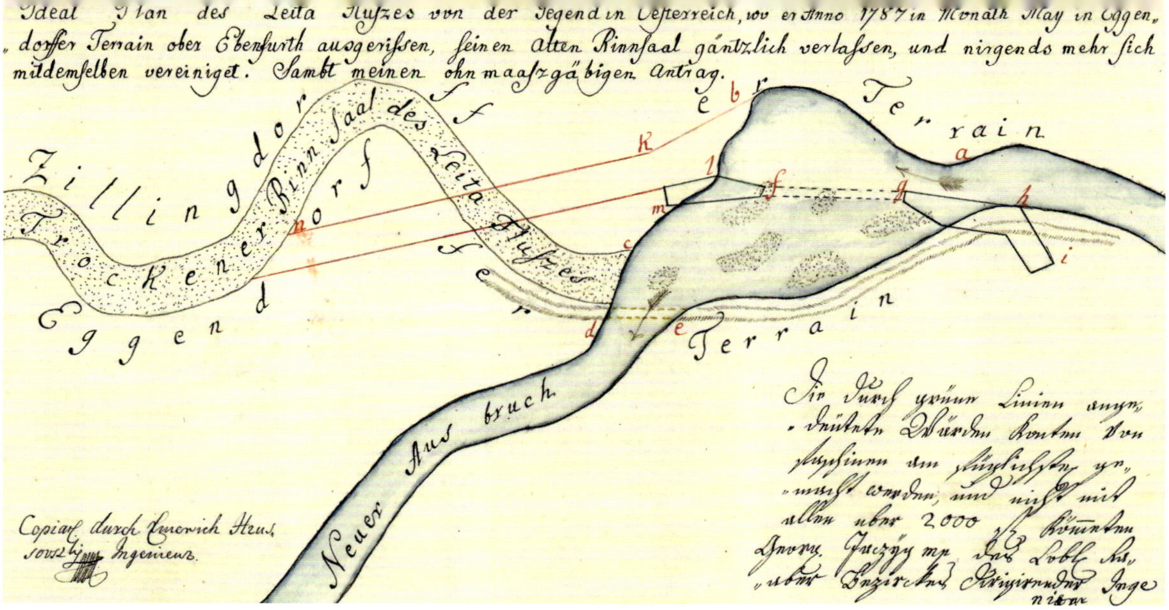

Die Strömungsdynamik sorgt für Flussbettverlagerungen mit dramatischen Folgen. Aus dem Plan geht hervor, dass die Leitha in Ebenfurth im Jahr 1787 ihren „alten Rinnsaal gäntzlich verlassen und nirgends mehr sich mit demselben vereinigt".

6.5 Leitha

Nur einige Kilometer unterhalb der Vereinigung von Schwarza und Pitten, dem Ursprung der Leitha, ändert sich der Flusscharakter markant. Während im obersten, gefällereichen Abschnitt noch ein verzweigtes Gerinne typisch ist, geht die Morphologie mit geringer werdendem Gefälle in einen mäandrierenden Flusslauf über.

Im Nahbereich der Leitha erstreckten sich vor den Regulierungsmaßnahmen ausgedehnte Feuchtgebiete. Der Fluss mäandrierte in der flach geneigten Tallandschaft und verlagerte bei höheren Wasserführungen immer wieder sein Bett. Häufige Hochwasser und geringe Flurabstände schränkten die landwirtschaftliche Nutzung ein. Hier dominierten Feuchtwiesen, Röhrichte, Auwälder und Altarmreste. Ackerbau war nur auf etwas höher gelegenen Standorten möglich.

Der Mensch hat in dieses System schon sehr früh eingegriffen und die Gewässer gestaltet und genutzt. In Abhängigkeit vom Zeitpunkt und der Zielsetzung lassen sich für die Leitha folgende Eingriffe unterscheiden:

- Mühlengründungen ab dem Spätmittelalter
- flussbauliche Maßnahmen im engeren Sinn ab der zweiten Hälfte des 18. Jahrhunderts
- Entwässerungen vor allem im 19. und 20. Jahrhundert

Ab der Wende vom 18. zum 19. Jahrhundert zielten die flussbaulichen Eingriffe darauf ab, die Flussniederungen großflächig zu entwässern und die Hochwassergefahr für die Siedlungen zu bannen. So sollte es möglich werden, das Flussumland wesentlich intensiver zu nutzen. Ehemals großflächig ausgebildete Feuchtstandorte konnten umgebrochen und in der Folge landwirtschaftlich genutzt werden.

Ein wesentliches Ziel der Regulierungsmaßnahmen war es auch, die Leitha an den Grenzstrecken zu Ungarn zu stabilisieren. Anders als bei der Schwarza, wurden die Verbauung und Erhaltung dieser Strecken bereits Anfang des 19. Jahrhunderts teilweise vom Staat finanziert, da es sich vorwiegend um Grenzstrecken handelte. Den fördertechnischen Status eines Grenzflusses bzw. Reichsgrenzflusses, bei dem der Staat für die gesamten Kosten aufkommt, erhielt die Leitha aber nicht (Stenographische Protokolle des niederösterreichischen Landtages 1911; aktuelle Förderungen siehe S. 122).

6.4.1 Wasserbauliche Probleme

Eine Karte der Leitha aus dem Jahr 1787 für den Bereich Zillingdorf bis Eggendorf (siehe oben) bringt die Problematik auf den Punkt. Der mäandrierende Fluss hatte bei einem Hochwasser sein Bett verlassen und einen neuen Lauf gewählt oder, wie es die Karte ausdrückt, *„seinen alten Rinnsaal gänzlich verlassen und nirgends mehr sich mitdem selben vereinigt".* Auch wenn Letzteres so nicht zutraf und der Flusslauf der Tiefenrinne

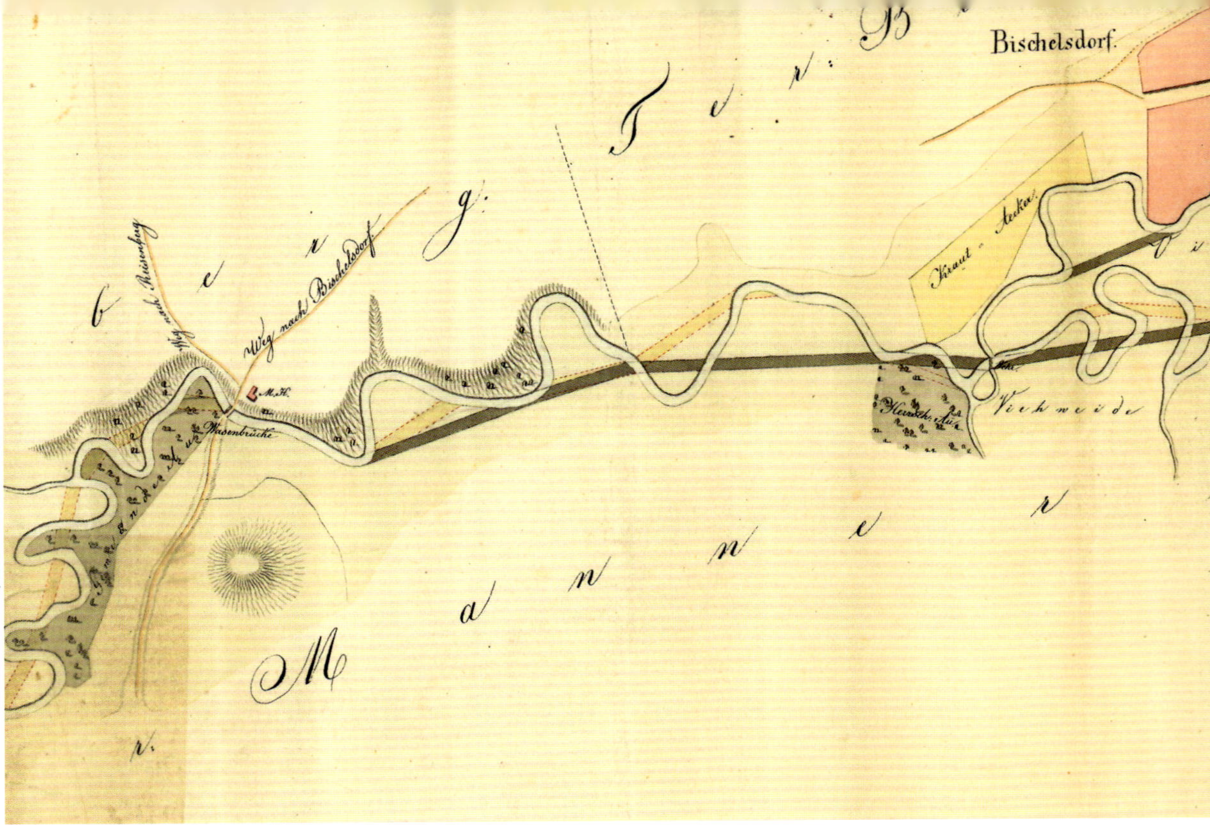

National Archives of Hungary, HU-MNL-OL-S 16-166

folgend irgendwo später in das alte Gerinne mündete, musste Abhilfe geschaffen werden, denn die Mühlen von Zillingdorf und Eggendorf waren ohne Triebwasser. Durch massive Verbauungen im Bereich des zerstörten Ufers und der Anlage eines neuen Gerinnes sollte die Leitha wieder in ihren ursprünglichen Flusslauf zurückgedrängt werden.

Was sich hier im Kleinen ereignete, kann auf die gesamte Mäanderstrecke der Leitha übertragen werden, denn überall führte die Flussdynamik im Laufe der Zeit zu Verlagerungen. Durchstiche und lokale Ufersicherungen sollten dann das Gerinne wieder in eine stabile Lage versetzen, ein Unterfangen, das aber oft schon beim nächsten Hochwasser untergraben wurde.

Ende des 18. Jahrhunderts gab es Bestrebungen, den Fluss über einen längeren Abschnitt in geordnete Bahnen zu lenken. Dazu kamen noch massive Hochwasser in den Jahren 1813 und 1815, die eine Spur der Verwüstung hinterließen.

Die im Zusammenhang mit der Schwarza schon erwähnte Karte von Joseph Wimsberg aus dem Jahr 1810 zeigt auch die Leitha im oberen Abschnitt bis Gattendorf vor diesen Überflutungen (vgl. S. 174). Nachträgliche handschriftliche Notizen und Aktualisierungen verdeutlichen die starke Flussdynamik und die Gerinneverlagerungen infolge dieser Ereignisse.

Über die Ursachen der massiven Hochwasserschäden gibt es auch einen ausführlichen Zeitungsbericht aus dem Jahr 1818 (Hesperus Nr. 52, 409–410). Darin heißt es, dass die Schwarza und ihre Zubringer für die hohen Geschiebeeinträge verantwortlich seien. Sie beeinflussten die Morphologie der Leitha nachteilig. Dort wo die Schleppspannung des Flusses nicht mehr ausreiche, das Geschiebe weiterzutransportieren, werde es abgelagert. *„Dadurch wird seine schlängelnde Flußbahn nicht selten dergestalt erhöht oder auch verlegt, daß die zuströmenden Gewässer in derselben nicht Platz finden, sogleich aus derselben austreten, das nachbarliche Land auf weite Strecken schauderhaft überfließen, und dem Landmann seinen hoffnungsvollen Fleiß in einem höchst traurigen Gebilde darstellen. Zwar waren zur Sicherung des Landes schon früher Dämme aufgeworfen und einzelne Durchschnitte der Fluß-Serpentinen angebracht worden; allein*

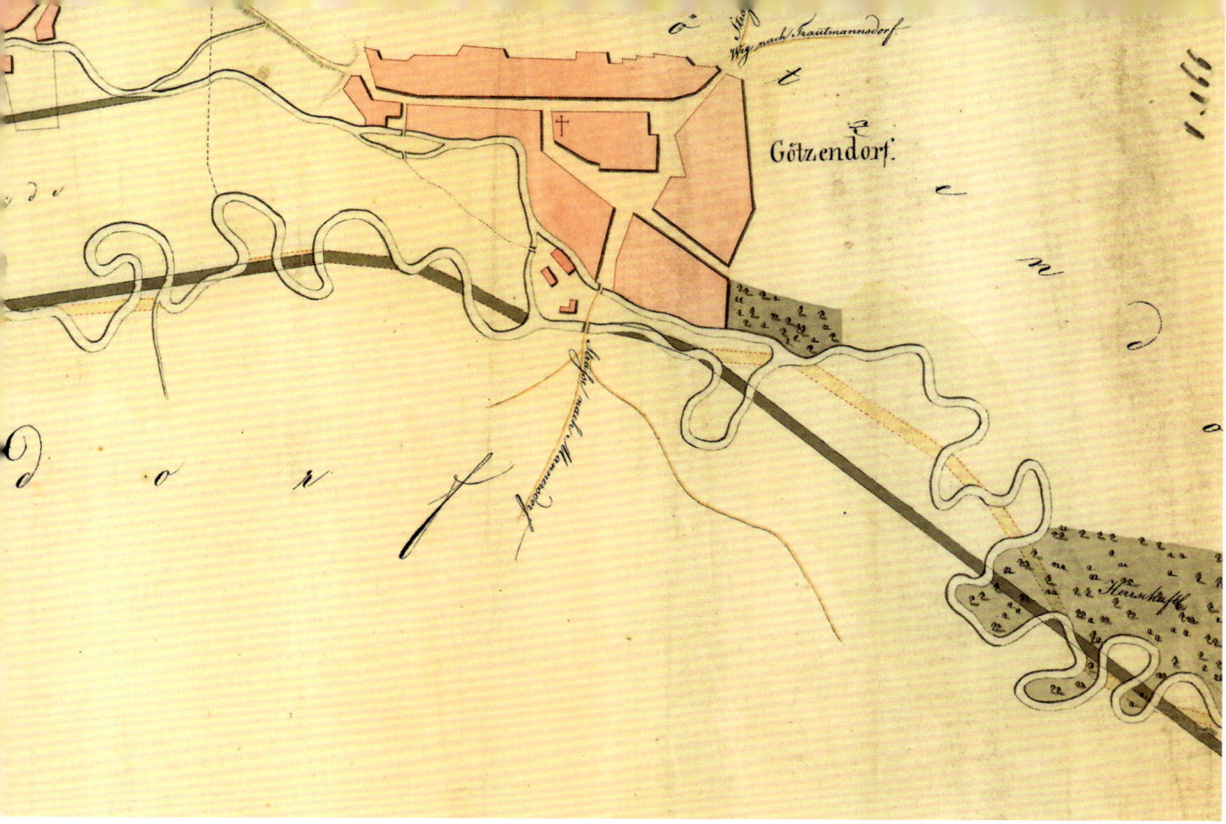

Eine Flusskarte aus dem Jahr 1823 zeigt den stark mäandrierenden Lauf der Leitha. Mittels Durchstichen sollte das Gerinne begradigt werden. Zwei Varianten standen zur Wahl.

diese Maßregeln waren noch bei weitem nicht hinreichend, um daraus den erwünschten Erfolg zu erwarten. In den Jahren 1813 und 1815 überstiegen die aus dem Rinnsaale dieses Flusses ausgetretenen Wässer alle Dämme, versandeten und verlegten oberhalb der ungarischen Ortschaft Neudörfel und Wimpassing seine Flußbahn auf mehrere hundert Klafter, rissen Brücken und Häuser ein, und ergoßen sich auf Meilenwegsweite zur gräßlichen Anschauung über das Land." (N.N. 1818)

Die Hochwasser setzten viele Ortschaften unter Wasser und zerstörten zahlreiche Häuser. Besonders stark waren aber die landwirtschaftlichen Kulturen betroffen: *„Die schönsten Wiesenfluren sah man da in Geröhricht, und das tragbarste Ackerfeld in Sandwüsten verwandelt. Solch eine traurige Ansicht mußte die Obrigkeiten beider Länder* [Österreich und Ungarn] *zur Abwendung der Gefahren nothwendig aufmerksam machen, und es wurden dann in dieser Beziehung beiderseits wiederholte Commissionen gehalten."* (N.N. 1818)

Stabile Ufer und verbesserter Hochwasserschutz waren also wichtige Voraussetzungen für die Erweiterung der Siedlungsgebiete und eine intensivere Nutzung des Talbodens. Trotz zahlreicher Teilregulierungen konnte jedoch die Sicherheit in besiedelten Gebieten lange Zeit kaum verbessert werden, da die Uferverbauungen oft nur von kurzem Bestand waren oder nicht die gewünschten Effekte erzielten.

6.4.2 Maßnahmen

Aufgrund der massiven Hochwasserschäden Anfang des 19. Jahrhunderts traten Kommissionen zusammen und beratschlagten eine gemeinsame Vorgangsweise. Die Gemeinden waren zu dieser Zeit hinsichtlich Hochwasserschutz noch weitgehend auf sich gestellt, da erst später übergeordnete wasserbauliche Förderungsschienen eingerichtet wurden. Wichtigste Grundlage für die Wasserbauten des 19. Jahrhunderts war das Hofkanzleidekret vom 10. November 1830 („Wasserbaunormale"), das allgemeine Grundsätze für das Verfahren bei Wasserbauten und Regelungen über die Kostentragung traf (vgl. S. 100).

Wie den historischen Berichten zu entnehmen ist, hatte Fürst Esterházy (Grundherr von Neufeld, Neudörfel und Wimpassing in

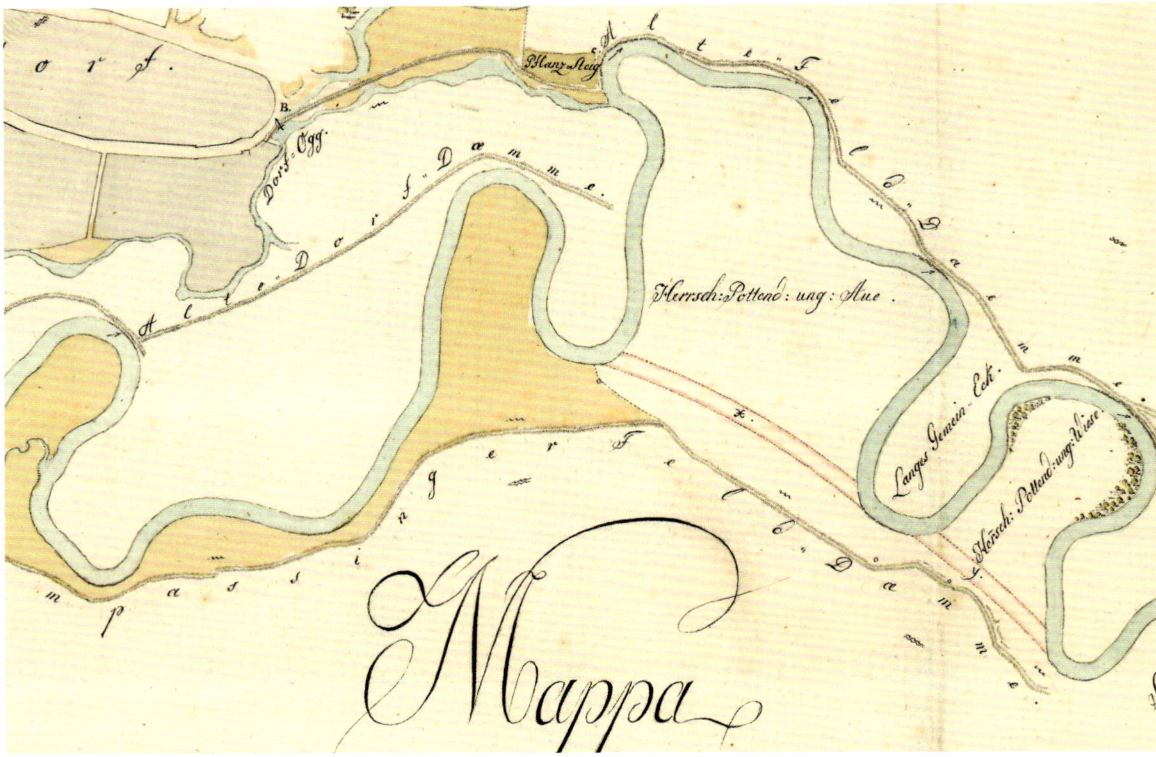

Der Plan zeigt die Leitha flussab von Wimpassing bzw. Wampersdorf und die damals schon existierenden Dämme. Geplant waren in diesem Abschnitt zwei Durchstiche (x,y). Der Plan stammt aus dem Jahr 1816.

National Archives of Hungary, HU-MNL-OL-S 16-68

Ungarn sowie von Pottendorf, Landegg und Wampersdorf in Österreich) höchstes Interesse an einer Regulierung der Leitha – ein Umstand, der die Projektumsetzung wesentlich erleichterte. Da weitere Flussbettverlagerungen drohten und die Klagen der Bevölkerung unüberhörbar waren, nahm Esterházy nach mehreren Vorortbesichtigungen die Sache selbst in die Hand. Er beauftragte seinen Wasserbauer, den Eisenstädter „Districts-Ingenieur" Leopold von Krausz, entsprechende Lösungsvorschläge für die Regulierung der Leitha auszuarbeiten und die Kosten für die Beteiligten aufzuschlüsseln. Nach Vorlage der Pläne mussten auch noch die Vertreter beider Länder dem Vorhaben zustimmen, was aber aufgrund der massiven Schäden zügig vonstatten ging.

Ein Detailplan aus dem Jahr 1816, der die *„Wimpassinger und Wampersdorfer Freyheit"* zeigt, lässt das wasserbauliche Konzept erkennen. Als vorrangige Schritte betrachtete Krausz die Vermeidung rückstauender Effekte. Ein Problem war aber, dass die Leitha im Bereich dieser beiden Ortschaften einen Gefälleknick aufwies. Das Gefälle nahm von zuvor zwei auf 1,5 Promille ab. Damit ein Hochwasser rasch abfließen kann, plante er, die Mäander unterhalb der Ortschaften durch ein neu gegrabenes Gerinne abzutrennen. Der Mäanderdurchstich sollte also das Gefälle in diesem Bereich angleichen, höhere Abflüsse ermöglichen und rückstauende Effekte unterbinden.

Im Bericht steht über die Regulierungsmaßnahmen: *„Nun* [im August 1817] *hatte man zu diesem großen Werke unter der Direction des gesagten Ingenieurs auch gleich mit allem Ernste Hand angelegt. Die Laufbahn des Flusses wurde aus ihrer gänzlichen Ver-*

sandung heraus gehoben, ihre schädlichen Serpentinen an allen Orten unter mannigfachen Schwierigkeiten durchschnitten, und [das] *alte Rinnsal vermittels starker Dämme geschlossen; neue hältige Dämme wurden, wo nur irgend Gefahr drohte, aufgeworfen, und die alten, so viel nur immer möglich verstärkt und befestigt."*

Um rückstauende Effekte auch in anderen Bereichen zu vermeiden, waren vielerorts vergleichbare Arbeiten notwendig. Neben den fürstlichen Besitztümern waren in geringem Umfang auch andere Flächen betroffen. Über die Umsetzung der Maßnahmen und die Leistungen des Fürsten Esterházy berichtet der Artikel anerkennend:

„Und so ist dann dieser reißende Fluß in seiner zehnklaftrigen Normalbreite außerhalb der Zillendorfer Freiheit bloß und einzig durch das fürstliche Territorium fort auf 4000 Klafter Länge [= 7560 m], *mit einem (wie sich leicht denken läßt) beträchtlichen Geld- und Materialien-Aufwand regulirt, und hieran zur Abwendung der Wassergefahren ein Werk des öffentlichen Verdienstes vollbracht worden, wofür die fürstlichen Unterthanen sowohl, als auch alle übrigen durch Wassergefahr bisher berührten Grenzbewohner dem großmütigen Wohlthäter Dank und Segen darbringen. Diese schwierige Arbeit geschah unter den Augen, ja unter steter persönlicher Anleitung des Fürsten selbst, mit jener Thätigkeit, daß nicht selten bei Fackelschein zur eheren Erreichung des Ziels ganze Nächte hindurch gearbeitet wurde."*

Wasserbauarbeiten verrichteten größtenteils Teichgräber. Die Umsetzung der Maßnahmen schrieb man zu dieser Zeit meist öffentlich aus und gliederte sie in unterschiedliche Baulose. So verlautbarte beispielsweise die „Wiener Zeitung" am 7. August 1822 die „Licitation" (Bieterverfahren) für die Erstellung eines Erddamms unterhalb Deutsch-Brodersdorf. Ein weiteres Inserat vom 24. Dezember 1822 zeigt, dass Teichgräber auch

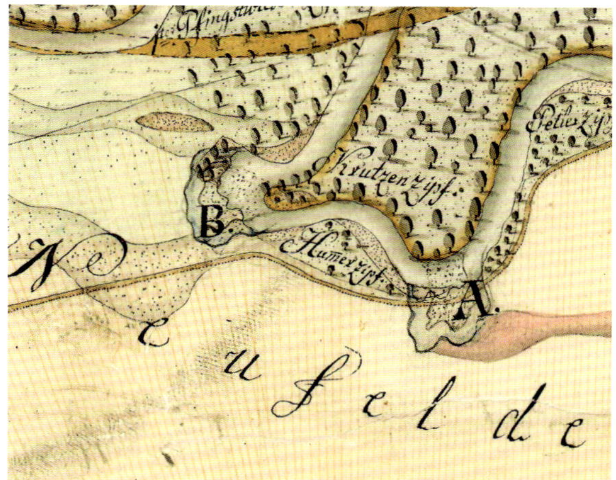

Uferanrisse im Bereich zwischen Ebenfurth und Neufeld in einem Plan aus dem Jahr 1815

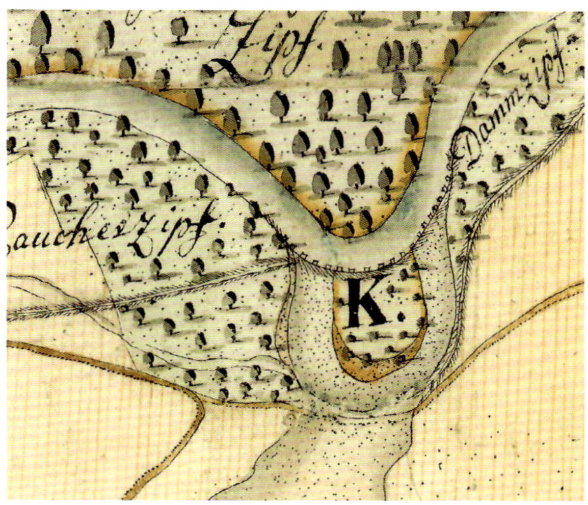

Verbauung des Außenufers mittels einer Pilotenreihe im Bereich eines Durchstiches

Sicherung eines Außenbogens durch Flechtzäune

anspruchsvollere Arbeiten wie die Herstellung eines Durchstichs ausführten (vgl. S. 92).

In den Plänen des frühen 19. Jahrhunderts finden sich Sicherungstechniken, die fundiertes Wissen erforderten. Die Herstellung von Flechtzäunen, Uferpilotagen, Rangenverbauungen oder anderen vegetabilen Sicherungstechniken setzte fachliches Können voraus, denn unsachgemäße Einbauten konnten auch kontraproduktiv sein und die Erosion verschärfen. Wie dieses Wissen vor Ort vermittelt wurde, ist unklar, da Aufzeichnungen fehlen.

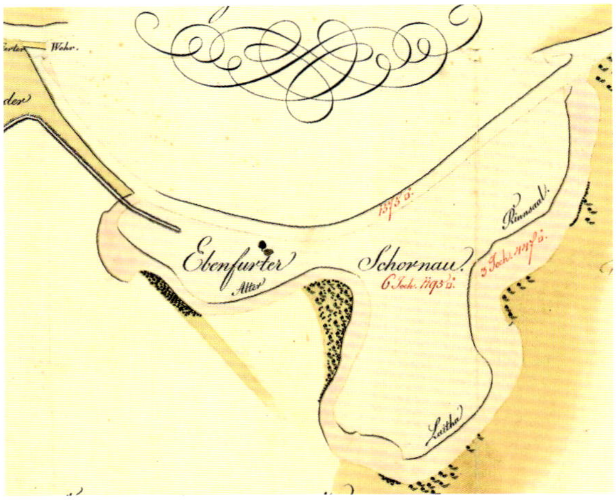

Durchstiche an der Grenze hatten den Nachteil, dass sie sich in der Regel auf die Flächenbilanz niederschlugen. Die Karte zeigt den Abschnitt bei Ebenfurth bzw. Neufeld im Jahr 1813.

NATIONAL ARCHIVES OF HUNGARY, HU-MNL-OL-S 16-225

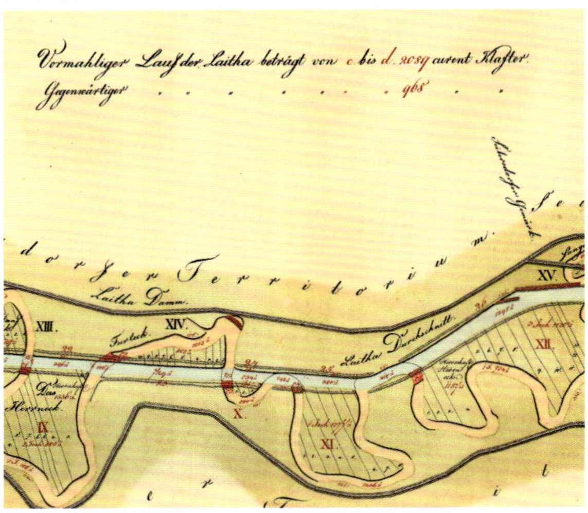

Der Regulierungsplan zwischen Deutsch-Brodersdorf und Seibersdorf aus dem Jahr 1825 hält fest, dass die Flusslänge der Leitha in diesem Bereich um mehr als die Hälfte abnahm (siehe Text oben).

NATIONAL ARCHIVES OF HUNGARY, HU-MNL-OL-S 16-229

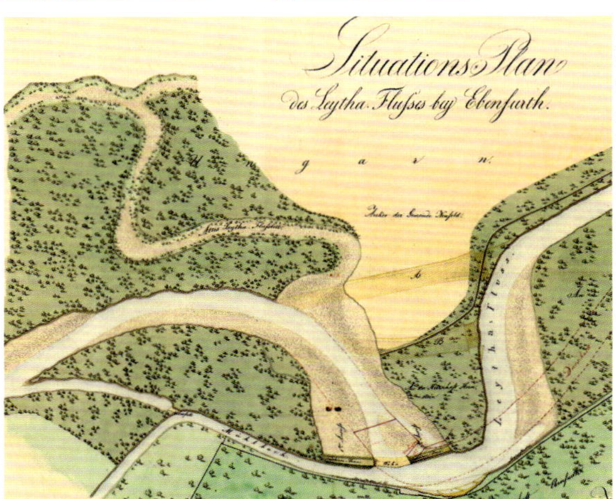

Neuralgische Bereiche waren die Anbindungen der Mühlbäche. Der Plan zeigt den Bereich von Ebenfurth im Jahr 1833. Gelb hervorgehoben sind zwei Durchstichvarianten.

NATIONAL ARCHIVES OF HU, HU-MNL-OL-S 12-D-13-634

Regulierungsmaßnahmen ab der Mitte des 19. Jahrhunderts

Mitte des 19. Jahrhunderts wurden weitere Plangrundlagen für die Verbauung der Leitha ausgearbeitet. 1854 erfolgte eine detaillierte Vermessung des Flusses. Darauf aufbauend entwickelten die Wasserbauer für den gesamten Abschnitt Detailplanungen.

Die in der Folge errichteten Regulierungsbauwerke flussauf von Trautmannsdorf wurden schon kurze Zeit später durch mehrere Hochwasser weitgehend zerstört. Aus diesem Grund sah sich die Regierung zu noch umfassenderen Maßnahmen genötigt und stellte dazu erhebliche Mittel aus dem Landesfonds bereit. Und wieder waren in einigen Abschnitten große Rückschläge zu verzeichnen.

So errichteten die Teichgräber im Bereich von Pachfurt ein neues, leistungsfähiges Gerinne, das alte Leitha-Bett diente fortan als Mühlbach. Auch der anschließende Abschnitt bis Hollern sollte in ähnlicher Weise ausgebaut werden, was aber die Beseitigung mehrerer Mühlen zur Folge gehabt hätte. Das Projekt war bereits genehmigt und sollte zügig umgesetzt werden. Doch im Jahr 1862 zerstörte ein Hochwasser die noch in Ausbau befindliche Strecke und setzte mehrere Ortschaften unter Wasser. Da die Bevölkerung der Planung misstraute, formierte sich in den Gemeinden unterhalb Pachfurt Widerstand gegen das Vorhaben. Begründet wurde dieser mit der *„Furcht vor einer Vermehrung der Wassergefahr, insolange eben in der unteren Strecke der serpentinirende Flusslauf beibehalten wurde"*.

Da der weitere Ausbau von Pachfurt abwärts abermals durch den Landesfonds finanziert wurde, forderte die Landesvertretung eine Kostenbeteiligung der Interessenten in Form eines Vorschusses, der für die Vollendung und Erhaltung der Strecke Trautmannsdorf–Pachfurt dienen sollte. Dies war auch die Voraussetzung dafür, dass das Regulierungsprojekt unterhalb von Pachfurt erneut beraten wurde. Die Landesvertretung sprach sich schließlich gegen das von der k.k. Baubehörde vorbereitete Projekt aus und suchte nach Alternativen. *„Nachdem nämlich eine Enquête von erfahrenen Hydrotechnikern eingeleitet wurde, befand man das Durchstechen der vorhandenen Serpentinen, dann das Eindämmen nur dort, wo der Werth der zu schützenden Grundstücke im richtigen Verhältnisse zu den Herstellungskosten steht, ferner das Belassen der für die Gegend sehr nothwendigen Mühlen gegen Erbauung eines geeigneten Wehres für ausreichend. In dem Bestreben, noch vor dem nächsten Frühjahrhochwasser die Eröffnung des Trautmannsdorfer Bettes bewerkstelligen zu können, wurden, ungeachtet so manche Förmlichkeiten dabei zu überwinden waren, dann ohne dass ein Detailproject vorgelegen wäre oder sonstige Vorbereitungen mit Accords- und Grundeinlösungs-Verhandlungen eingeleitet werden konnten, ja ohne dass die Landes-Vertretung bereits über eigene technische Organe verfügte, 20 Durchstiche – Verkürzung des Flusslaufes um 1800 Klafter – mit den entsprechenden Dämmen in einer Gesammterdbewegung von 23.000 Kub.-Klft., sowie der Beton-Wehrbau bei Rohrau in weniger als 3 Monaten durchgeführt!"*

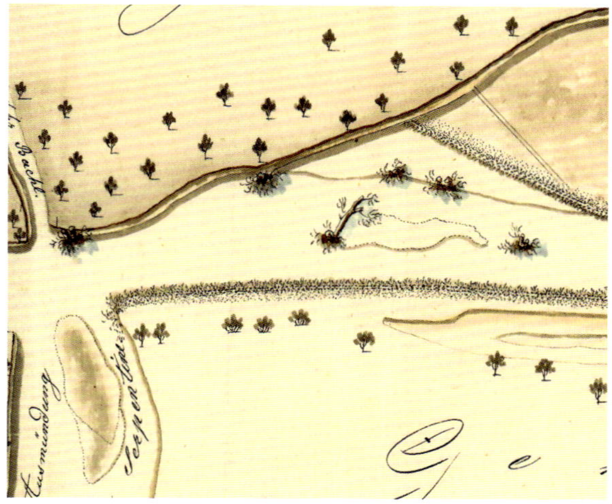

Ein Plan aus dem frühen 19. Jahrhundert zeigt Uferanrisse und Verwerfungen im Bereich zwischen Ebenfurth und Neufeld.

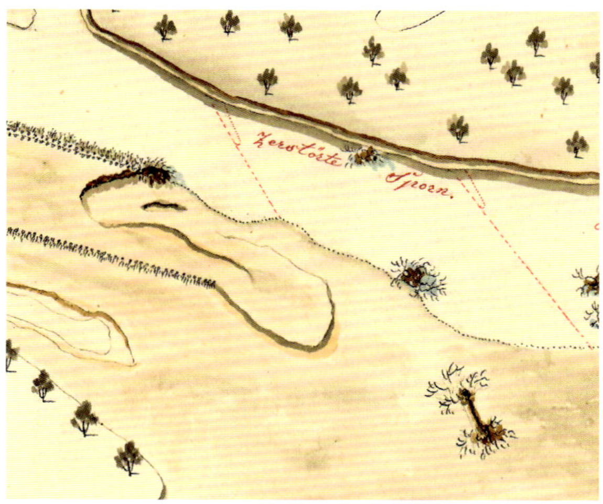

Der Ausschnitt zeigt Uferanrisse und zerstörte Sporne.

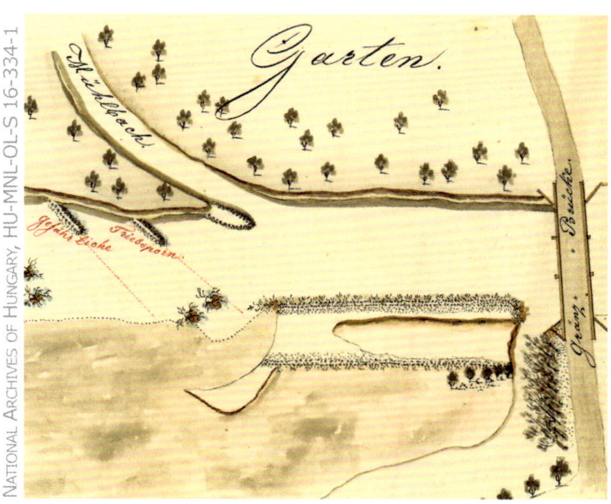

Mehrere Sporne lenkten das Wasser an den Außenbogen und zerstörten dabei die Uferbefestigungen. Auch eine Grenzbrücke war davon betroffen.

Das Flussprofil der Leitha im Bereich von Lanzenkirchen wurde zunächst vergleichsweise breit gestaltet und in weiterer Folge schrittweise eingeengt. Der Plan stammt aus dem Jahr 1866. Spätere Eintragungen in den Jahren 1883–1898 spiegeln den Regulierungsfortschritt Ende des 19. Jahrhunderts wider.

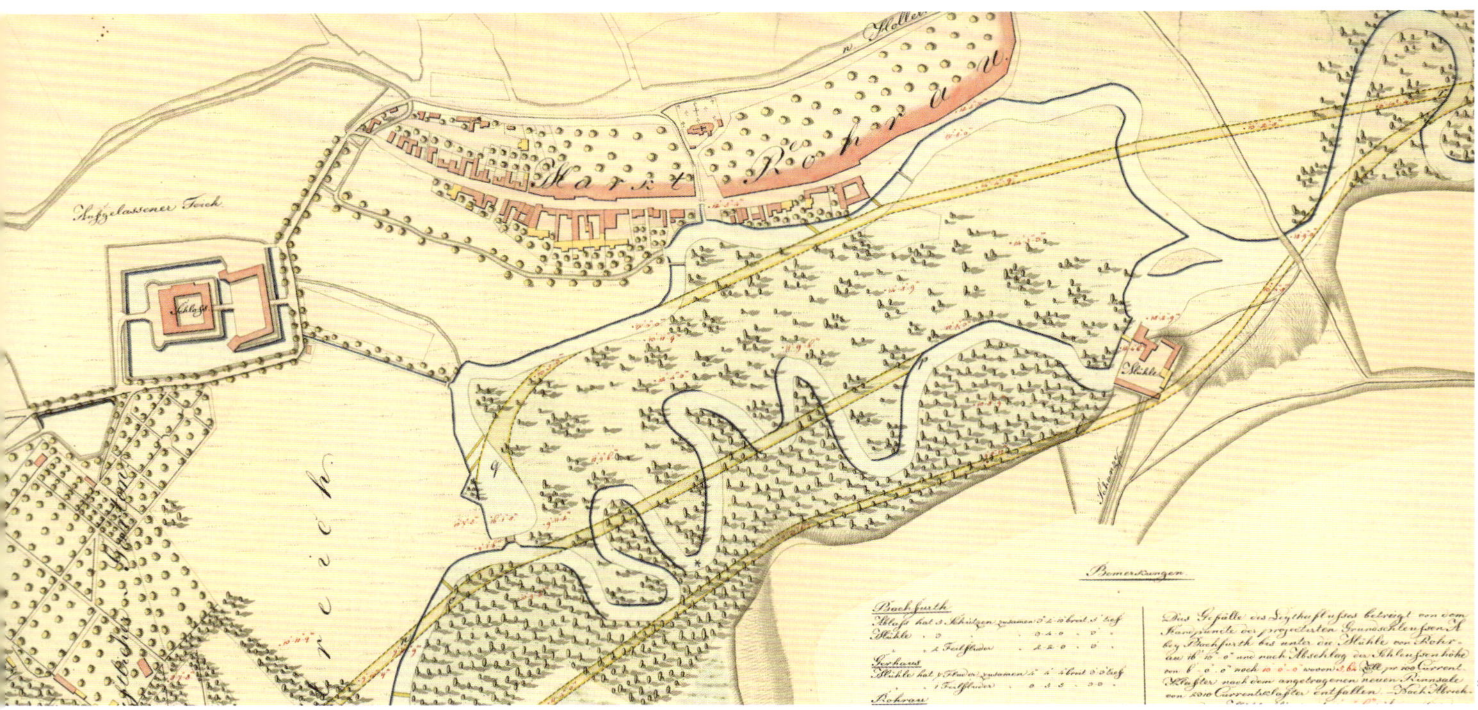

Mäandrierende Mühlbäche wurden begradigt. Der Plan zeigt den Bereich von Rohrau im Jahr 1866.

Ab der Mitte des 19. Jahrhunderts wurde bei größeren Bauvorhaben meist auch ein Längenschitt ausgearbeitet, der die Sohllage und die angrenzende Geländehöhe zeigt.

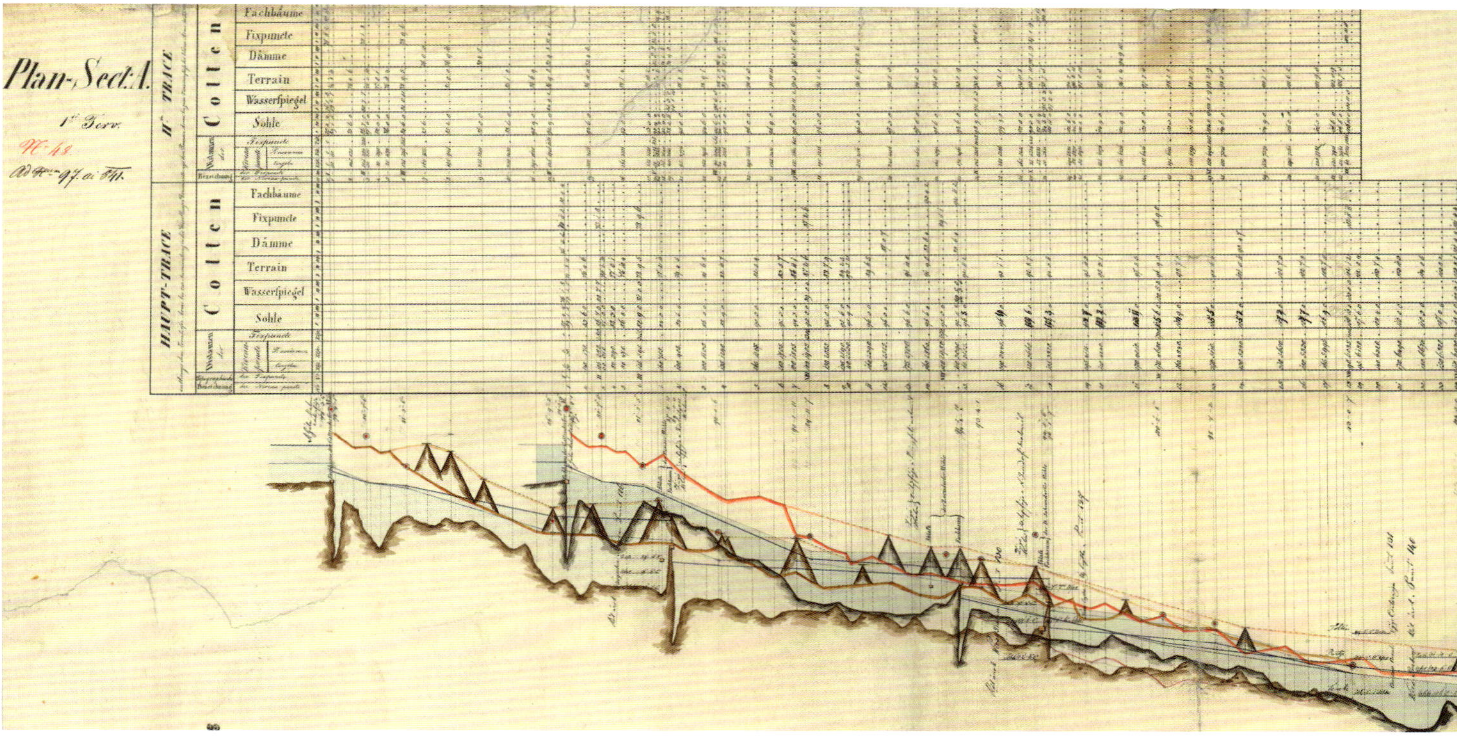

1863 wurde die Regulierung der Leitha vom Ursprung bis zu ihrem Austritt aus Niederösterreich zur Landesangelegenheit erklärt. Die Leitung der Bauarbeiten übertrug man dem niederösterreichischen Landesausschuss. Die Baukosten von rund 40.000 Gulden trugen zu zwei Dritteln der niederösterreichische Landesfonds und zu einem Drittel die jeweiligen Konkurrenzen (§. 6 des Landesgesetzes vom 11. Juni 1863, L.G.Bl. Nr. 4). Nach diesem Schlüssel teilte man auch die Erhaltungskosten auf. Mit diesen finanziellen Mitteln stand einer großräumigen Umsetzung der Regulierungsmaßnahmen nichts mehr im Wege.

Die Plangrundlagen aus den 1860er-Jahren zeigen einen mittels zahlreicher Durchstiche begradigten Flusslauf. Zur Beseitigung von Uferanrissen wurden in Teilbereichen Verbauungen vorgesehen, die zumeist mit Stein ausgeführt wurden.

Die Wasserbauer setzten darauf, dass sich das Flussbett nach der Begradigung etwas eintieft und verbreitert, wurden aber eines Besseren belehrt. Bei der Regulierung der Leitha flussab von Pachfurth *„hatte man bezüglich der Vertiefung und Verbreiterung der aufgehobenen Durchstiche auf die Wirkung des Flusses selbst gerechnet. So sehr auch diese Hoffnung durch die bisherige Erfahrung gerechtfertigt wurde, so war doch an einzelnen Stellen künstliche Nachhilfe nothwendig, dort nämlich, wo die Wirkungen des Wassers wegen der Beschaffenheit des Bodens nicht im entsprechenden Maße ergiebig waren."* (Berichte des NÖ Landesausschusses 1864)

Um die neue Linienführung abzusichern, war es notwendig, die *„abgebauten Serpentinen des Flusses vor dem Eindringen des Wassers bei Hochwässern zu verwahren, und Uferbrüche, wo sich die Neigung zu denselben zeigt, hintanzuhalten, was durch die Einbauung*

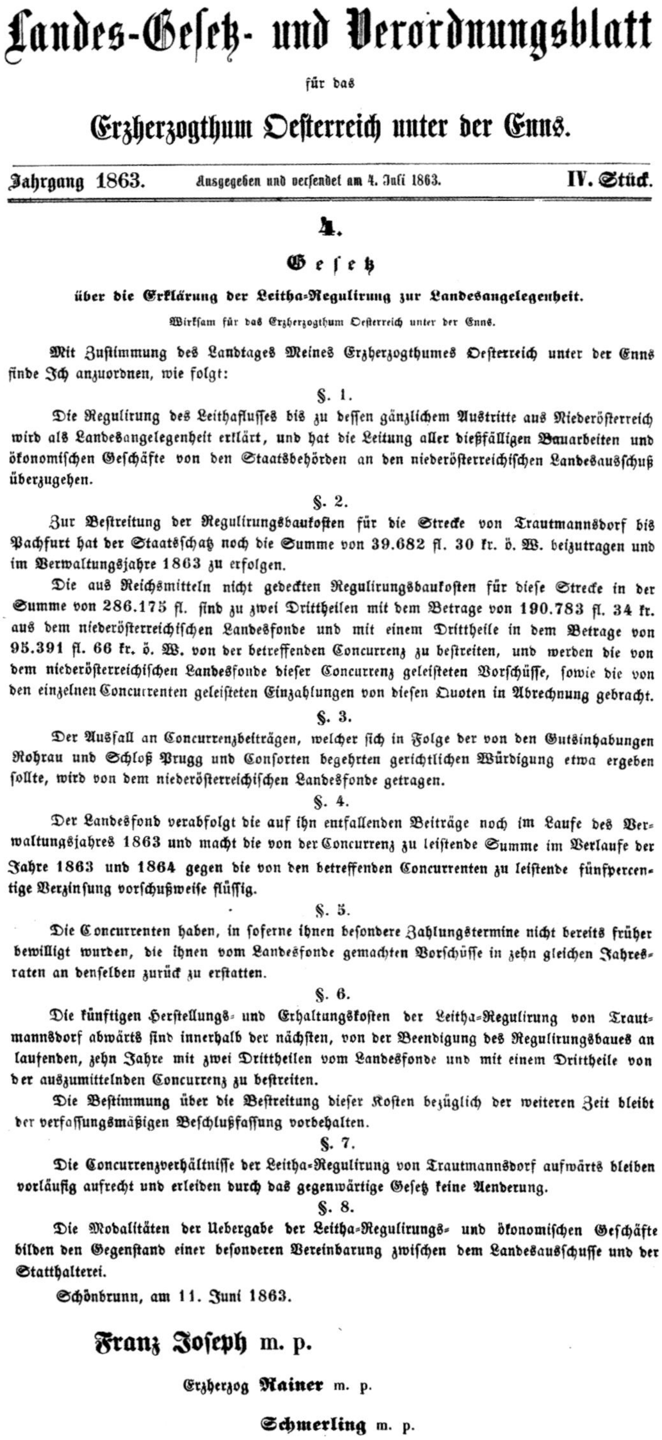

Landes-Gesetz- und Verordnungsblatt

für das

Erzherzogthum Oesterreich unter der Enns.

Jahrgang 1863. Ausgegeben und versendet am 4. Juli 1863. IV. Stück.

4.

Gesetz

über die Erklärung der Leitha-Regulirung zur Landesangelegenheit.

Wirksam für das Erzherzogthum Oesterreich unter der Enns.

Mit Zustimmung des Landtages Meines Erzherzogthumes Oesterreich unter der Enns finde Ich anzuordnen, wie folgt:

§. 1.

Die Regulirung des Leithaflusses bis zu dessen gänzlichem Austritte aus Niederösterreich wird als Landesangelegenheit erklärt, und hat die Leitung aller dießfälligen Bauarbeiten und ökonomischen Geschäfte von den Staatsbehörden an den niederösterreichischen Landesausschuß überzugehen.

§. 2.

Zur Bestreitung der Regulirungsbaukosten für die Strecke von Trautmannsdorf bis Pachfurt hat der Staatsschatz noch die Summe von 39.682 fl. 30 kr. ö. W. beizutragen und im Verwaltungsjahre 1863 zu erfolgen.

Die aus Reichsmitteln nicht gedeckten Regulirungsbaukosten für diese Strecke in der Summe von 286.175 fl. sind zu zwei Drittheilen mit dem Betrage von 190.783 fl. 34 kr. aus dem niederösterreichischen Landesfonde und mit einem Drittheile in dem Betrage von 95.391 fl. 66 kr. ö. W. von der betreffenden Concurrenz zu bestreiten, und werden die von dem niederösterreichischen Landesfonde dieser Concurrenz geleisteten Vorschüsse, sowie die von den einzelnen Concurrenten geleisteten Einzahlungen von diesen Quoten in Abrechnung gebracht.

§. 3.

Der Ausfall an Concurrenzbeiträgen, welcher sich in Folge der von den Gutsinhabungen Rohrau und Schloß Prugg und Consorten begehrten gerichtlichen Würdigung etwa ergeben sollte, wird von dem niederösterreichischen Landesfonde getragen.

§. 4.

Der Landesfond verabfolgt die auf ihn entfallenden Beiträge noch im Laufe des Verwaltungsjahres 1863 und macht die von der Concurrenz zu leistende Summe im Verlaufe der Jahre 1863 und 1864 gegen die von den betreffenden Concurrenten zu leistende fünfpercentige Verzinsung vorschußweise flüssig.

§. 5.

Die Concurrenten haben, in soferne ihnen besondere Zahlungstermine nicht bereits früher bewilligt wurden, die ihnen vom Landesfonde gemachten Vorschüsse in zehn gleichen Jahresraten an denselben zurück zu erstatten.

§. 6.

Die künftigen Herstellungs- und Erhaltungskosten der Leitha-Regulirung von Trautmannsdorf abwärts sind innerhalb der nächsten, von der Beendigung des Regulirungsbaues an laufenden, zehn Jahre mit zwei Drittheilen vom Landesfonde und mit einem Drittheile von der auszumittelnden Concurrenz zu bestreiten.

Die Bestimmung über die Bestreitung dieser Kosten bezüglich der weiteren Zeit bleibt der verfassungsmäßigen Beschlußfassung vorbehalten.

§. 7.

Die Concurrenzverhältnisse der Leitha-Regulirung von Trautmannsdorf aufwärts bleiben vorläufig aufrecht und erleiden durch das gegenwärtige Gesetz keine Aenderung.

§. 8.

Die Modalitäten der Uebergabe der Leitha-Regulirungs- und ökonomischen Geschäfte bilden den Gegenstand einer besonderen Vereinbarung zwischen dem Landesausschusse und der Statthalterei.

Schönbrunn, am 11. Juni 1863.

Franz Joseph m. p.

Erzherzog **Rainer** m. p.

Schmerling m. p.

von Buhnen, dann durch die Anlegung von Flechtzäunen und eines Steinwurfes zum Schutze des Dammes geschieht." Die Umsetzung dieser Maßnahmen war wichtig, *„weil sonst das Wasser bei Hochwässern in die mehr vertieften, abgebauten und noch nicht verlandeten Serpentinen wieder eindringt, die Uferbrüche aber … die neuerliche Serpentinirung des Flusses und die Beschädigung des ganzen Regulirungswerkes leicht herbeizuführen geeignet sind."* (Stenographische Protokolle des niederösterreichischen Landtages, 1866)

Regulierungsmaßnahmen Ende des 19. und Anfang des 20. Jahrhunderts

Eine Bilanz der Regulierungsmaßnahmen aus dem Jahr 1893 liefert ein anschauliches Bild vom damaligen Stand der Ausbauten: *„Obzwar … seit dem 29jährigen Bestande der Concurrenz schon sehr viel geschehen ist, befindet sich der Fluss doch bei weitem noch nicht in solchem Zustande, um den interessirten Grundbesitzern in die fernere ausschließliche Erhaltung über geben werden zu können. Der Ausbau der noch nicht gedeckten Ufer, die Beseitigung der im Flussbette sich bildenden Anschlämmungen und Sandbänke, sowie die sonstigen Erhaltungsarbeiten müssen vielmehr noch auf eine längere, im vorhinein nicht bestimmbare Zeit fortgelegt werden, wenn nicht das mit einem großen Kostenaufwande erstellte Regulirungswerk dem Verfalle überlassen werden wollte."* (Stenographische Protokolle des niederösterreichischen Landtages, 1892–1893)

Nachdem großräumige Begradigungen bereits erfolgt waren, ging es bei den weiteren Maßnahmen darum, das mühsam Aufgebaute zu erhalten. Bei den frühen Durchstichen war das neu gegrabene Flussbett kaum gesichert worden, durch die Gefällezunahmen hatte sich die Schleppspannung und somit auch die Tendenz zu Uferanrissen erhöht. Zudem verursachten die *„abnormen Hochwässer"* 1892/93 *„sehr erhebliche Ver-*

Landessammlungen NÖ, NK-F-180

Die Ufer der Leitha in Zurndorf waren mit Kopfweiden bestanden.

Landessammlungen NÖ, NK-F-188

Im Zuge der Regulierung 1954 wurden die Gehölze gerodet.

Ein Plan aus dem Jahr 1866 spiegelt mehrere Zeitebenen der Leitha bei Landegg wider: Er zeigt den Lauf vor 1843, der am Außenufer bereits massiv durch Buhnen stabilisiert war, sowie den 1843 gegrabenen Durchstich und weitere Verbauungsmaßnahmen (rot dargestellt) in den Jahren 1882–1883.

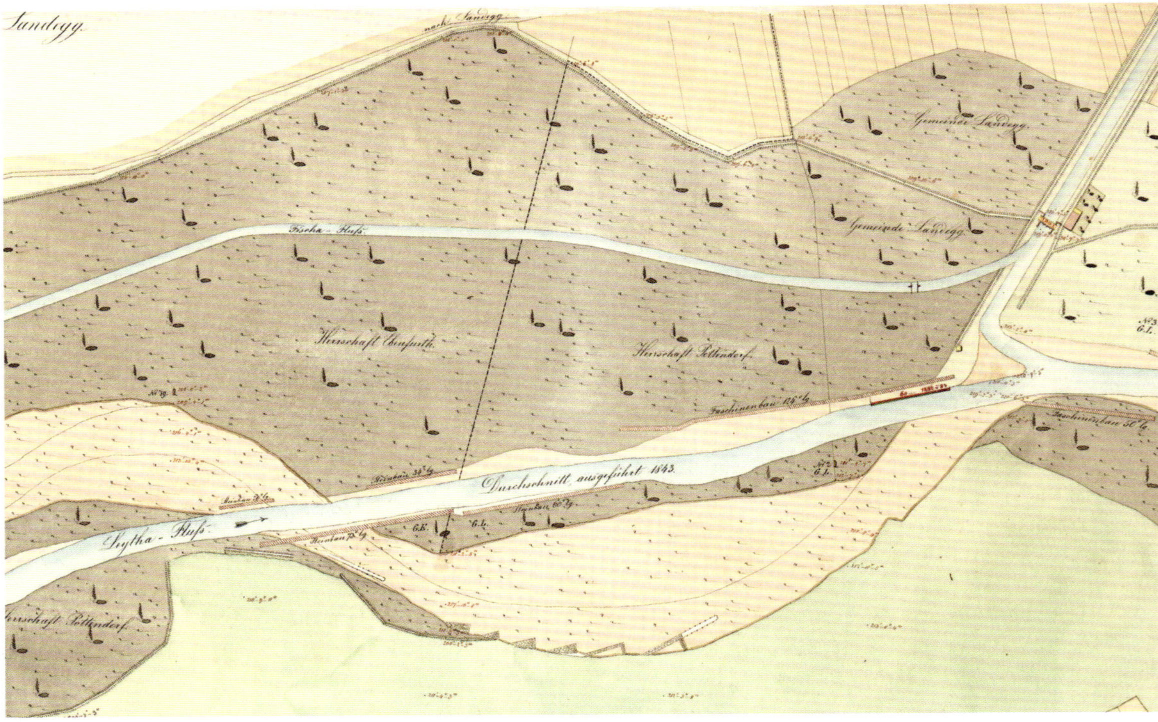

NÖ Landesbibliothek, KL 5379/37

Nach der Herstellung eines durchgängigen Regulierungsprofils flussab von Trautmannsdorf waren die Mäanderbögen funktionslos. Sie wurden in der Folge oft eingeebnet und acker- oder waldbaulich genutzt.

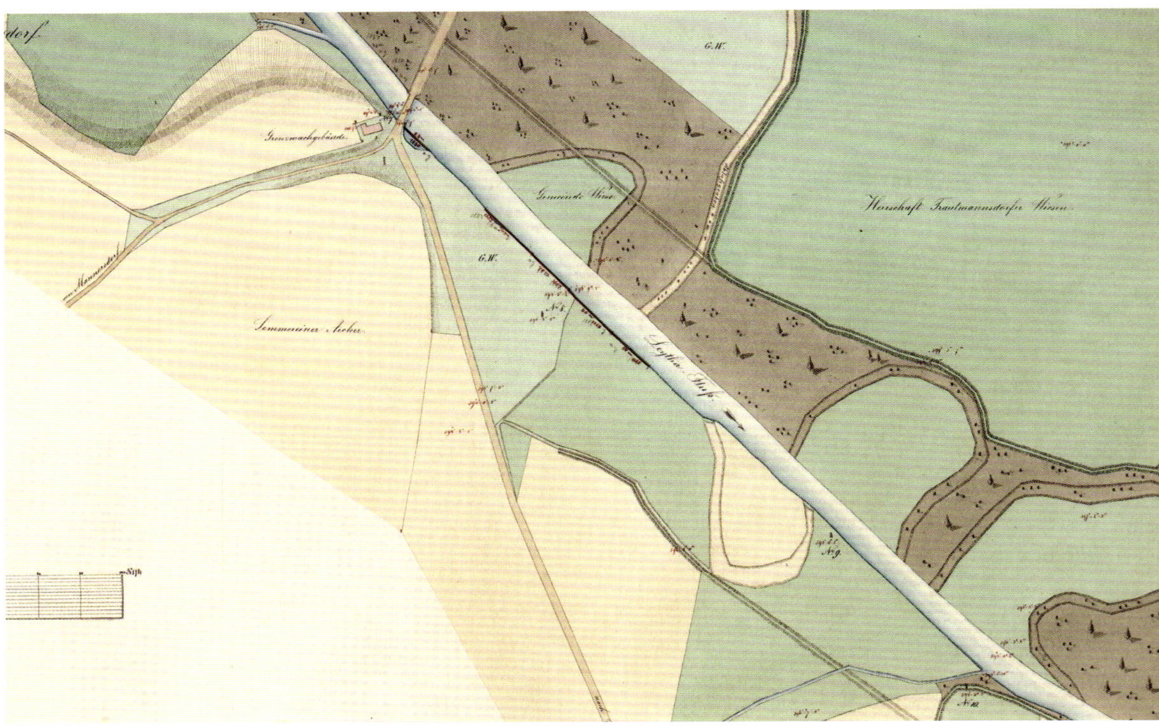

NÖ Landesbibliothek, KL 5379/71

heerungen" an der Leitha. *„Es wurden Dämme durchbrochen, Regulirungsbauten beschädigt, Werkbäche abgerissen, Uferbrüche hervorgerufen und dadurch große Strecken von Culturflächen unter Wasser gelegt und devastirt."*

Bei den weiteren Maßnahmen ging es deshalb neben den Reparaturarbeiten vor allem um die Absicherung der schon geschaffenen Regulierungsbauwerke. *„Die Thätigkeit ... musste sonach vornehmlich dahin gerichtet sein, die Regulirung des Flusses zu stabilisiren und zu diesem Behufe die Ufer des Flusses nach Maßgabe des Erfordernisses durch die Ausführung von Parallelwerken und sonstigen Befestigungsarbeiten zu schützen und auszubilden."* (Stenographische Protokolle des niederösterreichischen Landtages, 1892–1893)

Ziel all dieser Wasserbauprojekte war es, die Abflusskapazität zu erhöhen und dem Fluss Land abzuringen. Zu diesem Zweck wurden zahlreiche Mäander abgeschnitten und begleitende Dämme angelegt. Die Maßnahmen wurden in mehreren Etappen umgesetzt und zeigen eine für die jeweilige Zeit typische Handschrift. Durch diese Maßnahmen erhöhte sich der Hochwasserschutz für die angrenzenden Siedlungen.

Im Anschluss an die Regulierungsprojekte erfolgten großflächige Entwässerungen. 1909 wurde der staatliche Meliorationsfonds eingerichtet, der Drainagen anfangs zu 30 Prozent förderte. Dazu kam eine ebenso hohe Unterstützung aus dem Landesbudget. So wurde 1920 ein besonders umfangreiches Entwässerungsprojekt der Gemeinden Rohrau, Pachfurth und Gerhaus gefördert, das aus 37.271 Metern Grabenregulierungen und 11.308 Hektar Drainagen bestand. Für die Gemeinden Bruck an der Leitha und Wilfleinsdorf waren Entwässerungsgräben mit einer Länge von 13.207 Metern und Drainagen auf einer Fläche von 976 Hektar vorgesehen (Stenographische Protokolle des niederösterreichischen Landtages 1920).

Fruchtbarste Felder

„Der Erfolg der bisherigen Regulierungsarbeit [im Zeitraum 1932-1935 flussab von Gattendorf] *ist ein ganz außerordentlicher. Obzwar die Regulierung selbst in dem bescheidenen Umfange, in welchem sie vorgesehen war, erst zur Hälfte fertig ist, sind Anbauflächen, die sonst den größten Teil des Jahres unter Wasser standen und dadurch vollkommen unproduktiv waren, heute die fruchtbarsten Felder, auf welchen der anspruchsvolle Weizen in üppiger Fülle gedeiht. Das Ausmaß der Flächen, die durch die Regulierung teils gewonnen, teils einer intensiveren Bewirtschaftung zugeführt werden könnten, beträgt 4524 ha, woran Gattendorf mit 646 ha, Zurndorf mit 2058 ha und Nickelsdorf mit 1756 ha beteiligt sind. Durch die Regulierung könnte ferner die schon vorhandene Gefällsstufe an der Leitha in Zurndorf durch ein modernes Wasserkraftwerk voll ausgenützt werden."*

Quelle: Vavrecka 1936

Damit „flossen" in diesem Jahr 37 Prozent der Landesmittel für Entwässerungen in das unmittelbare Umland der Leitha und bewirkten einen starken Landschaftswandel.

Geschichte der Leitha-Wasserverbände

Die Regulierung der Leitha war lange Zeit kaum machbar, da die Dynamik des Flusses die Verbauungen immer wieder unterspülte und in weiterer Folge zerstörte. Selbst für kurze Abschnitte, etwa im Bereich von Brücken oder Wehranlagen, war es nur schwer möglich, den Fluss in geordnete Bahnen zu lenken. Oft übernahmen Einzelpersonen bei der Umsetzung von Regulierungsmaßnahmen eine entscheidende Rolle. So setzte Fürst Esterházy seinen Wasserbauer für die Planungen in Neufeld, Neudörfel und Wimpassing im Jahr 1816 ein und entlastete so die staatlichen Stellen.

Mit zunehmendem technischem Fortschritt im 19. Jahrhunderts entstand der Wunsch

Wasserbaumaßnahmen an der Leitha
Quellen: LIFE-Iris, schr. Mitt. der Wasserverbände

ab 12. Jh.	flussbauliche Maßnahmen im Zusammenhang mit Mühlengründungen wie die Anlage von Mühlbächen und Querwerken zum Aufstau
14.–16. Jh.	Höhepunkt der Mühlengründungen an der Leitha und ihren Zubringern für die Wasserkraftnutzung
18. Jh.	erste Plangrundlagen für Wasserbaumaßnahmen, Lagepläne für Maßnahmen in Ebenfurth u.a. aus 1787
Anf. 19. Jh.	partielle Regulierungen an der Leitha (Durchstiche, Dammanlagen, Uferbefestigungen); z.B. 1815 in Ebenfurth und Neufeld, 1816 in Wampersdorf, 1825 in Deutsch-Brodersdorf bis Seibersdorf
1858–1862	Regulierung der Leitha zwischen Trautmannsdorf und Pachfurth (Gerinnestreckung und Dämme)
1862	Regulierung der Leitha zwischen Pachfurth und Hollern (Laufverkürzung von 8344 auf 5879 Meter)
1863	Gesetz für die Erklärung der Leitha zur Landesangelegenheit, Bildung von Konkurrenzen
um 1865	Errichtung der Hochwasserentlastungskanäle (Komitatskanäle) an der unteren Leitha
1880–1886	bereichsweise Verstärkung der Uferverbauungen zwischen Trautmannsdorf und Gattendorf
ab der 2. Hälfte des 19. Jh.:	zahlreiche auch großräumige Regulierungsmaßnahmen, 1883-1898 Gerinneausbau in Lanzenkirchen
1908	Regulierung der Leitha im Mündungsabschnitt (Mosonmagyaróvár)
1929–1932	Regulierung der Leitha auf ungarischem Gebiet

Staatsgrenze bis Gattendorf (LWV I)

1932-35	Beginn der systematischen Regulierungsmaßnahmen zwischen Gattendorf und Nickelsdorf
1935-37	Gerinneausbau von der Staatsgrenze bis Nickelsdorf
1970	Gerinneausbau im Bereich von Zurndorf
1983	Gerinneausbau im Bereich von Gattendorf
1991	Renaturierung der Leitha in Zurndorf und Errichtung eines Rückhaltebeckens
2010–2012	Dammerhöhung Gattendorf
2023	Renaturierung Altarm Gattendorf

Potzneusiedl bis Seibersdorf/Kotzenmühle (LWV II)

1976	Hochwasserschutz Wasenbruck
1992–1995	Hochwasserschutz Bruckneudorf – Wilfleinsdorf (BA01)
1995–1997	Hochwasserschutz Bruckneudorf – Wilfleinsdorf (BA02)
2009–2010	Hochwasserschutz Trautmannsdorf, Dammsanierung und Erweiterung
2010	Hochwasserschutz Sarasdorf, Dammsanierung und Erweiterung
2012	Sanierung der Schutzdämme Rohrau, Gerhaus, Pachfurth und Hollern
2013	Hochwasserschutz Seibersdorf, Ringdamm Seibersdorf
2015–2021	Einreichprojekt Renaturierungsmaßnahmen LWV II, Projekt umfasst 12 Teilprojekte, wovon 5 Teilprojekte bereits umgesetzt wurden (siehe S. 122)
2015–2017	Hochwasserschutz Deutsch-Haslau
2017–2019	Restrukturierung und Altarmanbindung Seibersdorf
2019–2021	Neubau Wehranlage Kotzenmühle und Dotation der Restwasserstrecke

Seibersdorf/Kotzenmühle bis Ebenfurth (LWV III)

1978–1979	Hochwasserschutz Deutsch-Brodersdorf und Leithaprodersdorf, Sofortmaßnahmen nach Dammbruch
1980–1981	Hochwasserschutz im Zuge der Errichtung der Autobahnquerung (A3 Landegg)
1986	Hochwasserschutz Wimpassing (Wampersdorf und gegenüber von Landegg)
1990	Hochwasserschutz Wampersdorf
1990	Hochwasserschutz Leithaprodersdorf
1990	Hochwasserschutz Deutsch-Brodersdorf und Leithaprodersdorf, weitere Maßnahmen außerhalb Siedlungen
2002–2005	Hochwasserschutz Deutsch-Brodersdorf und Leithaprodersdorf, Damm Wampersdorf
2003–2010	Hochwasserschutz Leithaprodersdorf und Deutsch-Brodersdorf, Fkm 65,113–67,043
2017–2018	Hochwasserschutz rechtsufrig unterhalb Leithaprodersdorf
2017–2018	Hochwasserschutz Ebenfurth und Neufeld an der Leitha, Fkm 97,0–100,0
2017–2018	Hochwasserschutz KG Landegg (Marktgemeinde Pottendorf), Fkm 94,0–95,6
2018–2019	Deutsch-Brodersdorf Leitha, Fkm 82,0–83,73, Biberschutzmaßnahmen an bestehenden Dämmen, Umgestaltung linker Damm von Kläranalage bis Primärdamm
in Planung	Hochwasserschutz Untereggendorf, Verbesserung des Hochwasserschutzes für Ebenfurth durch Verminderung der Hochwasserspitzen des Leitha-Fischa-Werkskanals

Zillingdorf bis Lanzenkirchen (LWV IV)

1978–1987	Errichtung des Rückhaltebeckens Lichtenwörth
1994–2003	Errichtung des Rückhaltebeckens Katzelsdorf
2010	Hochwasserschutz Wiener Neustadt, Leithakoloniestraße, Dammsanierung
2017–2019	Hochwasserschutz Lanzenkirchen

ONB, Marienau 1826

Nach Umsetzung der Regulierungs- und Entwässerungsmaßnahmen entstand auf ungarischem Gebiet das Mustergut Marienau.

nach einer dauerhaften Bändigung des Flusses, seiner Hochwasser und seiner Dynamik. Dies war im Wesentlichen auch die Geburtsstunde der ersten Konkurrenzen für Flussregulierungen.

Da es an der Leitha zunächst keine übergeordnete Institution für die Erhaltung der Regulierungsbauwerke gab, übernahmen meist die jeweiligen Gemeinden eine tragende Rolle. Vergleichsweise einfach war die Lage, wenn die Regulierungsmaßnahme nur eine Gemeinde betraf. Kompliziert wurde es, wenn mehrere Gemeinden beteiligt waren, da sie zur Erhaltung der Bauwerke im jeweiligen Gemeindegebiet verpflichtet wurden und dabei oft unterschiedliche Interessen verfolgten. Man kann sich ausmalen, dass die unkoordinierte Vorgangsweise zu Problemen führte, insbesondere dann, wenn eine Gemeinde ihrer Aufgabe nicht oder nur ungenügend nachkam. Es liegt in der Natur der Dinge, dass ein übergeordnetes Gremium für die Erhaltung besser geeignet ist als ein loser Zusammenschluss von Gemeinden, die die jeweilige Verantwortlichkeit im Zweifelsfall kleinreden. Für die Analyse der Geschichte der Wasserverbände ist eine abschnittsweise Betrachtung sinnvoll.

Für den Abschnitt oberhalb von Trautmannsdorf erwähnen die Stenographischen Protokolle des niederösterreichischen Landtages (1863) eine Konkurrenz, die damals schon existiert hatte. Ihr Gründungsjahr ist unbekannt. Erwähnt wird, dass die *„Concurrenzverhältnisse der Leitharegulirung von Trautmannsdorf aufwärts vorläufig aufrecht bleiben und durch das gegenwärtige Gesetz keine Aenderung erfahren."* Der Umstand, dass die Gemeinden eine Konkurrenz gegründet hatten und damit eine unkündbare

Entwicklung der Leitha-Konkurrenzen

Ab der Mitte des 19. Jahrhunderts wurden Regulierungsmaßnahmen erstmals im größeren Stil gefördert. Rechtsgrundlage war die Wasserbaunormale von 1830 und weitere Ausführungsbestimmungen. Von Bedeutung für die Förderhöhe war die Frage, ob ein Gewässer nach den Kriterien des Wasserrechtes als Grenzfluss zu werten war. In diesem Fall übernahm der Staat die gesamten Kosten für den Wasserbau. Im Punkt 4 des Hofkanzleidekrets vom 10. November 1830 steht: *„Wasserbauten für reine Staatszwecke sind ausschließend auf Kosten des Staatsärariums zu vollziehen. Dahin gehören insbesondere alle Wasserbauten, welche ausschließend auf den Zweck der Befahrung der Flüsse mit Schiffen oder Flössen, oder bei Grenzflüssen gegen das Ausland oder Ungarn auf die Versicherung der Ufer als Staatsterritorium gerichtet sind."*

Doch bei der Beantwortung der Frage, ob das Kriterium „Grenzfluss" für die Leitha zutrifft, war auch Willkür im Spiel. Die Regulierungsmaßnahmen im oberen Abschnitt bis Trautmannsdorf wurden etwa zu 50 Prozent gefördert, die Strecke unterhalb davon deutlich höher. Die Höhe der Förderung hatte wesentlichen Einfluss auf die Entwicklung von Pflegeverbänden.

Der Bereich flussauf von Trautmannsdorf bildete seit 1863 eine Konkurrenzstrecke. Die technische Leitung lag beim Landesingenieur von Wiener-Neustadt, dem der Flussinspizient von Pottendorf zur Seite stand. Der jährliche Aufwand betrug 8000 Gulden, die zur Hälfte vom Ärar finanziert wurden (Stenographische Protokolle des niederösterreichischen Landtages 1866). Der Landesausschuss übernahm die Leitung, da der Abschnitt wesentlichen Einfluss auf die Regulierungsbauwerke in den unteren Strecken hatte.

Die Mitglieder der Konkurrenz waren einige Jahre später mit der geringen Beteiligung des Staates unzufrieden und pochten auf eine gänzliche Übernahme der Kosten. Das ging so weit, dass im niederösterreichischen Landtag über die Auflösung der Leitha-Konkurrenz diskutiert wurde. Der Abgeordnete Franz Pirko, Vertreter des Großgrundbesitzes, äußerte 1909 sich wie folgt:
„Ich bin im allgemeinen kein Freund davon, daß man Concurrenzen auflöst und gesetzliche Verpflichtungen, welche die Gemeinden oder sonst wer eingegangen sind, einfach aus der Welt schafft. Nun kann allerdings bei der Leitha insofern eine Ausnahme gemacht werden, als sich die Leithakonkurrenz auf die Strecke Lanzenkirchen–Trauttmansdorf, welche 50 Kilometer lang ist, beschränkt und mit einem Hofdekret aus dem Jahre 1830 geschaffen wurde. Da damals die Verhältnsse ganz andere gewesen sind und da inzwischen jenes Gesetz in Kraft trat, welches den Staat verpflichtet, Grenzflüsse auf eigene Kosten zu regulieren, so ist es begreiflich, daß die Leitha in der Beziehung eine Ausnahme machen kann. Es ist damals mit diesem Hofdekrete fixiert worden, daß für die Leitharegulierung jährlich nur 16.000 fl. [Gulden] *verausgabt werden dürfen. Von diesen sollen 50 Prozent der Staat ... und 50 Prozent die Gemeinden tragen. Wenn man bedenkt, daß die Strecke 50 Kilometer lang ist und nur 16.000 fl. verwendet werden können, so ist die Wirkung begreiflich, daß dieser Betrag unzulänglich ist und nichts Durchgreifendes geschaffen werden kann.*

Zuerst war der Staat mit der Administration betraut, seit dem Jahre 1864 ist es das Land. Das Land kann natürlich auch nicht Wunder schaffen. Es konnte nur, nachdem die Gemeinden ihren Verpflichtungen nicht nachkommen konnten, das eine tun, daß es im Dezennium 1897 bis 1907 43.000 K [Kronen; 1 Gulden = 2 Kronen] *ausgegeben hat, damit die Gemeinden in die Lage gekommen sind, die Schäden, welche erwachsen sind und zu deren Beseitigung sie verpflichtet wären, auch wirklich beseitigen zu können.*

Im Jahre 1907 allein sind Schäden in der Höhe von zirka 80.000 K erwachsen. Davon schulden die Gemeinden jetzt noch 28.000 K, weil sie einfach nicht imstande sind, den Betrag aufzubringen ... Es wäre außerordentlich erwünscht, wenn die Leithakonkurrenz aufgelöst werden könnte und wenn der Staat, dem die Flußregulierungen zukommen, die Regulierung vornehmen würde. Ich habe also nichts dagegen, daß der hohe Landtag die Resolution annimmt, daß der Landesausschuß sich bemühe, in diesem Sinne bei der hohen Regierung vorstellig zu werden."

Die Resolution wurde 1910 verabschiedet. Verhandlungen mit dem k.k. Ministerium für öffentliche Arbeiten folgten. Dieses lehnte aber die Einbeziehung der Leitha als Reichsgrenzfluss ab und verwies auf Möglichkeiten einer Neugestaltung der Förderungen im Wege der Landesgesetzgebung (Sten. Protokolle des niederösterreichischen Landtages 1912).

Erhaltungspflicht auf sich nahmen, wog schwer. Für Grenzflüsse sah das damals geltende Wasserrecht nämlich eine gänzliche Übernahme der Kosten durch den Staat vor. Im Falle der Leitha beteiligte sich der Staat hingegen nur zu etwa 50 Prozent an den Erhaltungskosten. Die Unzufriedenheit der Gemeinden über diesen Umstand führte schließlich dazu, dass der niederösterreichische Landtag im Jahr 1909 einen Antrag zur Auflösung der Leitha-Konkurrenz absegnete und weitere Gespräche mit der Regierung forderte. Ziel war die finanzielle Entlastung der betroffenen Gemeinden (siehe Kasten S. 120).

Für den Abschnitt unterhalb von Trautmannsdorf bis Pachfurth wurde die Regulierung der Leitha durch das Gesetz aus dem Jahr 1863 zur Landesangelegenheit erklärt. Die Kosten der Regulierung und der Erhaltung wurden zu zwei Dritteln vom Landesfonds und zu einem Drittel von der Konkurrenz übernommen. Schloss Prugg und die Gutsinhabung Rohrau versuchten ihre Beiträge zur Konkurrenz zu vermindern und beschritten den Rechtsweg. Im Falle eines Ausfalls ihrer Zahlungen sah das Gesetz eine Kostenübernahme durch den Landesfonds vor. Unmittelbar nach der Fertigstellung dieses Abschnitts erfolgte auch die Regulierung zwischen Pachfurh und Hollern.

Im Abschnitt zwischen Gattendorf und Nickelsdorf wurden größere Regulierungsmaßnahmen erst im 20. Jahrhundert umgesetzt.

Aufgaben und räumliche Gliederung der Wasserverbände

Die Notwendigkeit, beim Bau und bei der Erhaltung von Regulierungsbauwerken über die Bezirks- und Gemeindegrenzen hinweg zusammenzuarbeiten, ist evident, nicht zuletzt aus Gründen der höheren Effizienz. Auch aus ökologischer Sicht ist es naheliegend, großräumig zu denken, denn ein Fluss ist in seiner Gesamtheit zu begreifen. Lokal begrenzte Eingriffe haben oft Auswirkungen

BWBV Burgenland

Regulierungsmaßnahmen in Zurndorf

auf das gesamte Flusssystem, man denke an den Geschiebehaushalt oder an biologische Austauschvorgänge.

Auslösender Faktor für die Bildung der Leitha-Wasserverbände war das Hochwasser im Jahre 1965. In der Folge wurde für die gesamte Leitha ein generelles Projekt erstellt. Für die verwaltungstechnische Betreuung der einzelnen Baumaßnahmen wurden im Jahr 1968 vier Leitha-Wasserverbände gegründet (STALZER 1988).

Die Leitha hat auf österreichischem Gebiet eine Flusslänge von 102,4 Kilometern. Aufgrund der räumlichen Dimension werden die Erhaltungsarbeiten in diesem Bereich heute durch insgesamt vier Wasserverbände wahrgenommen, die folgende Abschnitte bearbeiten:

• Leitha-Wasserverband I: Staatsgrenze bis Gattendorf (Fkm 18,6–33,5)
• Leitha-Wasserverband II: Potzneusiedl bis Seibersdorf/Kotzenmühle (Fkm 33,5–79,3)
• Leitha-Wasserverband III: Seibersdorf/ Kotzenmühle bis Ebenfurth (Fkm 79,3–101,7)
• Leitha-Wasserverband IV: Zillingdorf bis Lanzenkirchen (Fkm 101,7–121,0)

Die Wasserverbände Leitha I und Leitha III fallen in den Zuständigkeitsbereich des Burgenlands, für die Wasserverbände Leitha II und Leitha IV ist das Land Niederösterreich zuständig.

Nach dem Wasserbautenförderungsgesetz ist die Leitha zur Gänze als Bundesfluss zu werten. Dieser Umstand bewirkt eine finanzielle Entlastung für die in den Leitha-Wasserverbänden zusammengeschlossenen Gemeinden, da der Bund die Kosten der Bau- und Erhaltungsmaßnahmen fast zur Gänze trägt. Die Aufgaben der Leitha-Wasserverbände sind die Erhaltung der Leitha, die Sicherung der Ufer und die Durchführung aller Maßnahmen zur schadlosen Abfuhr der Hochwässer sowie die Erhaltung der ausgeführten Bauwerke und Anlagen. Bei der Umsetzung der Maßnahmen sind die Ziele der EU Wasserrahmen-Richtlinie (WR-RL) und des Nationalen Gewässerbewirtschaftungsplans (NGP) zu berücksichtigen.

Maßnahmen in jüngerer Zeit

Die Umsetzung systematischer Regulierungsmaßnahmen Ende des 19. und Anfang des 20. Jahrhunderts prägt noch immer das Bild der heutigen Flusslandschaft, da die Linienführung und die Abflussquerschnitte damals weitgehend festgelegt wurden. Heute beschränken sich die wasserbaulichen Maßnahmen im Wesentlichen auf die Erhaltung der Regulierungsbauwerke und die Verbesserung des Hochwasserschutzes für die Ortschaften.

So wurden während der beiden vergangenen Jahrzehnte zahlreiche Hochwasserschutzprojekte umgesetzt, die für den Siedlungsraum einen Schutz bis zum HQ100 bewirken. Doch nicht alle Zubringer sind für ein hundertjährliches Ereignis ausgelegt. So weist der Leitha-Fischa-Werkskanal im Bereich der Stadt Ebenfurth noch nicht den gewünschten Ausbaugrad auf.

In jüngerer Zeit wurden die Vorhaben zur Verbesserung des Hochwasserschutzes oft mit gewässerökologischen Maßnahmen kombiniert. So wurde beispielsweise im Leitha-Wasserverband I 1991 ein längerer Flussabschnitt in Zurndorf renaturiert und zur Verbesserung der Retention wurde ein Hochwasser-Rückhaltebecken errichtet. 2023 folgte eine Altarmanbindung in Gattendorf. Für den Zuständigkeitsbereich des Leitha-Wasserverbandes II liegt ein umfangreiches Konzept für Renaturierungsmaßnahmen vor, das insgesamt zwölf Teilprojekte umfasst. Bereits umgesetzt wurden:

- Uferabflachung und Strukturierung Schönabrunn (Teilprojekt 2, Fkm 43,03–42,96) in der Gemeinde Prellenkirchen

- Rohrluss/Gemeindeweide (Teilprojekt 3, Fkm 45,1–46,3) in den Gemeinden Rohrau und Parndorf

- Uferabflachung und Strukturierung Rohrau (Teilprojekt 4, Fkm 47,0–47,1) in der Gemeinde Rohrau

- Ablassschlinge Rohrau (Teilprojekt 6, Fkm 47,68–48,21) in den Gemeinden Rohrau und Parndorf

- Auwaldanbindung Seibersdorf durch Versetzung des Primärdammes (Teilprojekt 12) Weitere Renaturierungsmaßnahmen im Zusammenhang mit dem LIFE-Projekt IRIS finden sich auf Seite 154.

Landessammlungen Niederösterreich, Anton Romako 1850

Die Schwarza und die obere Leitha waren von ausgedehnten Kies- und Sandbänken begleitet. Ein Gemälde von Anton Romako um 1850 zeigt den Wildflusscharakter der unteren Schwarza.

7 Veränderungen der Flusslandschaft

Der Mensch griff über die Jahrhunderte gestaltend in die Flusslandschaften von Schwarza und Leitha ein, indem er die Energie nutzte und das Gerinne in ein enges Korsett zwängte. Von Zeit zu Zeit zerstörten Hochwasser das mühsam Geschaffene. Was für den Menschen eine Katastrophe war, bedeutete für die Natur einen Neubeginn oder zumindest einen Reinigungsprozess, der in der Folge ungestörte Entwicklungen ermöglichte.

Erfolgten die ersten Verbauungen vor allem im Zusammenhang mit der Nutzung der Wasserkraft und der Wasserentnahme, so standen bei den wasserbaulichen Eingriffen ab dem Ende des 18. Jahrhunderts ein verbesserter Hochwasserschutz und der schrittweise Ausbau der Wasserkraftnutzungen im Vordergrund.

Betrachtet man die natürliche Morphologie der Schwarza und der Leitha, lassen sich folgende Abschnitte unterscheiden:

- **Gestreckter Lauf**
  weite Teile des Schwarza-Oberlaufs und des Höllentals
- **Verzweigter bis gewundener Lauf**
  Schwarza unterhalb des Höllentals bis zur Pitten-Mündung sowie der anschließende Leitha-Abschnitt bis Eggendorf
- **Mäandrierender Lauf**
  Leitha flussab von Eggendorf

Der folgende Abschnitt beschreibt die Flusscharakteristik und wie sich die Morphologie infolge der wasserbaulichen Maßnahmen und Kraftwerkserrichtungen verändert hat. Um die Dimension dieser Veränderungen greifbar zu machen, wenden wir uns zunächst der unbeeinflussten Wildflusslandschaft zu.

7.1 Charakteristik der Wildflusslandschaft

An der Schwarza und der an sie anschließenden Leitha gibt es heute nur noch kurze Abschnitte mit natürlicher Umlagerungsdynamik (Wildflusscharakter). So findet sich an der Schwarza zwischen Schwarzau und Bad Erlach ein weit verzweigtes Gerinne mit Haupt-, Neben- und Altarmen, großflächigen Schotterfeldern und daran angrenzenden Auwäldern. Abgesehen von massiven Wasserentnahmen erscheint die Morphologie dieses Abschnitts noch weitgehend naturnah. Ähnlich war das Flussbett wohl auch an der oberen Leitha. Mit der Umsetzung harter Regulierungsmaßnahmen wurde der Lauf aber gebändigt und auf ein schmales Gerinne ein-

Großflächige Kiesbänke gibt es heute noch am Unterlauf der Schwarza bei Schwarzau (Bild) und an der Leitha flussab von Landegg.

H. Wiesbauer (2x)

Nur an wenigen Tagen führt der Unterlauf der Schwarza Wasser und durchzieht die Kieslandschaft mit unzähligen Armen.

geengt. Naturnahe Abschnitte gibt es hier erst am Übergang von der oberen zur mittleren Leitha im Bereich zwischen Ebenfurth und Wampersdorf. Das Flussbett mäandriert dort in weiten Bögen und bildet bei höheren Abflüssen stetig die Ufer um. Der folgende Abschnitt geht auf Wildflusslandschaften mit verzweigter Gerinnemorphologie näher ein.

Alpenflüsse verlagern große Geschiebemengen, da sie den Verwitterungsschutt aus dem Gebirgsraum abtransportieren. Um die grobkörnigen Sedimente zu bewegen, sind hohe Schleppkräfte notwendig, wie sie etwa bei Hochwasser herrschen. Während das Geschiebe im gestreckten und eingeengten Gerinne rasch weitertransportiert wird, speichern natürliche Aufweitungsstrecken zumindest zeitweise Sediment. Die Haupt- und Nebenarme des Flussbetts werden bei höheren Abflüssen immer wieder umgebildet. So können neue Flussarme entstehen, während alte verlanden. Nach Abklingen des Hochwassers bleibt eine veränderte Landschaft mit ausgedehnten Pionierstandorten zurück.

Ein prägendes Merkmal dynamischer Flusslandschaften bilden großflächige Pionierstandorte. Hier werden die pflanzliche Sukzession und die Bodenentwicklung laufend unterbrochen und in ein jüngeres Stadium zurückversetzt. Im Gegensatz dazu können in höher gelegenen, selten überfluteten Bereichen die Bodenentwicklung und Auensukzession über längere Zeiträume ungehindert fortschreiten.

Wildflusslandschaften sind dynamische Lebensräume, in denen sich die Umweltbedingungen rasch ändern können. Hochwasser setzen die Au zwar immer wieder großflächig unter Wasser, doch schon kurze Zeit später kann auf Kiesstandorten Trockenheit vorherrschen, da das grobkörnige Sediment nur wenig Wasser speichert. Die meisten Charakterpflanzen der Kiesbänke wie die Deutsche Tamariske (*Myricaria germanica*), die Lavendel-Weide (*Salix eleagnos*) oder das Steintäschel (*Aethionema saxatile*) sind an

H. Wiesbauer (2x)

Die Deutsche Tamariske (Myricaria germanica) war an der Schwarza und der Leitha in Abschnitten mit Wildflusscharakter verbreitet. Der letzte dokumenterte Nachweis liegt fast hundert Jahre zurück (l.).

Der Grund für das Verschwinden dieser Pflanze sind die hydrologischen Veränderungen (r.).

Die Deutsche Tamariske, eine an der Schwarza und der oberen Leitha ausgestorbene Pflanzenart

Die Deutsche Tamariske (*Myricaria germanica*) ist eine Charakterart der Wildflusslandschaft. Sie besiedelt hier als Pioniergehölz periodisch überflutete Kies- und Sandbänke (Hegi 1925, Kämmerer 2003). Durch ihre lange Blüh- und Fruchtphase, die Wind- und Wasserausbreitung ihrer Früchte, die schnelle Keimfähigkeit und durch ihr hohes vegetatives Regenerationsvermögen ist sie gut an den hochdynamischen Lebensraum von Fließgewässern in Bergregionen angepasst (Kudrnovsky 2013b).

Früher war die Deutsche Tamariske an der Donau und ihren Zubringern im Alpenvorland weit verbreitet. Heute kommt sie in Österreich nur mehr an wenigen Standorten vor. Größere Bestände gibt es noch am Lech und an der Isel samt ihren Zubringern (Kudrnovsky 2007, Egger & al. 2010).

Erloschen sind hingegen die Bestände an allen niederösterreichischen Standorten. Janchen (1977) erwähnt neben der Donau die Flüsse Enns, Ybbs, Traisen, Schwechat, Steinapiesting, Schwarza und Leitha. So war die Deutsche Tamariske nach Neilreich (1859) im 19. Jahrhundert sowohl an der Schwarza als auch an der Leitha weit verbreitet. Seinen Angaben zufolge war sie *„gemein im Sande der Schwarza und der Leitha sowie längs der Eisenbahn zwischen Gloggnitz und Neustadt"*. Halácsy (1896) erwähnt die Art noch zusätzlich an der Pitten. Ein Vorkommen am Zusammenfluss von Schwarza und Pitten beschreibt Janchen (1977) noch für das 20. Jahrhundert. Zudem gibt es am Botanischen Institut der Universität Wien einen Herbarbeleg von Haderswörth bei Lanzenkirchen [Huber H., 1925] und einen weiteren im Naturhistorischen Museum Wien vom Preiner Bach zwischen Reichenau und Prein [Fenzl, o.D.]. Damit besiedelte die Deutsche Tamariske im Einzugsgebiet der Schwarza und Leitha einen Höhenbereich zwischen 300 und 560 Metern.

Die Deutsche Tamariske kann sich als Pionierart wegen fehlender Flussdynamik und der Grundwasserabsenkung nicht mehr verjüngen (Müller & al. 1992). Sie wird auf Schotterbänken, die von eutrophen Feinsedimenten bedeckt sind, von anderen Pflanzen verdrängt (Mucina & al. 1993b).

Ursache für den nahezu vollständigen Verlust geeigneter Lebensräume ist die veränderte Flussmorphologie als Folge von Regulierungsmaßnahmen und Kraftwerkserrichtungen (Kudrnovsky & Stöhr 2013). Neben Uferverbauungen schränken auch ingenieurbiologische Sicherungsmaßnahmen mit Weiden und Erlen den Lebensraum der konkurrenzschwachen Tamariske ein (Wittmann & Rücker 2006).

Myricaria germanica ist eng an frühe Sukzessionsstadien von Wildflusslandschaften gebunden, sie benötigt offene Standorte wie natürliche Aufweitungs- und Umlagerungsstrecken, die durch die Geschiebedynamik frei von konkurrenzstärkeren Pflanzen bleiben. Entscheidende Faktoren sind häufige Sedimentumlagerungen und ausgedehnte Pionierflächen. Bleiben die natürlichen Störungen aus, geht die Sukzession in Richtung Auwald und die Tamariske wird von höherwüchsigen Bäumen und Sträuchern verdrängt (Egger & al. 2010). Die typischen Standorte der Tamariske werden zwar häufig überflutet, aufgrund der schlechten Wasserhaltekapazität der kiesig-sandigen Sedimente können die Böden aber oberflächlich rasch austrocknen.

Die Bestände der Deutschen Tamariske sind nicht nur in Österreich, sondern europaweit stark zurückgegangen. Die aktuelle Rote Liste gefährdeter Pflanzen Österreichs (Schratt-Ehrendorfer & al. 2022) stuft sie als „vom Aussterben bedroht" ein. Aktuelle Vorkommen gibt es nur mehr in Tirol, Kärnten und der Steiermark.

Nach Müller (1995) zählt auch das Steintäschel (*Aethionema saxatile*) zu den charakteristischen Wildflussspezialisten. Im 19. Jahrhundert beschreiben Neilreich (1859) und Halácsy (1896) das Vorkommen dieser Art an der Schwarza bei Neunkirchen. Nach Janchen (1977) ist das Steintäschel zudem im Höllental bei Reichenau verbreitet. Buchner (1987) fand die Art an der Aufweitungsstrecke zwischen Schwarzau und Erlach.

rasch wechselnde Umweltbedingungen und die Sedimentumlagerungen angepasst (vgl. Kasten Seite 125).

Wie der Vergleich der Gerinnemorphologie anhand historischer Flusskarten mit aktuellen Luftbildern belegt, haben natürliche Umlagerungsstrecken an der Schwarza und der Leitha stark abgenommen und sind heute nur noch kleinräumig vorhanden. Zu den Ursachen zählen großräumige Regulierungsmaßnahmen sowie die Änderung des Feststoffhaushaltes und der Hydrologie.

Wenn sich das Flussbett der Schwarza bei höheren Abflüssen mit Wasser füllt und die zahlreichen Neben- und Seitenarme zur Geltung kommen, fühlt man sich an den Tagliamento oder an den Lech versetzt. Doch schon kurze Zeit später kann sich die Flusslandschaft in eine Schotterwüste bzw. ein Wadi verwandeln. Der großflächige bzw. lange andauernde Verlust von Gewässerstrukturen (vgl. Seite 76 ff.) infolge von Versickerungen und Triebwasserentnahmen setzt vielen Tieren und Pflanzen stark zu bzw. unterbindet eine dauerhafte Ansiedlung.

Wildflusslandschaften mit ihrer hochspezialisierten Tier- und Pflanzenwelt sind bundesweit extrem bedroht. Die Rote Liste der Waldbiotoptypen Österreichs (Essl & al. 2002) führt das ursprünglich an der Schwarza ausgebildete Weiden-Tamarisken-Gebüsch in der Gefährdungskategorie 1 (von vollständiger Vernichtung bedroht). Auch europaweit sind die typischen Lebensräume der Wildflusslandschaften stark bedroht, was dazu geführt hat, dass sie von der EU in den Anhang I der Fauna-Flora-Habitat-Richtlinie aufgenommen wurden und europaweit geschützt sind.

Auf den folgenden Seiten werden einige Charakterarten der Wildflusslandschaften vorgestellt. Es handelt sich dabei um sogenannte Schirmarten, die für eine Vielzahl bedrohter Tiere und Pflanzen stehen.

Wassergebundene Vögel

Die hydrologisch veränderten Abschnitte der Schwarza und Leitha sind für wassergebundene Vögel als Lebensraum nicht oder nur eingeschränkt geeignet. Gelegentliche Brutversuche von Flussregenpfeifer und Flussuferläufer scheitern meist, da das Wasser während der Brut zur Gänze versiegt oder im Falle eines Hochwassers die Gelege zerstört. Dazu kommt noch ein starker Besucherdruck durch Erholungssuchende.

Hingegen könnten die naturnahen Strecken der Schwarza und Leitha – im Falle einer permanenten Wasserführung – für Kiesbankbrüter ein hohes Potenzial entwickeln.

Zu den wassergebundenen Vögeln der Schwarza und Leitha zählen u.a. (P. Buchner und J. Heissenberger, mündliche Mitteilung):

Flussregenpfeifer: fallweise Bruten auf den unbewachsenen Kiesbänken der Schwarza und Leitha
Flussuferläufer: nur sehr selten Bruten auf den Kiesbänken der Schwarza und Leitha (Beobachtung eines Brutversuchs bei Katzelsdorf durch P. Buchner)
Wasseramsel: häufiger Brutvogel am Oberlauf der Schwarza und im Höllental, kleineres Vorkommen im Bereich des Peischinger Wehrs
Eisvogel: günstige Nisthabitate an unverbauten Mäanderstrecken der Leitha, ungünstige Lebensraumbedingungen hingegen an Ausleitungsstrecken und Rückstaubereichen
Gänsesäger: Brutvogel an der Pitten und gelegentlich auch an den Fließstrecken der Leitha
Gebirgsstelze: kommt mit den hydrologischen Veränderungen eher zurecht als andere wassergebundene Vogelarten, an der Schwarza und Leitha ein vergleichsweise häufiger Brutvogel
Stockente: als anspruchslose Art an stehenden und langsam fließenden Abschnitten weit verbreitet
Teichhuhn: im Stauraum Peisching Brutverdacht

Als Nahrungsgäste treten der Kormoran, der Graureiher, der Silberreiher und gelegentlich der Schwarzstorch auf. Beim Vogelzug oder als Wintergast konnten zudem Waldwasserläufer, Zwergschnepfe, Pfeifente, Krickente und Zwergtaucher beobachtet werden.

Die Leitha-Niederung flussab von Gattendorf ist eines der bedeutendsten Rastgebiete für Limikolen in Ostösterreich abseits des Neusiedler-Sees und des Seewinkels.

H. Wiesbauer

Der Flussregenpfeifer benötigt offene Kiesbänke als Brutplatz.

G. Rotheneder

Die Wasseramsel ist an rasch fließenden Strecken der Schwarza und Pitten anzutreffen.

Ausgewählte Insekten der Wildflusslandschaft

Auf den Sand- und Kiesbänken der Wildflüsse gibt es viele hochspezialisierte Insekten. Die meisten Spezies verfügen über Mechanismen, die es ihnen erlauben, bei Überflutungen im Substrat zu überleben, rechtzeitig zu fliehen oder nach Überschwemmung den dann wieder verfügbaren Lebensraum aus benachbarten Populationen rasch neu zu besiedeln. So ist beispielsweise ein hoher Anteil der Laufkäfer und Kurzflügler flugfähig und kann bei Hochwasser zwischenzeitlich auf andere Bereiche ausweichen.

Aus der Ordnung der Käfer weisen insbesondere die Laufkäfer (Carabidae) und Kurzflügler (Staphylinidae) einen besonders großen Artenreichtum auf. Dreht man einen Stein oder ein Schwemmholz um, so flüchten meist zahlreiche Käfer zum nächsten Versteck. Im Gegensatz dazu verhalten sich Sandlaufkäfer wesentlich auffälliger, da sie nicht im Verborgenen leben oder nachtaktiv sind, sondern auf den offenen Sand- und Kiesflächen tagsüber der Jagd nachgehen. Der Braune Sandlaufkäfer (*Cicindela hybrida hybrida*) wird etwa elf bis 16 Millimeter lang und hat eine relativ variable Körperfärbung. Er bewohnt sandige und kiesige Ufer im Bereich der Fließgewässer, aber auch Trockenstandorte sowie sekundäre Lebensräume wie Sand- und Kiesgruben. Die Imagines und Larven ernähren sich von Insekten und Spinnen. Die Larven leben in selbst gegrabenen, bis zu 50 Zentimeter langen Röhren.

Offene Sandflächen und Steilwände werden auch von zahlreichen Wildbienen genutzt, die hier ihre Nester anlegen. Eine große Zahl an Nestern an häufig überfluteten Standorten deutet darauf hin, dass es sich um eine überschwemmungsresistente Art handeln könnte. Im Fall der Rotbauch-Sandbiene (*Andrena ventralis)* sowie einiger anderer Arten konnte dies auch anhand von Schlupfversuchen belegt werden.

Von den offenen Substratflächen profitieren zudem einige anspruchsvolle Heuschreckenarten, so etwa die Blauflügelige Sandschrecke (*Sphingonotus caerulans*).

H. Wiesbauer (3x)

Der Braune Sandlaufkäfer (Cicindela hybrida) ist an den unverbauten Ufern häufig anzutreffen (l.).

Wesentlich seltener ist der Wiener Sandlaufkäfer (Cylindera arenaria viennensis) (M.).

Die räuberische Larve des Wiener Sandlaufkäfers lauert am Ausgang senkrechter Höhlen auf Beute (r.).

Die Große Weiden-Sandbiene (Andrena vaga) ist in den Augebieten weit verbreitet (l.).

Die Frühe Lockensandbiene (Andrena praecox) nutzt ebenso wie die beiden anderen Sandbienen Weidenarten (M.).

Die Auen Lockensandbiene (Andrena mitis) zählt zu den seltenen Arten der Flusslandschaft. Sie konnte an der Leitha nachgewiesen werden (r.).

Beim Flug zeigt die Blauflügelige Ödlandschrecke (Oedipoda caerulescens) kurzzeitig ihre Flügel (l.).

Die Blauflügelige Sandschrecke (Sphingonotus caerulans) findet in den unverbauten Abschnitten der Schwarza noch geeignete Lebensräume (r.).

H. Wiesbauer (5x)

Ausgewählte Spinnen der Wildflusslandschaft

Zu den charakteristischen Spinnen dynamischer Flusslandschaften zählt die Flussuferwolfspinne (*Arctosa cinerea*). Mit einer Körperlänge des Männchens von zwölf bis 14 Millimetern und des Weibchens von 14 bis 17 Millimetern gehört sie zu den größten einheimischen Vertretern der Familie der Wolfspinnen (Bellmann 1997). Durch ihre sandfarbene graubraune bis hellbeige Grundfärbung und ihre kontrastreiche Hell-Dunkel-Zeichnung sind die am Boden lebenden Tiere in Ruhestellung auf dem sandig-kiesigen Untergrund kaum zu erkennen. Die Flussuferwolfspinne hält sich die meiste Zeit über in der Wohnröhre auf, die sie für ihre Beutezüge verlässt. Die finger- bis daumendicken, etwa zehn bis 20 Zentimeter tiefen Löcher werden im sandigen bis kiesigen Untergrund angelegt und mit Seide ausgekleidet.

Die Flussuferwolfspinne ist nur an morphologisch intakten Strecken verbreitet. An der Schwarza gibt es Vorkommen bei Eschenau, an der Leitha bei Landegg (eigene Beobachtung). Aus den niederösterreichischen Flusstälern sind nur wenige Funde bekannt, etwa im Nationalpark Donauauen (Wiesbauer & Zettel 2010) und im Einzugsgebiet der Ybbs (Buchar & Thaler 1995, Zulka & al. 1998).

Aufgrund dramatischer Lebensraumverluste findet sich die Flussuferwolfspinne auf der Roten Liste gefährdeter Spinnen Österreichs in der Kategorie „vom Aussterben bedroht" (Komposch 2010). Hauptgefährdungsursachen sind Überformungen und Zerstörungen der Fließgewässer durch Regulierungsmaßnahmen und Kraftwerkserrichtungen.

Eine Besonderheit der pannonisch geprägten Flusslandschaft ist die Südrussische Tarantel (*Lycosa singoriensis*). Diese v.a. am Neusiedler See verbreitete Art kommt auch an der Leitha zwischen Pottendorf und Zurndorf sowie an der Schwarza in Neunkirchen und Schwarzau vor (Vogel 1934, Dietrich & Hörweg 2020). Neben diesen Arten gibt es eine Reihe weiterer Wolfspinnen der Gattung *Pardosa*, die für Wildflusslandschaften charakteristisch sind.

H. Wiesbauer (3 x)

Die Flussuferwolfspinne (Arctosa cinerea) ist eine Charakterart der Wildflusslandschaft. Sie kommt heute noch auf wenigen Kiesbänken der Schwarza und der Leitha vor. Die Bilder zeigen die imposante Spinne beim Verzehr der Beute (l.o.), in der Wohnröhre (r.u.) und auf einer Sandbank (r.).

H. Wiesbauer (3 x)

Die Südrussische Tarantel (Lycosa singoriensis) ist die größte heimische Wolfspinnenart. Sie ist an der Leitha weit verbreitet und konnte auch an der Schwarza nachgewiesen werden (l.).
Die Spinne verfügt über kräftige Giftklauen (M.).
Ein Weibchen lauert in der Wohnröhre auf Beute (r.).

Anstehender Fels und kleinräumige Kiesbänke bestimmen das Bild der Schwarza im Höllental.

Das Höllental war lange Zeit nur über einen schmalen Weg zugänglich.

7.2 Naturräumliche Veränderungen infolge flussbaulicher Maßnahmen

Wie bereits erwähnt, haben die Regulierungsmaßnahmen die Flusslandschaft der Schwarza und der Leitha im Laufe der Jahrzehnte stark verändert: Das Flussbett ist heute über lange Bereiche nach einheitlichen Profilquerschnitten ausgebaut, die Ufer sind bis auf wenige Bereiche durch Längs- und Querwerke durchgängig gesichert. Verzweigte oder mäandrierende Abschnitte, die für die unbeeinflusste Flusslandschaft besonders charakteristisch waren, haben stark abgenommen.

In Abhängigkeit von der geomorphologischen Ausgangssituation lassen sich die naturräumlichen Veränderungen infolge von Verbauungen für die unterschiedlichen Abschnitte wie folgt beschreiben:

Gestreckter Lauf: Schwarza-Oberlauf bis einschließlich Höllental

In den Kerbtalabschnitten der Schwarza konnte auf flussbauliche Maßnahmen weitgehend verzichtet werden. Das Gerinne war durch die beidseits ansteigenden Gebirgsketten des Rax- bzw Schneebergmassivs seit jeher auf nur einen Arm eingeengt. Sand- und Kiesbänke sind hier nur randlich ausgebildet, in vielen Bereichen legten die hohen Schleppkräfte die Felssohle frei.

Die im Zuge des Straßenbaus durchgeführten flussbaulichen Eingriffe beschränkten sich auf lokale Sicherungsmaßnahmen. Der flussmorphologischen Ausprägung des gestreckten Laufes entsprechend führten sie lediglich zu geringfügigen Veränderungen des aquatischen Lebensraumes, da auch die natürliche Sohle von Blöcken und anstehendem Fels gebildet wird. Die typische Abfolge kleinräumig wechselnder Strömungen und Substratablagerungen blieb erhalten.

Im Kerbtal konnte sich der Fluss innerhalb enger Grenzen frei entwickeln. Zu den typischen Elementen der Flusslandschaft zählten ausgedehnte Schotterbänke in Gleituferbereichen. Die Sohle wird meist von grobkörnigen Sedimenten gebildet, Feinkies- und Sandablagerungen liegen nur kleinräumig im Strömungsschatten von Abflusshindernissen vor.

Verzweigter Lauf: Schwarza unterhalb des Höllentals und Oberlauf der Leitha

Unterhalb des Höllentals ist eine breite Auenstufe ausgebildet. Bis in die 1850er-Jahre bestimmte ein verzweigtes Gerinne mit vielen Seiten- und Altarmen, großflächigen Schotterfeldern und daran angrenzenden Auwäldern das Bild der unteren Schwarza bzw. des Leitha-Oberlaufs. Das Flussbett wurde bei Hochwasser immer wieder umgebildet. Aus der Abflussdynamik resultierten unterschiedliche Auenstandorte und Gewässertypen.

Ausgedehnte Sand- und Kiesbänke prägten das Flussbett der unteren Schwarza.

NÖ Atlas

Typisch für diesen Abschnitt waren ausgedehnte Schotterbänke und Gerinneverzweigungen. Als besonderes Problem erwiesen sich die stetigen Ablagerungen im Flussbett. Da das Transportvermögen des Gewässers nicht ausreichte, das Geschiebe abzuführen, landete das Gerinne stellenweise auf und bewirkte weitere Laufverlagerungen. Stabile Ufer und verbesserter Hochwasserschutz waren wichtige Voraussetzungen für die Siedlungserweiterung der angrenzenden Ortschaften.

Um das Geschiebe schadlos abzuführen, wurden ab dem 19. Jahrhundert systematische Korrektionen durchgeführt. Die Transportkraft des Flusses konnte rasch erhöht werden, indem man die Gerinnebreite verminderte.

Eindrucksvoll lassen sich die naturräumlichen Veränderungen anhand alter Flusskarten belegen. Vergleicht man das unregulierte Flussbett mit der heutigen Situation, so zeigt sich nicht nur eine Abnahme der Wasserfläche, sondern auch der Gewässervielfalt. Seitenarme fehlen heute weitgehend. Verschwunden sind auch viele Auengewässer und Lauenbäche infolge der regulierungsbedingten Grundwasserabsenkung. Besonders auffällig ist der Rückgang unbewachsener Kiesbänke: Sie waren einst bestimmendes Element der Flusslandschaft – ihre Ausdehnung ging um mehr als die Hälfte zurück. Anstelle der kleinräumigen Differenzierung im Querprofil überwiegt im regulierten Abschnitt eine vergleichsweise homogene Substratsortierung.

Ziel der wasserbaulichen Maßnahmen war es, den Abflussquerschnitt einzuengen und dynamische Verlagerungen des Flussbetts zu unterbinden. Durch diese Eingriffe veränderte sich das Bild der Flusslandschaft: So fehlen heute „überbreite" Abschnitte oder Gerinneverzweigungen. Über lange Strecken dominieren gleichförmig geneigte Uferböschungen, die mit Blockwurf gesichert sind. An die wasserbaulichen Maßnahmen schließen vielfach Kraftwerkserrichtungen an, die die Dynamik der Flusslandschaft grundlegend verändert haben (vgl. 7.3).

Mäandrierendes bzw. gewundenes Gerinne der Leitha (Entnahmestrecke)

H. Wiesbauer

Mäandrierender Lauf: Leitha flussab von Ebenfurth

Mit geringer werdendem Gefälle ändert sich die natürliche Morphologie der Leitha markant. Während für den Abschnitt flussauf von Ebenfurth ein verzweigtes bis gewundenes Gerinne typisch war, bildete der Fluss unterhalb davon einen mäandrierenden Lauf aus. In der Leitha-Niederung war die Nutzung des Flussumlandes infolge ausgedehnter Versumpfungen stark eingeschränkt.

Vor Durchführung der Regulierungsmaßnahmen mäandrierte die Leitha in unzähligen Bögen in der Flussniederung. Indem der Fluss im Prallufer erodierte und im Gleitufer sedimentierte, verlagerte sich allmählich sein Bett. Aus dem kleinräumigen Richtungswechsel resultierte ein vielfältiges Standortmosaik mit Kies- und Feinsedimentbänken, bewachsenen und unbewachsenen Habitaten, rasch und langsam fließenden Stellen sowie ausgedehnten Stillgewässern. Durch die Hoch- und Grundwasserdynamik wurden die Standorteigenschaften der flussnahen Bereiche geprägt. Im Überflutungsbereich der Leitha entwickelten sich charakteristische Auen- und Feuchtwiesengesellschaften.

Die Eingriffe in die Flusslandschaft reichen weit zurück. Bereits ab dem Mittelalter wurde die Wasserkraft der Leitha für zahlreiche Mühlen genutzt. Auf die kleinräumigen Regulierungsmaßnahmen, die im Zusammenhang mit den Mühlengründungen notwendig waren, folgen ab der Mitte des 19. Jahrhunderts systematische Korrektionen.

Um den Abfluss zu erhöhen und rückstauende Effekte zu unterbinden, wurde das Gerinne der Leitha durch zahlreiche Durchstiche begradigt und auf eine höhere Abflussleistung ausgebaut. Natürliche Prall- und Gleituferbereiche sowie unterschiedliche Stillgewässer, einst prägende Elemente der Leitha, gibt es nur mehr im Bereich zwischen Ebenfurth und Wimpassing.

Einer Flusskarte aus dem Jahr 1825 ist zu entnehmen, dass die Lauflänge im Bereich zwischen Deutsch-Brodersdorf und Seibersdorf um 54 Prozent abgenommen hat (von 2089 auf 968 Klafter, vgl. Karte auf S. 110 Mitte). Folglich hat sich das Gefälle mehr als verdoppelt und die Wasserfläche etwa halbiert. Für die anderen Mäanderstrecken der Leitha ist von ähnlichen Größenordnungen auszugehen.

Ein Ziel der wasserbaulichen Eingriffe war es auch, das Flussumland zu entwässern und die Hochwassergefahr für die Siedlungen zu bannen. Zu diesem Zweck wurden schon Anfang des 19. Jahrhunderts Dämme angelegt, die das Umland vor Überflutungen schützten. Von den ehemaligen Sümpfen sowie Röhricht- und Feuchtflächen, die weite Teile der Flussniederung einnahmen, ist nur mehr wenig erhalten.

Stark zurückgegangen sind auch viele an Kleingewässer gebundene Tierarten wie Amphibien, Libellen und Urzeitkrebse. Selten geworden oder verschwunden sind zudem zahlreiche Pflanzenarten der Feuchtstandorte.

Eine Ausnahme bildet der Bereich zwischen Gattendorf und Zurndorf, wo trotz der Regulierung größere Feuchtwiesen erhalten blieben. Vor allem in der Flur „Mitterluß" gibt es botanisch wertvolle Klein- und Großseggenbestände. Durch Flächenstilllegungen konnten sich erneut Feuchtwiesen ausbilden, sodass das Flussumland wieder den Eindruck eines großflächigen Feuchtgebiets erweckt, vor allem dann, wenn Frühjahrshochwasser über die Ufer treten.

7.3 Naturräumliche Veränderungen infolge von Kraftwerkserrichtungen

Wie in Kapitel 4 ausgeführt, wurden die Schwarza und die Leitha schon sehr früh als Energiequellen genutzt. Gab es im Zeitalter der Wasserräder zumeist nur niedrige Wehranlagen mit kurzen Rückstaubereichen und nicht allzu langen Entnahmestrecken, so änderte sich das Bild mit der Erfindung leistungsfähiger Turbinen und dem schrittweisen Ausbau der Wasserkraftnutzung grundlegend. Tiefgreifende Veränderungen des aquatischen Lebensraums waren die Folge.

Die Lage der Kraftwerke und Entnahmestrecken an der Schwarza und der Leitha ist den Abbildungen auf Seite 76 und 79 zu entnehmen. Unbeeinträchtigte Fließgewässerabschnitte haben während der vergangenen Jahrzehnte stark abgenommen.

Die Auswirkungen von Wasserkraftanlagen sind vielfältig und müssen von Fall zu Fall analysiert werden. Zu typischen Begleiterscheinungen zählen u.a. (vgl. Jungwirth & al. 2003):

- Unterbrechung des Fließgewässerkontinuums
- Unterbindung dynamischer Prozesse

National Archives of Hungary, HU-MNL-OL-S 16-166

Die Karte zeigt den ursprünglichen Flusslauf und die Regulierungstrasse der Leitha. Mäandrierende Abschnitte sind aus dem Landschaftsbild der Leitha-Niederung weitgehend verschwunden.

H. Wiesbauer

Im regulierten Abschnitt flussab von Lanzenkirchen war der Flusslauf ursprünglich verzweigt und bildete sich bei höheren Abflüssen häufig um. Heute verhindern harte Verbauungen derartige Entwicklungen.

H. Wiesbauer

Mit einem Aufstau gehen tiefgreifende Veränderungen der Gewässerlebensräume einher.

Flussab des Peischinger Wehrs in Neunkirchen ist die Schwarza eine Restwasserstrecke, deren Bett über lange Zeiträume trockenfällt (l.).

Die Mühlbäche weisen in der Regel eine geringe Strukturvielfalt auf. Das Bild zeigt eine Ausleitung flussauf von Neunkirchen (r.).

H. Wiesbauer (2x)

- Herabsetzung der strukturellen Vielfalt des Lebensraumes
- Trennung der Einheit von Fluss und Umland (laterale Konnektivität)
- Ablagerung von Feinsedimenten und Kolmatierung (Verringerung der Durchlässigkeit) der ursprünglichen Bettsedimente
- Änderung der Hoch- und Grundwasserdynamik
- Änderung des Geschiebehaushalts
- Eintiefung der Flusssohle im Unterwasser
- Ausleitungsstrecken/Restwasserdotation
- Geändertes Temperaturregime
- Stauraumverlandung

Auswirkungen im Rückstaubereich

Die Errichtung einer Stauhaltung führt zu starken biozönotischen Veränderungen, die umso gravierender sind, je weiter die lebensraumbestimmenden Faktoren von den natürlichen Gegebenheiten eines Fließgewässers abweichen. Davon sind insbesondere strömungsliebende Arten betroffen.

Die morphologische Ausprägung eines Stauraumes unterscheidet sich deutlich von der einer Fließstrecke. Anstelle häufig wechselnder Tiefenverhältnisse nimmt die Wassertiefe im Bereich von Stauhaltungen meist kontinuierlich zu. Auch die Variabilität der Profilausformungen, die gegenüber der „ursprünglichen" Situation durch Regulierungsmaßnahmen ohnehin schon deutlich eingeschränkt ist, wird im Bereich der Stauhaltungen und Eintiefungsstrecken flussab der Kraftwerke weiter verringert.

Mit der Reduktion der Fließgeschwindigkeit in Richtung Wehranlage geht eine Abnahme der Schleppspannung einher. Unter derartigen Verhältnissen sedimentiert feinkörniges Material (Sand, Schluff und Ton), das im Laufe der Zeit grobkörnige Substrate überdeckt bzw. deren Lückenraum verfüllt. So verlieren Organismen, die den Schotterlückenraum bewohnen, ihren Lebens- und Rückzugsraum. Daraus resultiert eine gänzlich andere Artenzusammensetzung der wirbellosen Bodenfauna als in der Fließstrecke (vgl. Einsele 1960, Macan 1974, Herzig 1984).

Im Bereich der Stauhaltungen liegen im Allgemeinen über weite Abschnitte homogene, feinkörnige Substratverhältnisse vor. Das natürliche Aufkommen kieslaichender Arten ist aufgrund der vergleichsweise feinkörnigen Substrate nicht möglich. Lediglich oberhalb der Stauwurzel und im Unterwasserbereich herrschen Verhältnisse, unter denen eine natürliche Reproduktion kieslaichender Arten möglich erscheint.

A. Chovanec (2x)

Das gemeinsame Vorkommen der Blauflügel-Prachtlibelle (Calopteryx virgo) (l.) und der Gebänderten Prachtlibelle (Calopteryx splendens) ist typisch für den Übergangsbereich der Äschen-Barben-Region.

Beginnende Paarung der Gebänderten Prachtlibelle (Calopteryx splendens) (r.)

Durch den Bau von Wehranlagen und anderen Querwerken wird der aquatische Lebensraum unterbrochen. Davon sind insbesondere die Fischbestände, aber auch viele Arten der wirbellosen Bodenfauna (Benthos) betroffen. Die Errichtung von Fischaufstiegshilfen kann die negativen Auswirkungen teilweise minimieren.

Auswirkungen auf die Restwasserstrecke

Bei einem Ausleitungskraftwerk wird ein Teil des rückgestauten Wassers durch ein künstliches Gerinne zum Krafthaus geleitet und dort energiewirtschaftlich genutzt, bevor es wieder dem Fluss zugeführt wird. Stark verminderte Abflüsse prägen folglich die Restwasserstrecke und führen hier zu gravierenden Veränderungen der Gewässerökologie (Benthos, Fische, Flora u.a.) und der Sohldynamik (Verbuschung der Flusssohle). Die Wasserführung wird hier im Wesentlichen von der Größe des Dotationswasserabflusses sowie von den Zuflüssen und Versickerungen im betreffenden Abschnitt bestimmt.

Um die Auswirkungen auf Flora und Fauna zu vermindern, werden von der Behörde gewisse Dotationswasserabgaben vorgeschrieben. Diese Abgaben reichten aber bei älteren Anlagen oft nicht aus, um die gewässerökologischen Mindeststandards zu erfüllen. Durch die gesetzlichen Rahmenbedingungen ist es seit einigen Jahren möglich, notwendige Anpassungen und die Anlage von Fischaufstiegshilfen anzuordnen.

7.4 Aquatische Fauna

Die aquatische Fauna spiegelt nicht nur das gewässerökologische Potenzial (Morphologie, Hydrologie, Naturraum u.a.), sondern auch die anthropogenen Einflüsse auf die Gewässerlebensräume (Verbauungen, Kraftwerksnutzungen, Ausleitungen, Migrationshindernisse, Bewirtschaftung u.a.). Besonders hohe Aussagekraft für den Zustand der Gewässerlebensräume haben Fische und die wirbellose Bodenfauna (Makrozoobenthos), zu der auch die Libellen zählen.

Libellen

Die Leitha mit ihren vielfältigen Nebengewässern bildet einen attraktiven Lebensraum für Libellen. So finden sich hier 36 Libellenarten, was 46 Prozent des österreichischen Spektrums entspricht. Darunter sind auch vom Aussterben bedrohte Arten wie die Gabel-Azurjungfer, die Asiatische Keiljungfer und die Südliche Heidelibelle. Zu den gefährdeten Libellen zählen zudem die Gemeine

Libellen an der Leitha

Andreas Chovanec, Victoria Kargl, Kristina Schaufler & Maria Schindler

Die Leitha repräsentiert einen wichtigen Lebensraum für Libellen, der für Fluss- und Auensysteme charakteristisch ist. An den drei untersuchten Gewässerabschnitten wurden insgesamt 36 Spezies gefunden, das entspricht 46 Prozent des für Österreich belegten Artenspektrums von 78 Arten.

Die nachgewiesenen Libellen und ihr jeweiliger Gefährdungsgrad sind der Tabelle auf Seite 140 zu entnehmen.

Bei **Ebenfurth** konnten im Jahr 2021 insgesamt 20 Libellenarten nachgewiesen werden. Das individuenreiche Auftreten der Blauflügel-Prachtlibelle *Calopteryx virgo* und der Gebänderten Prachtlibelle *Calopteryx splendens* charakterisiert die Leitha in diesem Bereich als Übergangszone Hyporhithral/Epipotamal (Äschen-/Barbenregion). Die Imagines beider Arten sind v.a. in der Ufervegetation zu finden, die Larven leben in den ins Wasser reichenden Wurzelbärten von Weiden und Gräsern, in Uferhöhlungen oder in dichten Beständen von untergetauchten Wasserpflanzen. Die für einen Fließgewässerabschnitt dieses Typs hohe Artenzahl ist dadurch zu erklären, dass die Leitha hier aufgrund von Ausleitungen eine reduzierte Strömungsgeschwindigkeit hat, die auch limnophilen Arten (Ruhigwasserarten)geeignete Lebensraumbedingungen bietet. Nichtsdestotrotz wurden an dem Gewässer sechs gewässertypspezifische strömungsliebende Arten gefunden. Die vielfältigen Gewässerstrukturen zeugen von morphodynamischen Prozessen. Das daraus entstehende Mosaik unterschiedlicher Teillebensräume wird von diesen rheophilen Arten besiedelt.

Bei Untersuchungen in **Bruck an der Leitha** im Jahr 2020 wurden am Hauptgerinne der Leitha und in den Altarmen insgesamt 13 Libellenarten nachgewiesen. Der überwiegende Tieflandflusscharakter des Gewässerabschnittes wird durch die Dominanz der Gebänderten Prachtlibelle (*Calopteryx splendens*) und das Auftreten der Gemeinen Keiljungfer (*Gomphus vulgatissimus*) unterstrichen.

Libellenkundliche Aufnahmen bei **Wangheim und Gattendorf** erfolgten in den Jahren 1998, 2001 und im Rahmen des LIFE-Projektes IRIS im Jahr 2021 (vgl. dazu Seite 154). Hier weist die Leitha einen epipotamalen Charakter auf, den auch die Zusammensetzung der Libellenfauna widerspiegelt: Die Ausprägung von Mäandern, höhere Trübung durch Feinsubstrat, höhere Wassertemperaturen, geringere Strömungsgeschwindigkeiten und feinkörniges Geschiebe sowie die laterale Ausdehnung des Gewässersystems in eine breite Auenzone mit Altarmen und anderen Nebengewässern zeichnen diesen Gewässertyp aus. Die Libellenfauna des Hauptflusses wird unter anderem durch die Gebänderte Prachtlibelle (*Calopteryx splendens*), die Blaue Federlibelle (*Platycnemis pennipes*), die Gemeine Keiljungfer (*Gomphus vulgatissimus*), die Kleine Zangenlibelle (*Onychogomphus forcipatus*) und die Grüne Flussjungfer (*Ophiogomphus cecilia*) geprägt. Strömungsfreie Nebengewässer werden von einer hohen Zahl an Spezies besiedelt, die für Stillgewässer typisch sind. Bei den Untersuchungen wurden in diesem Abschnitt insgesamt 27 Arten nachgewiesen. Mit der Grünen Flussjungfer (*Ophiogomphus cecilia*) und der Asiatischen Keiljungfer (*Stylurus flavipes*) sind zwei Arten nachgewiesen, die in den Anhängen der Fauna-Flora-Habitat-Richtlinie der EU angeführt sind.

Die Große Königslibelle (Anax imperator) ist für ausgedehntere Stillgewässer typisch. Ausnahmsweise besiedelt sie auch langsam strömende Gewässer. Dieses Weibchen sticht seine Eier in einen Eschen-Zweig (l.).

Die Sitzwarten der Männchen der Kleinen Zangenlibelle (Onychogomphus forcipatus) befinden sich in überwiegendem Maß auf größeren Steinen in stärker durchströmten Bereichen (r.).

Bei Sonnenschein streckt die Kleine Zangenlibelle (Onychogomphus forcipatus) den Hinterleib Richtung Sonne und schützt sich so vor Überhitzung (l.).

Dieses Weibchen der Kleinen Zangenlibelle (Onychogomphus forcipatus) ist kurz nach dem Schlupf noch nicht ausgehärtet und ausgefärbt (r.).

Kiesflächen in seichten und nur schwach durchströmten Bereichen der Leitha sind Lebensraum des Südlichen Blaupfeils (Orthetrum brunneum). Hier sonnt sich ein Männchen (l.).

Weibchen der Gemeinen Keiljungfer (Gomphus vulgatissimus) (r.).

A. Chovanec (6x)

Zygoptera	Kleinlibellen	Rote Liste Österreich
Chalcolestes viridis	Westliche Weidenjungfer	
Sympecma fusca	Gemeine Winterlibelle	gefährdet
Calopteryx splendens	Gebänderte Prachtlibelle	potenziell gefährdet
Calopteryx virgo	Blauflügel-Prachtlibelle	potenziell gefährdet
Platycnemis pennipes	Blaue Federlibelle	
Coenagrion puella	Hufeisen-Azurjungfer	
Coenagrion pulchellum	Fledermaus-Azurjungfer	gefährdet
Coenagrion scitulum	Gabel-Azurjungfer	vom Aussterben bedroht
Enallagma cyathigerum	Gemeine Becherjungfer	
Erythromma viridulum	Kleines Granatauge	
Ischnura elegans	Große Pechlibelle	
Ischnura pumilio	Kleine Pechlibelle	potenziell gefährdet
Pyrrhosoma nymphula	Frühe Adonislibelle	
Anisoptera	**Großlibellen**	
Aeshna affinis	Südliche Mosaikjungfer	gefährdet
Aeshna cyanea	Blaugrüne Mosaikjungfer	
Aeshna isoceles	Keilfleck-Mosaikjungfer	gefährdet
Aeshna mixta	Herbst-Mosaikjungfer	
Anax imperator	Große Königslibelle	
Anax parthenope	Kleine Königslibelle	
Gomphus vulgatissimus	Gemeine Keiljungfer	gefährdet
Onychogomphus forcipatus	Kleine Zangenlibelle	gefährdet
Ophiogomphus cecilia	Grüne Flussjungfer	gefährdet
Stylurus flavipes	Asiatische Keiljungfer	vom Aussterben bedroht
Somatochlora metallica	Glänzende Smaragdlibelle	
Crocothemis erythraea	Westliche Feuerlibelle	
Libellula depressa	Plattbauch	
Libellula quadrimaculata	Vierfleck	
Orthetrum albistylum	Östlicher Blaupfeil	
Orthetrum brunneum	Südlicher Blaupfeil	potenziell gefährdet
Orthetrum cancellatum	Großer Blaupfeil	
Orthetrum coerulescens	Kleiner Blaupfeil	gefährdet
Sympetrum fonscolombii	Frühe Heidelibelle	potenziell gefährdet
Sympetrum meridionale	Südliche Heidelibelle	vom Aussterben bedroht
Sympetrum sanguineum	Blutrote Heidelibelle	
Sympetrum striolatum	Große Heidelibelle	
Sympetrum vulgatum	Gemeine Heidelibelle	

A. Chovanec, V. Kargl, K. Schaufler & M. Schindler, schr. Mitteilung

Die Leitha bei Ebenfurth zeichnet sich durch hohen Strukturreichtum aus (l.).

Abschnitte mit höheren Strömungsgeschwindigkeiten und breitere strömungsberuhigte Bereiche wechseln einander ab (r.).

Die Blaue Federlibelle (Platycnemis pennipes) ist eine charakteristische Art von Fluss-Au-Systemen. Das Männchen bewacht das Weibchen in der „Wachturmhaltung" beim Einstechen der Eier in Wasserpflanzen. Die Eiablage in Gruppen erhöht die Sicherheit vor Räubern (l.).

Der Kleine Blaupfeil (Orthetrum coerulescens) besiedelt seichte, dichter durch Röhricht verwachsene Bereiche mit geringer Strömungsgeschwindigkeit (r.).

Die Grüne Flussjungfer (Ophiogomphus cecilia) ist ein aussagekräftiger Indikator für den ökologischen Zustand von Fließgewässern. Ihre Larven leben in Sohlbereichen mit Sand oder Grobsand (l.).

Der Lebensraum der Asiatischen Keiljungfer (Stylurus flavipes) sind langsam fließende Unterläufe größerer Flüsse. Die europaweit geschützte Art ist typisch für Epipotamalbereiche (r.).

A. Chovanec (6x)

Die Bachforelle ist die Leitfischaft in den oberen Abschnitten der Schwarza und der Pitten.

G. Rotheneder

Die Äsche ist charakteristisch für die untere Schwarza und die obere Leitha.

G. Rotheneder

Die Barbe zählt zu den Leitfischarten der mittleren und unteren Leitha.

L. Hlasek

Winterlibelle, die Fledermaus-Azurjungfer, die Südliche Mosaikjungfer, die Keilfleck-Mosaikjungfer, die Gemeine Keiljungfer, die Kleine Zangenlibelle, die Grüne Flussjungfer und der Kleine Blaupfeil (Chovanec, Kargl, Schaufler & Schindler 2023).

Libellen eignen sich gut für die Charakterisierung von Fließgewässern, insbesondere dann, wenn es sich um hydrologisch gestörte Bereiche handelt. Anhand von vier Untersuchungsstrecken lassen sich die Gewässerlebensräume der Leitha näher beschreiben (vgl. S. 138). Behandelt werden ein Abschnitt bei Ebenfurth an der Übergangszone Hyporhithral/Epipotamal (Äschen-/Barbenregion) sowie drei Abschnitte bei Bruck an der Leitha, Wangheim und Gattendorf, die dem Epipotamal (Barbenregion) entsprechen.

Fische

Die Schwarza ist im Oberlauf bis Payerbach der oberen bzw. unteren Forellenregion (Epi- und Metarhithral) zuzuordnen und leitet im Raum von Neunkirchen allmählich zur Äschenregion (Hyporhithral) über. Unterhalb von Neunkirchen (Wehranlage Peisching) beginnt eine Ausleitungsstrecke, die durch starke Versickerung und hohe Wasserentnahme geprägt ist und über lange Zeiträume trockenfällt (vgl. Kap. 5.3).

Das Fischartenspektrum der Schwarza umfasst aktuell insgesamt acht Spezies unterschiedlichster ökologischer Gilden. Im Ober- und Mittellauf der Schwarza von Kaiserbrunn bis zur Kehrbach-Ausleitung sind rhithrale Arten wie Bachforelle, Koppe und Äsche typisch. Der Unterlauf der Schwarza flussab der Kehrbach-Ausleitung hat bereits eine höhere Artenzahl. Zu den Salmoniden gesellen sich Cypriniden wie Aitel, Elritze, Gründling und Rotauge (Eberstaller & al. 2012). Bei den Nachweisen des Nerflings in der Schwarza im Raum von Ternitz dürfte es sich um einen Einzelfund handeln. Typischer ist diese Art für den Unterlauf der Leitha, für den es histori-

Fischart x autochthon b Besatz (x) nicht autochthon (1) Eberstaller & al. 2012 (2) Arge Freiland & Revital 2021	Schwarza Kaiserbrunn (1)	Schwarza Payerbach (1)	Schwarza Ternitz (1)	Schwarza flussab Kehrbach (1)	Leitha Lanzenkirchen (1)	Leitha Landegg (1)	Leitha Seibersdorf (2)	Leitha Sommerein (2)	Leitha Gerhaus (2)	Leitha Gattendorf (2)
Aalrutte									x	x
Aitel				x	x	x	x	x		x
Äsche	x	x	x	x	x	x	x			
Amurkarpfen										(x)
Bachforelle	x	x	x	x	x	x	x		x	x
Bachsaibling				(x)						
Bachschmerle							x	x		x
Barbe						x	x	x	x	x
Bitterling								x		x
Blaubandbärbling									(x)	
Brachse									x	x
Elritze			x	x	x	x	x	x		
Flussbarsch									x	x
Frauennerfling										x
Giebel					x					x
Gründling						x	x	x		x
Güster										x
Hasel								x	x	x
Hecht									x	x
Huchen							b			
Kesslergründling										x
Koppe	x	x	x	x	x					
Laube								x	x	x
Marmorierte Grundel								x		x
Nase								x	x	x
Nerfling			x							
Regenbogenforelle	(x)	(x)	(x)	(x)			(x)			
Rotauge				x	x		x		x	x
Schied										x
Schmerle			x	x	x	x				
Schneider						x	x	x	x	x
Sonnenbarsch								(x)		
Schwarzmundgrundel										(x)
Steinbeißer								x		
Wels										x
Wildkarpfen										x
Zander										x
autochthone Arten	3	3	6	7	8	8	10	12	11	24

Zusammenstellung in Anlehnung an Eberstaller & al. 2012 und Arge Freiland & Revital 2021

Fischfauna der Leitha

Die Ergebnisse der im Rahmen des LIFE-Projekts IRIS durchgeführten Befischungen an der Leitha lassen sich wie folgt zusammenfassen (Arge Freiland & Revital 2021):

Seibersdorf

„An dieser Befischungsstelle wurde ein guter Fischbestand (inkl. Huchen) mit hoher Abundanz und Biomasse festgestellt, wobei die Stelle morphologisch beeinträchtigt ist und durch den gestreckten Verlauf einen rhithralen Charakter aufweist. ... Dreiviertel der Biomasse entfallen auf die beiden Leitfischarten Aitel (31,7 %) und Barbe (18,6 %) sowie die Bachforelle (26,5 %). Es erfolgte der Nachweis für 3 der 4 Leitarten sowie für 3 der 7 typischen Begleitarten des entsprechenden Leitbildes ‚Epipotamal mittel 1'. Das Artenspektrum setzt sich aus Vertretern aller Strömungsgilden zusammen. Defizite bestehen v.a. bei der Artenzusammensetzung, den Gilden und beim Altersaufbau, wobei die Leitarten Aitel, Barbe und Schneider bzw. die typische Begleitart Bachschmerle einen sehr guten bzw. guten Populationsaufbau aufweisen. Die übrigen Fischarten sind großteils nur als Einzelfang belegbar, oder weisen einen gestörten Populationsaufbau auf."

FIA, Bewertung 2020: 2,71 (= mäßig)

„Der fischökologische Zustand der Befischungsstelle Seibersdorf [hat sich] *seit 2009 leicht verbessert, der gute fischökologische Zustand wurde jedoch nicht erreicht."*

Sommerein

„Der befischte Abschnitt ist durch die naturnahe Regulierung (Hochwasserentlastungsgerinne) morphologisch weitgehend intakt, wobei durch die Restwasserführung eine hydrologische Vorbelastung gegeben ist. ... Die Biomasse wird mit 86,2 % von der Leitfischart Aitel dominiert, gefolgt von Schneider (6,35 %) und Laube (4,31 %). Es erfolgte der Nachweis für alle 4 Leitarten sowie für 2 der 7 typischen Begleitarten des entsprechenden Leitbildes ‚Epipotamal mittel 1'. Das Artenspektrum setzt sich aus Vertretern aller Strömungsgilden zusammen. Defizite bestehen aber auch hier beim Altersaufbau, wobei von den Leitarten nur Aitel und Schneider bzw. von den typischen Begleitarten der Gründling einen guten bzw. sehr guten Populationsaufbau aufweisen. Die übrigen Fischarten sind großteils nur als Einzelfang belegbar, oder weisen einen gestörten Populationsaufbau auf."

FIA, Bewertung 2020: 2,43 (= gut)

„Im Vergleich zum Jahr 2009 ist der fischökologische Zustand also unverändert geblieben und es konnte jeweils der ‚gute' fischökologische Zustand erreicht werden."

Gerhaus

„Die Befischungsstelle Gerhaus ist morphologisch beeinträchtigt (reguliert, wenig Totholz) mit gestrecktem bis gewundenen Verlauf. Hier wurde ein verhältnismäßig geringer Fischbestand nachgewiesen, der auf das Fehlen typischer Habitatabfolgen (Kolk-Furt-Rinner) und homogene Tiefenverhältnisse (insgesamt relativ tief) zurückzuführen ist. ... Die Leitfischart Aitel macht mit 46,33 % fast die Hälfte der Biomasse aus. Darauf folgt die Leitfischart Schneider mit 18,27 % und die seltene Begleitfischart Brachse mit 13,75 %. Es erfolgte der Nachweis für alle 6 Leitarten sowie für 3 der 10 typischen Begleitarten des entsprechenden Leitbildes ‚Epipotamal mittel 2'. Brachsen, Nasen, Hecht und Karpfen werden hier besetzt. Das Artenspektrum setzt sich aus Vertretern aller Strömungsgilden zusammen. Defizite bestehen v.a. beim Altersaufbau, wobei die Leitarten Aitel, Barbe, Laube und Nase bzw. die typische Begleitart Hasel einen sehr guten bzw. guten Populationsaufbau aufweisen. Die übrigen Fischarten sind großteils nur als Einzelfang belegbar, oder weisen einen gestörten Populationsaufbau auf."

FIA, Bewertung 2020: 2,51 (= mäßig)
„Daraus ergibt sich eine leichte Verschlechterung des fischökologischen Zustands im Vergleich zum Jahr 2009 von ‚gut' auf ‚mäßig'. Die Bewertung des FIA liegt mit 2,51 aber äußerst knapp an der Grenze zum guten fischökologischen Zustand."

Gattendorf
„Der befischte Abschnitt an der Leitha ist reguliert, dennoch strukturreich und weist heterogene Strömungsverhältnisse auf. Der Befischungsabschnitt weist einige hochwertige Nebengewässer (einseitig angebundener Altarm stromab Gattendorf, abgetrennter Altarm südlich Aspenwald) auf, wobei als Vorbelastung die Sohlrampe an der Ausleitung der Kleinen Leitha (Fkm 31,258) flussab von Gattendorf zu nennen ist. Dieses Querbauwerk stellt ein relevantes Wanderhindernis dar, was sich auch in den Fangzahlen widerspiegelt. Flussabwärts dieses Migrationshindernisses wurden deutlich mehr Fische gefangen als flussaufwärts. ... Die Leitfischart Aitel macht mit 54,8 % über die Hälfte der Biomasse aus. Darauf folgen die beiden Leitfischarten Nase (11,6 %) und Barbe (8,8 %). Hervorzuheben ist der sehr gute Nasen- und Haselbestand sowie das Vorkommen des Frauennerflings und zahlreicher Kleinfischarten. Es erfolgte der Nachweis für alle 8 Leitarten sowie für 8 der 18 typischen Begleitarten des entsprechenden Leitbildes ‚Epipotamal groß'. Das Artenspektrum setzt sich aus Vertretern aller Strömungsgilden zusammen. Defizite bestehen dennoch beim Altersaufbau, wobei die Leitarten Aitel, Barbe, Laube und Nase bzw. die typische Begleitart Hasel einen sehr guten bzw. guten Populationsaufbau aufweisen. Die übrigen Fischarten sind großteils nur als Einzelfang belegbar, oder weisen einen gestörten Populationsaufbau auf."
FIA, Bewertung 2020: 2,33 (= gut)
„Im Vergleich zum Jahr 2017 ergibt sich daraus wieder eine Verbesserung des FIA, wobei das Ergebnis klar im ‚guten' fischökologischen Zustand liegt."

sche Nachweise gibt, die im Rahmen des LIFE-Projekts aber nicht mehr bestätigt werden konnten.

Im Gegensatz zum Gebirgsfluss Schwarza ist die Leitha ein hyporhithraler bis epipotamaler Tieflandfluss (Äschen- bis Barbenregion). Im niederösterreichischem Abschnitt der Leitha sind insgesamt 36 autochthone Fischarten dokumentiert (Amt der NÖ Landesregierung 2010), im burgenländischen 32 autochthone Arten (Wolfram & Mikschi 2003). Zu den Besonderheiten der Fischfauna zählen die Marmorierte Grundel und der Frauennerfling, die im Burgenland ausschließlich hier vorkommen, während Streber, Zingel und Schrätzer als typische Vertreter von Tieflandflüssen mittlerweile fehlen (Wolfram & Mikschi 2003). Zu den ausgesprochenen Raritäten der niederösterreichischen Leitha zählte der Hundsfisch. Er wurde flussab von Wiener Neustadt nachgewiesen und ist mittlerweile verschollen (Mikschi & Wolfram-Wais 1996, Wolfram & Mikschi 2007).

Der obere Abschnitt der Leitha entspricht der Äschenregion (Hyporhithral groß) mit den Leitarten Äsche, Bachforelle und Koppe. Etwa bei der Fischa-Mündung geht er in die Barbenregion (Epipotamal) über mit den Leitarten Aitel, Barbe, Nase und Schneider. Im Längsverlauf steigt die Diversität bis Gattendorf auf 24 Fischarten an. Das Vorkommen des Huchens im Bereich von Seibersdorf ist auf Besatzmaßnahmen der jüngeren Zeit zurückzuführen. Im ungarischen Abschnitt, der hier nicht näher behandelt wird, kommen noch weitere Fischarten hinzu, die von der Kleinen Donau (Mosoni-Duna) aufsteigen.

Die Ergebnisse der Befischungen im Rahmen des LIFE-Projekts IRIS sind im Kasten links zusammengefasst, eine Artenliste für die Schwarza und Leitha befindet sich auf Seite 143.

Die streng geschütze Kleine Flussmuschel (Unio crassus) hat im Johannesbach und in der Leitha flussab der Kotzendorfer Mühle bedeutende Vorkommen.

Muscheln

Zu den faunistischen Besonderheiten der Leitha zählt auch die europaweit geschützte Kleine Flussmuschel (*Unio crassus*). Sie kommt an der Leitha noch in kleinen, meist isolierten Restpopulationen vor. Ohne entsprechende Artenschutzprojekte ist ein langfristiges Überleben dieser Art unwahrscheinlich.

8 Revitalisierungen: Der Weg zu sauberen, naturnahen Flüssen

Die Herausforderungen der Wasserwirtschaft haben sich im Laufe der Geschichte immer wieder geändert. Über viele Jahrhunderte wurden die Fließgewässer begradigt und eingedämmt. Ziel war es, die Menschen vor Hochwasser zu schützen und die Nutzungen im Flussumland zu intensivieren. Die abnehmende Überflutungsgefahr schuf Raum für Entwicklungen, die vorher nicht denkbar waren. Wer heute durchs Schwarza- und Leitha-Tal wandert, wird konfrontiert mit ausgedehnten Gewerbe- und Industriegebieten, die der ursprünglichen Auenlandschaft nur wenig Raum gelassen haben. Unbeeinflusste Gewässerabschnitte findet man nur mehr in den Schluchtbereichen des Höllentals und an den Oberläufen der Zubringer.

Mit den systematischen Regulierungsmaßnahmen und der Errichtung größerer Stauhaltungen im 19. und 20. Jahrhundert änderte sich die Morphologie der Gewässer nachhaltig (vgl. Kap. 7.2 und 7.3). An die Stelle des verzweigten oder mäandrierenden Flussbetts trat vielerorts ein strukturarmes Gerinne. Dazu kamen mit zunehmender Industrialisierung und dem Aufschwung der Papierindustrie massive hygienische Probleme, die über viele Jahrzehnte aufgrund fehlender Technologien nicht beherrschbar waren.

Der Weg zu einem sauberen, naturnahen Erscheinungsbild des Flusses war vor diesem Hintergrund eine große Herausforderung. In den 1980er- und 1990er-Jahren ging es – wie bei vielen anderen stark belasteten Gewässern Österreichs – vor allem darum,

Abt. Wasserbau, J. Nesweda

Uferabflachung Rohrluss

die Wassergüte zu verbessern. Nach der Behebung des Problems durch den Bau von Kläranlagen und die Umstellung auf umweltschonendere Verfahren stand eine ökologische Aufwertung der Gewässerlebensräume im Vordergrund der Bemühungen. Im Rahmen mehrerer Projekte sollten die Schwarza und die Leitha in Teilbereichen wieder eine naturnahe Gestalt bekommen, um die Lebensräume für Tiere und Pflanzen zu verbessern und den Bewohnern der Region eine attraktive Erholungslandschaft zu bieten. Die Verbesserung des Hochwasserschutzes hatte ebenfalls eine hohe Priorität.

Der folgende Abschnitt geht auf wasserwirtschaftliche Maßnahmen der jüngeren Geschichte ein. Kapitel 10.1 schildert die Anstrengungen zur Verbesserung der Wasserqualität, Kapitel 10.2 umreißt ausgewählte gewässerökologische Planungen und Maßnahmen im Bereich der Fließstrecken.

Burgenländische Feuchtgebiete

Badende in der Leitha Mitte des 20. Jahrhunderts – ein Vergnügen, das aufgrund der Abwasserbelastung nicht immer möglich war.

10.1 Verbesserung der Wassergüte

Saubere Gewässer sind eine Errungenschaft der jüngeren Zeit, im Wesentlichen der vergangenen vier Jahrzehnte. Was heute selbstverständlich erscheint, musste hart erkämpft werden und der Weg dorthin gestaltete sich alles andere als einfach.

Über das Ausmaß der Gewässerverschmutzung im 18., 19. und beginnenden 20. Jahrhundert kann nur gemutmaßt werden, weil es keine standardisierten Erhebungen gab. Da die schlechte Wasserqualität eine weit verbreitete Begleiterscheinung der Industrialisierung war, finden sich nur wenige schriftliche Quellen zu diesem Thema. Kontinuierliche Erhebungen zur Wasserqualität unserer Fließgewässer setzten erst Ende der 1960er-Jahre ein. Vor diesem Hintergrund ist es erstaunlich, dass sich der niederösterreichische Landtag bereits im Jahr 1905 mit der Verschmutzung der Schwarza und der Leitha in einer Anfragebeantwortung ausführlich befasste (vgl. Kasten rechts). In dem damaligen Bericht werden erste Anstrengungen zur Verminderung schädlicher Abwässer erwähnt, die aber nur geringe Effekte zeigten. Die Unterlagen lassen auch erkennen, dass die Behörde keine effizienten Möglichkeiten hatte, gegen die Verursacher vorzugehen. Das Ablassen gefährlicher Rückstände während der Nacht war gängige Praxis.

Die Emissionen der Zellstoffindustrie zählten lange Zeit zu den gravierendsten Belastungen der heimischen Fließgewässer. Mit der Ausweitung der Papierproduktion im 20. Jahrhundert nahm die Verschmutzung vieler Gewässer aufgrund umweltschädlicher Verfahren ein bedrohliches Ausmaß an, so auch an der Pitten, einem Zubringer der Leitha. Dazu kamen die Verschmutzungen durch die Zuckerindustrie und weitere Betriebe.

Eine Vorstellung von der exorbitanten Belastung der Pitten und in weiterer Folge der Leitha liefert der Wasserwirtschaftskataster

Die Gewässergüte der Schwarza und der Leitha hat sich während der vergangenen Jahre wesentlich verbessert (links: 1970, rechts: 2006).

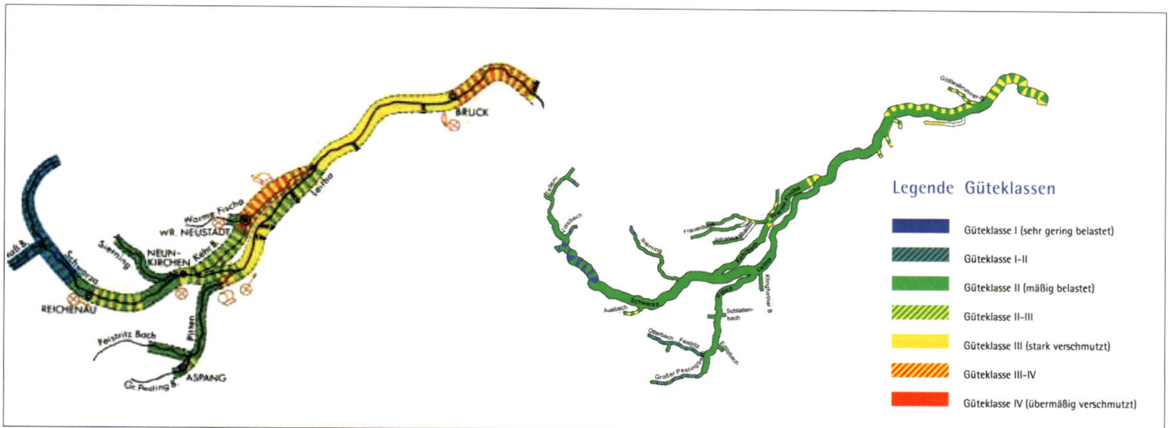

Gewässergütekarten 1970, 2006

Wassergüte Anfang des 20. Jahrhunderts

Für die schlechte Wasserqualität der Schwarza im Jahr 1905 waren laut den Berichten des niederösterreichischen Landtages folgende Betriebe verantwortlich:
- Werke der Papierfabriks-AG Schlöglmühl
- Papierfabrik Emil Hamburger in Ternitz
- Neunkirchner Druckfabrik
- Breitenauer Buntpapierfabrik

Für die Pitten erwähnt das Protokoll zwei Verursacher:
- Papierfabriken W. Hamburger in Pitten und
- Pittener Aktienpapierfabrik

Wie die folgenden Zeilen belegen, erfolgten damals schon erste Maßnahmen zur Verminderung der stofflichen Belastungen, wenngleich diese sicherlich nicht ausreichend waren:

„In der Papierfabrik W. Hamburger in Pitten sind Sedimentieranlagen zum Absitzen des Kaolins, welcher der Zellulose beigemengt wird, vorhanden; das Chlorwasser wird zur Abscheidung der Chlorrückstände in eine abgeschlossene zementierte Grube entleert und sodann wieder in die Bleicherei zurückgeleitet. Die letztere Anlage ist mit dem Flusse nicht verbunden und wird nur der sich ansammelnde Chlorrückstand alljährlich ein- oder zweimal ausgeführt und vergraben.
Die Aktienpapierfabrik in Pitten hat vor fünf Jahren zur Reinigung der Abwässer aus der Holzschleiferei einen sogenannten ‚Fulles Trichter' aufgestellt, welcher sich ganz gut bewährt.
Bezüglich der Reinigung der Bleichwässer – pro Monat ungefähr 20 Hektoliter stark verdünntes Chlorwasser (1 bis 4 Prozent) ist bisher keine Vorsorge getroffen worden; diese Abwässer werden in den Fluß abgelassen.
Es wurde Veranlassung getroffen, daß hinsichtlich dieser Abwässer das gleiche Verfahren wie im Hamburgerschen Betriebe eingeführt werde. Die ungesäumte Herstellung der erforderlichen Anlage wurde von der Werksleitung bereits zugesichert."

Sten. Protokolle des NÖ Landtags, 1905

Getrübte Badefreuden

„Am Kehrbache ist im Gemeindegebiete Katzelsdorf eine dem F. Wallner gehörige Badeanstalt gelegen, welche von Wiener-Neustadt aus viel besucht wird; besagter Wallner hat nun im vergangenen Sommer wegen Verunreinigung seines Badewassers bei der zuständigen Bezirkshauptmannschaft Neunkirchen Beschwerde geführt.

Diese Verunreinigung des Kehrbaches wurde übrigens an dem bezeichneten Sommertage um die Mittagsstunde auch in Wiener-Neustadt unter anderen in der Schwimmschule der k. u. k. Theresianischen Akademie beobachtet, wo das Wasser in violettbrauner Färbung anlangte. Es bestand die Vermutung, daß die Verunreinigungsstelle am Kehrbache selbst in der Umgebung Neunkirchens liege und, da der Wasserabzug im Kehrbache ein sehr beschleunigter ist, konnte geschlossen werden, daß die Ausleitung der färbenden Flüssigkeit erst vor wenigen Stunden stattgefunden hatte.

Ein Beamter der Bezirkshauptmannschaft Wiener-Neustadt, welcher zur bezeichneten Stunde in der Schwimmschule zufällig anwesend war, begab sich sofort aufs Telephonamt, um sich mit der Bezirkshauptmannschaft Neunkirchen ins Einvernehmen zu setzen, berichtete den Sachverhalt und erhielt die Antwort, daß sofort ein Radfahrer zur Erhebung abgehen werde. Trotz des raschen Einschreitens der beteiligten Ämter konnte der entsendete Radfahrer nicht mehr mit einiger Wahrscheinlichkeit die Ursprungsstelle der Verunreinigung erfahren."

Sten. Protokolle des NÖ Landtags, 1905

Verschmutzte Gewässer in den 1980er-Jahren

Der Wasserwirtschaftskataster aus dem Jahr 1993 beschäftigt sich auf über 400 Seiten mit der Situation an der Schwarza und der Leitha. Die daraus entnommenen Passagen spiegeln entscheidende Phasen der Gewässersanierung wider:

„Durch eine seit 1982 durch Industriestillegungen (Papierfabrik Schlöglmühl an der Schwarza), anschließende Produktionseinstellungen (Ende der Halbzeugzellstofferzeugung im Werk Pitten der Hamburger AG), sowie große Aktivitäten bei der Entsorgung kommunaler Abwässer (Bau der Verbandskläranlagen) an der Schwarza und im Raum Kehrbach – Wiener Neustadt mit Vollanschluß der Papierfabrik Fa. Hamburger AG in Pitten 1984/85 konnte der früheren Hochbelastungsphase eine Phase mit stark verminderter Abwasserbeeinflussung gegenübergestellt werden. ...

Im unteren Abschnitt der Pitten konnte die organische Belastung, verursacht durch die industriellen Abwassereinleitungen, um rd. 98 % vermindert werden.

Die organische Gesamtbelastung der Schwarza nahm um rd. 90 % ab, im Kehrbach-Fischa-System um rd. 68 %, bzw. mit Vorbelastung um rd. 94 %. In der unteren Leitha blieb die lokale organische Abwasserbelastung fast unverändert (ARA Bruck u.a.). Mit Berücksichtigung der Vorbelastung durch Pitten, Schwarza, Fischa-System, Leitha-Restwasserstrecke unter Neufeld, ergab sich nach den Sanierungsmaßnahmen eine Reduktion um rd. 94 %.

Die Stillegung der Zuckerfabrik Ende 1986 erbrachte den Wegfall der Abwasserbelastung während der Kampagne (Oktober–Dezember), d.h. eine Abnahme der lokalen organischen Verschmutzung um rd. 96 %.

Der Aussagewert der durch biozönotische Untersuchungen ermittelten Gewässergüte-Profile sollte in Zusammenhang mit den bei der qualitativen Gewässersanierung erkennbar werdenden Größenordnungsverhältnissen (Güte/organische Belastung) kritisch beleuchtet werden. Im überwiegend intensiv belüfteten Fliessgewässer-System dieser Größenordnung bewirkt nur eine extreme Abwasserbelastung, wie sie vor allem durch organisch hoch verschmutzte Abläufe der Industrie (hier in erster Linie Papier- und Zellstoffindustrie) gegeben waren, einen Abfall bis zur Güteklasse III–IV bis IV, und zwar auf einen Großteil des Flußlängsprofils. Die Reduktion der organischen Belastung um 90–95 % verbesserte dann die Situation des Gewässers bis zur Güteklasse II–III mit Tendenz zu II. Dies zeigt die nicht linear sondern exponential verlaufende Relation, d.h. die in der Größenordnung geringen verbleibenden restlichen Gewässerbelastungen (Kläranlagenabläufe, Regenentlastungen der großräumigen Kanalsysteme, diffuse sonstige Abwassereinträge) reichen aus, um zumindest über große Fließstrecken die ‚Vollsanierung' bis zu einer stabil bleibenden Güteklasse II hintanzuhalten.

Der außerordentlich starken Verminderung der organischen Belastung entsprach in der unteren Pitten die Verschiebung der Güteklasse von überwiegend IV auf zunächst II–III/III und dann auf II–III/II. In der Schwarza wurde von III (mit besonders hoher Feststoffbelastung durch die Papierfasern) auf II–III bis II verbessert. Im Kehrbach-Warme Fischa-System stellte sich eine Verbesserung von III–IV bis IV (unter Wr. Neustadt) auf II–III/III, ähnlich auch in der Leitha von III bis III–IV auf II–III/III ein. Im wesentlichen wurden dabei die von Chlamydobakterien und Ciliaten (Sphaerotilus, Carchesium u.a.) dominierten Aufwuchsbiozönosen, durch von Algen dominierte Besiedlungen (Diatomeen, Cladophora u.a.) mit häufigem Auftreten sauerstoffbedürftiger, überwiegend rheophiler Makroorganismen (Gammariden, Hydropsyche etc.) abgelöst.

Die Abnahme der organischen Abwasserbelastung um rd. 90–98 % bewirkte eine Verbesserung um rd. 1 1/2 (untere Pitten) bis 1/2–1 Güteklasse (Schwarza). Dies zeigt, daß die Reduktion der organischen Hauptbelastung vor allem im oberen Fließbereich des Systems außerordentliche Verbesserungen zeitigte, während im Unterlauf der Leitha (Niederungsgewässertyp) durch die vorgegebene intensive Anlandung von organisch angereichertem Feinsediment hohe Rückkopplungseffekte auf den fließenden Wasserkörper bestehen. Dabei sind im Schlammsediment weiterhin saprobe Besiedlungselemente (Tubifex tubifex u.a.) stark vertreten, bzw. haben durch die nun besseren Bedingungen der aeroben Schlamm-Mineralisation sogar zugenommen. Die rasche Sanierung der stark Aufwuchs-dominierten Fließbereiche von Pitten, Schwarza und streckenweise Kehrbach-Fischa, kann somit im Unterlauf der Leitha wegen der intensiven Schlammablagerung nicht gleichlaufend vollzogen werden, obwohl sich auch hier besonders in Teilbereichen (Aufwuchs, Strömungszonen) deutliche Erholungstendenzen abzeichneten (Zunahme von Gammariden, von rheophilen Larven, wie z.B. Ecdyonurus u.a.)."

Wasserwirtschaftskataster 1993, Teil IV

Mit der Ausweitung der Papierproduktion in den 1960er-Jahren nahm die Abwasserbelastung ein bedrohliches Ausmaß an. Doch schon einige Jahrzehnte später konnte dieses Problem durch moderne Kläranlagen und umweltschonendere Produktionsweisen gelöst werden.

(Herausgeber Bundesministerium für Land- und Forstwirtschaft) aus dem Jahr 1993: *„Die frühere Abwassersituation* [bedingt durch die Papierfabrik HW Hamburger AG] *war durch eine extrem hohe Belastung der Pitten gekennzeichnet. Bis 1960 war eine Sulfitzellstoffanlage in Betrieb, die später durch eine Halbzellstoffanlage ersetzt wurde, wodurch sich die Belastung der Pitten auf rd. 140.000 EGW* [Einwohnergleichwert, Referenzwert der Schmutzfracht in der Wasserwirtschaft] *reduzierte (EGW vorher weit höher). 1982 wurde auch die Halbzellstoffanlage stillgelegt. 1974 erreichte die Produktion 60 t Halbzellstoff und 145 t Papier (1978 verdreifacht) bzw. Pappe pro Tag. Gemessen am BSB5* [biochemischer Sauerstoffbedarf nach fünf Tagen] *(Tagesfracht 7.555 kg) entsprach dies 120.000 EGW, hinzu kam die Belastung durch die vom BSB5 nicht erfaßten biologisch schwer oder nicht abbaubaren Stoffe. Bis zum Anschluß an den Abwasserverband gelangten die Betriebsabwässer dann über die ab 1976/77 fertiggestellte mechanisch-chemische Kläranlage in die Pitten. Dabei ergab sich eine Reduktion der abgesetzten Stoffe um 99 %, des BSB5 um 40 %, des CSB* [chemischer Sauerstoffbedarf] *um 65 %. Es waren nach der inzwischen verdreifachten Papiererzeugung ab 1978 etwa 110.000 verbleibende EGW zu bewältigen. 1982 nach der Stillegung der Halbzellstofferzeugung rd. 50.000 EGW"* (Wasserwirtschaftskataster 1993).

Neben der beschriebenen Anlage gab es an der Schwarza und der Leitha noch weitere Papierfabriken und Kartonerzeugungen mit stark belastenden Abwässern. Sichtbares Zeichen der Verschmutzung waren braune, zum Teil stechend riechende Gewässerabschnitte mit hohen Schaumkronen. Aufgrund der starken Versickerungen war vermutlich auch das Grundwasser von den Abwässern betroffen, wenngleich dieser Aspekt kaum thematisiert wurde.

Erst mit der Anwendung umweltschonender Produktionsverfahren, dem Ausbau von Kläranlagen und Betriebsschließungen konnte das Abwasserproblem im Einzugsgebiet der Leitha gelöst werden. Eine Tabelle aus dem Wasserwirtschaftskataster zeigt die Gewässerbelastung vor und nach den einzelnen Sanierungsphasen und der Inbetriebnahme der Verbandskläranlagen. Demzufolge nahm die Belastung der Pitten innerhalb weniger Jahre um 98 Prozent ab, jene der Schwarza und der Leitha um 90 bzw. 94 Prozent.

Bis 2003 erreichten die Schwarza und Leitha über weite Bereiche Güteklasse II-III, in einigen Abschnitten auch II. Und die Verbesserungen gingen, wie die Gewässergütekarte aus dem Jahr 2006 zeigt, weiter. Betrachtet man die Entwicklung der Güte, so zeigt sich, wie lohnend die Anstrengungen zur Reinhaltung der Gewässer waren.

Auch die Lebensqualität am Fluss hat sich für die Menschen entscheidend verbessert, da das Wasser wieder zum Paddeln, Fischen oder einfach zum Verweilen an seinen Ufern einlädt. Eine zufriedenstellende Wassergüte ist zudem für gewässermorphologische Verbesserungen eine Voraussetzung, da sich andernfalls neu geschaffene Ruhigwasserbereiche oder Altarme für viele aquatische Organismen in Todeszonen verwandeln würden.

8.2 Wandel der Zielsetzungen im Wasserbau

Betrachtet man die flussbaulichen Maßnahmen an den heimischen Gewässern während der vergangenen Jahrhunderte, so zeigt sich ein deutlicher Wandel der Zielsetzungen: Der frühe Wasserbau orientierte sich am Planungsideal der „Gewässerkorrektion": Das verzweigte oder mäandrierende Flussbett sollte „korrigiert", d.h. auf einen Hauptarm eingeengt und begradigt, werden. Ziel der Verbauungen war es, der Flusslandschaft stetig neues Kulturland abzuringen und künftige Flussbettverlagerungen zu unterbinden. Bei den Regulierungsmaßnahmen ab dem Ende des 19. Jahrhunderts kam dem Hoch-

Vorgaben durch die Nationalen Gewässerbewirtschaftungspläne (NGP)

Die EU Wasserrahmen-Richtlinie sieht vor, dass der aktuelle Zustand nicht verschlechtert wird (Verschlechterungsverbot) und Grundwasser und Oberflächengewässer bis längstens 2027 einen guten Zustand aufweisen müssen (Sanierungsgebot). Im Falle von erheblich veränderten Gewässern besteht ein abgemindertes Umweltziel darin, das gute ökologische Potenzial zu erreichen.

Grundlegende Informationen dazu finden sich im Wasserinformationssystem Austria (WISA) des Bundesministeriums für Land- und Forstwirtschaft, Regionen und Wasserwirtschaft (BML) und im NÖ Atlas unter der Themenkarte zum NGP:
http://wisa.bml.gv.at
https://atlas.noe.gv.at/atlas/portal/noe-atlas

Der Nationale Gewässerbewirtschaftungsplan (NGP) ist ein Planungsinstrument zum Schutz, zur Verbesserung und zur nachhaltigen Nutzung der Gewässer. Basierend auf der Analyse des Ist-Zustandes der Gewässer, der Auswirkungen der menschlichen Aktivitäten und der Gewässernutzungen werden Ziele zur Erhaltung und Verbesserung des Gewässerzustandes formuliert und die Maßnahmen, die zur Erreichung dieser Ziele erforderlich sind, festgelegt. Der Nationale Gewässerbewirtschaftungsplan wird alle sechs Jahre erstellt und veröffentlicht.

Der 3. Nationale Gewässerbewirtschaftungsplan (NGP 2021) beschreibt die wasserwirtschaftliche Situation sowie geplante Maßnahmen für die Planungsperiode 2022 bis 2027 (vgl. WISA).

Durch das Planungsinstrument Gewässerentwicklungs- und Risikomanagementkonzept (GE-RM) werden die Ziele aus Hochwasser-Richtlinie und Wasserrahmen-Richtlinie aufeinander abgestimmt. Die GE-RMs sind somit das Bindeglied zwischen dem Nationalen Gewässerbewirtschaftungsplan und dem Hochwasserrisikomanagementplan.

Der Nationale Gewässerbewirtschaftungsplan steckt die Prioritäten des Wasserbaus für die kommenden Jahre ab.

wasserschutz eine immer wichtigere Rolle zu. So war es durch den technischen Fortschritt möglich, Siedlungen und technische Infrastruktur immer effektiver vor Hochwasser zu bewahren. Der Schutz landwirtschaftlich genutzter Flächen hatte lange Zeit ebenfalls hohe Priorität.

Die steigende Hochwassersicherheit war eine wichtige Voraussetzung für höherwertige Nutzungen im Nahbereich der Flüsse. Mit zunehmender Verbauung nahmen aber die natürlichen Retentionsräume wieder ab, mit negativen Folgen für die Hochwassersicherheit. So wurden immer umfangreichere und aufwendigere Regulierungsmaßnahmen notwendig. Ein Teufelskreis, der dazu geführt hat, dass heute viele Gewässer hart reguliert und ihrer natürlichen Dynamik und Strukturvielfalt beraubt sind – mit gravierenden Folgen für die Landschaft, die Tier- und Pflanzenwelt sowie den Grundwasserhaushalt. Gleichzeitig birgt die Ausweitung des Baulandes in den Hochwasserabflussräumen zunehmend Schadenspotenzial.

In den vergangenen Jahrzehnten haben uns extreme Hochwasserereignisse die Grenzen und die negativen Auswirkungen des technischen Hochwasserschutzes aufgezeigt:

- Die bei den Flussverbauungen beabsichtigte Vergrößerung und Beschleunigung des Abflusses verlagerte die Hochwassergefährdung in unterhalb angrenzende Bereiche. Der mit den linearen Verbauungen einhergehende Verlust an Rückhalteräumen trug zusammen mit der Versiegelung von Flächen zu erhöhten Abflussspitzen bei.

- Der Mensch hat die durch den technischen Hochwasserschutz geschaffenen Spielräume oft dazu genutzt, potenziell gefährdete Bereiche zu verbauen. So stieg das Schadenspotenzial der Hochwasser unaufhaltsam.

- Der technische Hochwasserschutz verursacht hohe Kosten für den Bau und Unterhalt

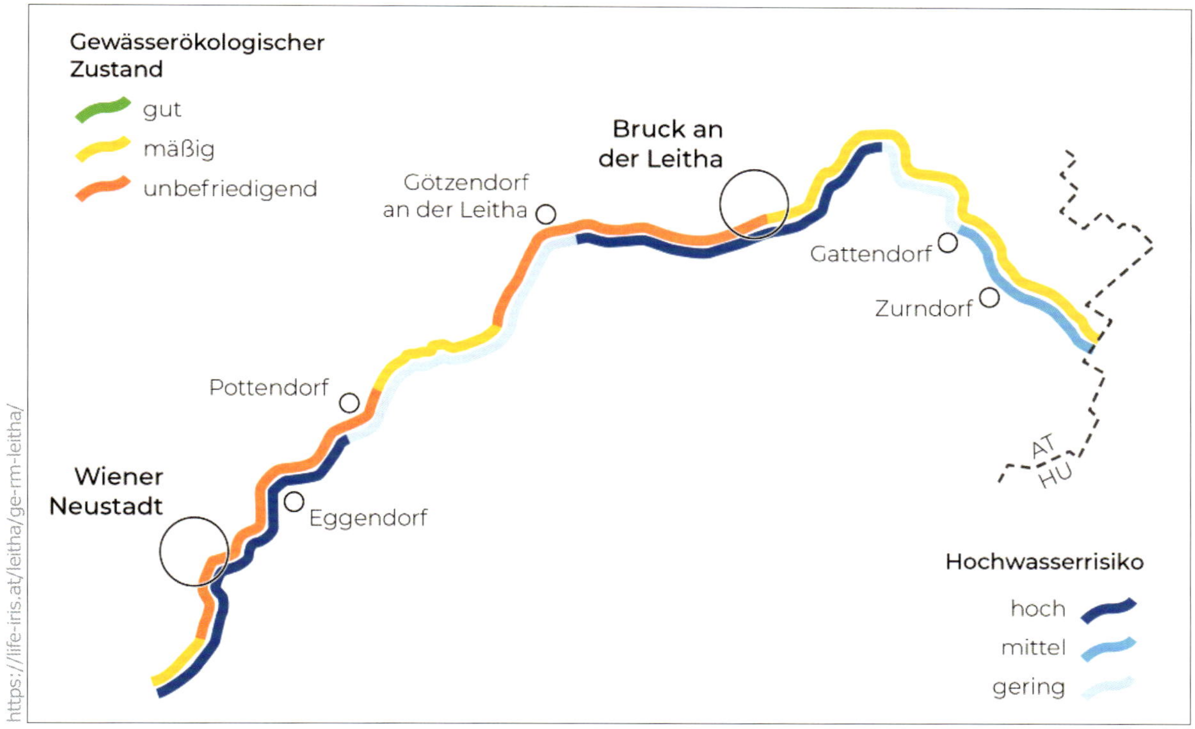

Gewässerökologischer Zustand der Leitha und Hochwasserrisiko

der Anlagen, die von der öffentlichen Hand getragen werden müssen. Zudem geht mit der Verbauung eine starke Abnahme der Biodiversität und der landschaftlichen Vielfalt einher.

Vor diesem Hintergrund setzte in den 1980er-Jahren ein allmählicher Paradigmenwechsel im Wasserbau ein. Die Bedeutung natürlicher oder naturnaher Fließgewässer fand auch in Gesetzen ihren Ausdruck.

Die 1985 erlassene Novelle zum Wasserrechtsgesetz legte die ökologische Funktionsfähigkeit und den Erholungswert der Gewässer erstmals ausdrücklich als öffentliches Interesse fest.

Noch stärker verankert ist der Gewässerschutz in der Wasserrahmen-Richtlinie (WR-RL), der Fauna-Flora-Habitat-Richtlinie (FFH-RL) und der Vogelschutz-Richtlinie (VS-RL). Die beiden letztgenannten Richtlinien haben den langfristigen Schutz beziehungsweise das Erreichen eines „guten" Erhaltungszustandes bestimmter Schutzgüter, wie Lebensraumtypen, Pflanzen- und Tierarten, darunter auch viele Fischarten, zum Ziel. Definiert werden verbindliche naturschutzfachliche Vorgaben, die bei Flussrevitalisierungen zu beachten sind.

Auch die im Jahr 2000 in Kraft getretene Wasserrahmen-Richtlinie legt die Umweltziele für alle Oberflächengewässer und das Grundwasser in der EU fest. Die gewässerökologischen Vorgaben der WR-RL wurden im Jahr 2003 in das österreichische Wasserrechtsgesetz (WRG) übernommen. Zudem trat auf Basis der WR-RL im Jahr 2010 der „Nationale Gewässerbewirtschaftungsplan 2009" (NGP) in Kraft, in dem u.a. die Wiederherstellung der Wandermöglichkeiten für Fische als prioritäres Ziel festgelegt wurde

(BMLFUW 2009). Der aktuelle Nationale Gewässerbewirtschaftungsplan (NGP 2021) beschreibt die wasserwirtschaftliche Situation in Österreich sowie projektierte Maßnahmen für die Planungsperiode 2022 bis 2027.

Betrachtet man die Entwicklung der gesetzlichen Grundlagen und Richtlinien, so zeigt sich ein deutlicher Wertewandel. Flüsse sind nicht nur Abfluss- und Retentionsraum für Geschiebe und Hochwasser, sie erfüllen auch viele andere Funktionen, etwa für die Biodiversität oder als Erholungs- und Erlebnisraum für den Menschen. Naturnahe Flusssysteme besitzen zudem eine hohe Selbstreinigungskraft und bilden sehr häufig die Basis für bedeutende Grundwasservorkommen. In den Fließgewässern und Auen finden viele Tier- und Pflanzenarten ihre oft letzten Refugien, insbesondere in ausgeräumten, intensiv genutzten Tälern.

Vor diesem Hintergrund geht es bei den wasserbaulichen Maßnahmen um ein ausgewogenes Verhältnis zwischen dem Hochwasserschutz und dem Schutz des Gewässers und der angrenzenden Auen. Ziel ist es, sowohl die gewässerökologische Situation zu verbessern, als auch den notwendigen Hochwasserschutz für die angrenzenden Siedlungen sicherzustellen.

Im Folgenden werden ausgewählte Projekte präsentiert. Die Darstellung ist aufgrund der Ähnlichkeit vieler Projekte exemplarisch und erhebt keinen Anspruch auf Vollständigkeit.

8.3 LIFE-Projekt

Das von der EU geförderte Vorhaben „LIFE IP IRIS" unterstützt integrative Planungsansätze als neuen Weg der ökologischen Sanierung der Gewässer bei gleichzeitig verbessertem Hochwasserschutz. Die Umsetzungen des 2018 gestarteten LIFE-Projekts sind an mehreren Flüssen in Österreich geplant, der Projektzeitraum erstreckt sich bis zum Jahr 2027 (LIFE IP IRIS Austria, https://life-iris.at).

Das Projektgebiet an der Leitha reicht vom Leitha-Ursprung (Fkm 121,00) bis zur österreichisch-ungarischen Staatsgrenze (Fkm 18,60) und umfasst eine Länge von 102,40 Kilometern.

Das LIFE-Projekt hat den integrativen Schutz der Gewässer zum Ziel. Das heißt, es möchte ein Bewusstsein dafür schaffen, dass Hochwasserschutz und Gewässerökologie kein Widerspruch sein müssen. Zudem legt das Projekt großen Wert auf die Einbindung von Bevölkerung und Interessengruppen in den Planungsprozess. Auf diesem Wege sollen Anregungen und Bedenken aller Beteiligten eingebracht werden, was die Akzeptanz der Planungsergebnisse erhöhen soll.

8.3.1 Planungen

In der ersten Phase des LIFE-Projekts stand die Erarbeitung der Gewässerentwicklungs- und Risikomanagementkonzepte im Vordergrund. Um die gewässerökologische und schutzwasserwirtschaftliche Situation zu verbessern, wurden wichtige Grundlagen ausgearbeitet. Teilweise konnte auch auf ältere Untersuchungen zurückgegriffen werden. So lagen für die Leitha detaillierte Studien vor, die die hydrologischen Verhältnisse in den Restwasserstrecken und das Gewässerkontinuum behandeln.

Bei der Entwicklung des integrativen Leitbilds sind folgende Grundlagen eingeflossen (als Download auf der Homepage des Landes Niederösterreich verfügbar):

- Ermittlung des Zielzustandes gemäß EU Wasserrahmen-Richtlinie für Leitha und Schwarza (2009)
- Machbarkeitsstudie zur Herstellung der Durchgängigkeit der Leitha von Katzelsdorf bis zur Mündung der Warmen Fischa (2017)
- Hochwasserprognosesystem Leitha (Ko-

H. Rojacz (2x)

Naturnahe Mäanderstrecke (l.)

Steilufer mit unbewachsenen Erdaufschlüssen (r.)

operation zwischen der Hydro Niederösterreich und der Hydro Burgenland) 2020
• Gewässerentwicklungs- und Risikomanagementkonzept „GE-RM Leitha" im Rahmen des LIFE-Projekts (2021)

Auf Basis dieser Grundlagen wurde ein generelles Maßnahmenkonzept ausgearbeitet. Dieses enthält die erforderlichen Einzelmaßnahmen bzw. Maßnahmenbündel, um die in den Zielen definierten Vorgaben zu erreichen. Grundsätzlich geht es dabei um die Sicherstellung der geforderten Hochwassersicherheit und um das Erreichen des guten Zustands gemäß WRRL (Wasserrahmen-Richtlinie) bzw. NGP (Nationaler Gewässerbewirtschaftungsplan).

Die Planungsgrundsätze lassen sich wie folgt umreißen:

• passiver Hochwasserschutz durch nichtbauliche Maßnahmen vor baulichen Hochwasserschutzmaßnahmen
• Retentionsmaßnahmen vor linearen Schutzmaßnahmen
• Nutzung der natürlichen Retention vor technischen Rückhaltemaßnahmen
• Rückhaltebecken im Nebenschluss vor solchen im Hauptschluss
• naturnahe und gewässerspezifische Maßnahmentypen und Bauweisen vor naturfernen bzw. nicht dem Gewässertyp entsprechenden Maßnahmentypen und Bauweisen

Die Maßnahmenkonzepte orientieren sich an den Zielsetzungen des Nationalen Hochwasserrisikomanagementplans (siehe Entwurf RMP 2021) sowie an den Vorgaben des Nationalen Gewässerbewirtschaftungsplans (siehe Entwurf NGP 2021).

Die Vorgaben des NGP 2021 sind im Internet abrufbar:
https://info.bml.gv.at/themen/wasser/wisa/ngp/ngp-2021.html
https://atlas.noe.gv.at/atlas/portal/noe-atlas/map/Wasser/Wasserrecht

Wie in den vorangegangen Kapiteln beschrieben, haben die Kraftwerksnutzungen die Hydrologie der Leitha stark verändert. Für die Planung morphologischer Verbesserungsmaßnahmen ist die Unterscheidung zwischen Rest- und Vollwasserstrecken von grundlegender Bedeutung. Während bei Vollwasserstrecken (mit einer weitgehend natürlichen Hydrologie) aufgrund der natürlichen Entwicklungsdynamik von einer Strukturausstattung entsprechend dem jeweiligen

Geplante Maßnahmen an der Leitha

Gesamte Leitha in Österreich (Fkm 120,87–18,57)

- Erhalt von Retentionsräumen
- Geschiebemanagement
- Flächenmanagement
- Gewässerpflegekonzept
- Erhebung Meldekette
- Öffentlichkeitsarbeit zur Bewusstseinsbildung

Leitbildstrecke Leitha-Ursprung–Ausleitung Katzelsdorf (Fkm 120,87–116,31)

- Rückhaltemaßnahmen: Ausschotterungsbecken Lanzenkirchen im künstlichen Nebenarm
- Gewässermorphologische Maßnahme: Revitalisierung Lanzenkirchen

Leitbildstrecke Ausleitung Katzelsdorf–Badesee Neudörfl (Fkm 116,31–110,01)

- Gewässermorphologische Maßnahmen: Herstellung von Fischrettungspools
- Gewässermorphologische Maßnahmen: Absenkung der Uferbereiche Katzelsdorfer Au
- Lineare Hochwasserschutz-Maßnahmen: Hochwasserschutz Gemeinde Katzelsdorf
- Lineare Hochwasserschutz-Maßnahmen: Hochwasserschutz Gemeinde Wiener Neustadt
- Planungen und organisatorische Maßnahmen: Geotechnische Überprüfung Dammsicherheit, Hochwasserschutz Neudörfl
- Planungen und organisatorische Maßnahmen: Katastrophenschutzplan Neudörfl

Leitbildstrecke Badesee Neudörfl–Zillingdorf (Fkm 110,01–104,00)

- Gewässermorphologische Maßnahmen: Herstellung von Fischrettungspools
- Gewässermorphologische Maßnahmen: Absenkung der Uferbereiche Wiener Neustädter Au
- Lineare Hochwasserschutz-Maßnahmen: Hochwasserschutz Gemeinde Lichtenwörth
- Gewässermorphologische Maßnahmen: Absenkung der Uferbereiche Lichtenwörther Au
- Lineare Hochwasserschutz-Maßnahmen: Hochwasserschutz Gemeinde Eggendorf
- Planungen und organisatorische Maßnahmen: Geotechnische Überprüfung Dammsicherheit, Hochwasserschutz Eggendorf/Zillingdorf

Leitbildstrecke Zillingdorf–Pottendorfer Werkskanal (Fkm 104,00–90,70)

- Gewässermorphologische Maßnahmen: Absenkung der Uferbereiche Zillingdorf–Ebenfurther Au
- Hydraulische Maßnahmen: Restwasserdotation Eggendorf/Zillingdorf
- Verbesserung der Durchgängigkeit: Herstellung Passierbarkeit Eggendorf/Zillingdorf
- Gewässermorphologische Maßnahmen: Revitalisierung Zillingdorf–Pottendorfer Werkskanal
- Lineare Hochwasserschutz-Maßnahmen: Hochwasserschutz Gemeinde Ebenfurth
- Gewässermorphologische Maßnahmen: Strukturierung Neufeld a. d. Leitha, Landegg
- Planungen und organisatorische Maßnahmen: Katastrophenschutzplan Pottendorf
- Rückhaltemaßnahmen: Errichtung des Rückhaltebeckens Landegg
- Gewässermorphologische Maßnahmen: Revitalisierung Pottendorfer Au

Leitbildstrecke Pottendorfer Werkskanal–Seibersdorf (Fkm 90,70–79,36)

- Gewässermorphologische Maßnahmen: Strukturierung Wimpassing
- Gewässermorphologische Maßnahmen: Revitalisierung Wampersdorf
- Gewässermorphologische Maßnahmen: Revitalisierung Deutsch-Brodersdorf bzw. Leithaprodersdorf

Leitbildstrecke Seibersdorf–Bruck a. d. Leitha (Fkm 79,36–56,02)

- Gewässermorphologische Maßnahmen: Revitalisierung Kotzenmühle
- Hydraulische Maßnahmen: Überprüfung Restwasserdotation Wehr Kotzenmühle
- Planungen und organisatorische Maßnahmen: Katastrophenschutzplan Reisenberg
- Gewässermorphologische Maßnahmen: Strukturierung Restwasserstrecke Kotzenmühle bis Bruck a. d. Leitha
- Planungen und organisatorische Maßnahmen: Geotechnische Überprüfung Dammsicherheit Hochwasserschutz Götzendorf bis Bruckneudorf
- Planungen und organisatorische Maßnahmen: Katastrophenschutzplan Götzendorf
- Gewässermorphologische Maßnahmen: Revitalisierung Trautmannsdorf
- Rückhaltemaßnahmen: Errichtung des Rückhaltebeckens Wilfleinsdorf
- Verbesserung der Durchgängigkeit: Herstellung Passierbarkeit Bruck a. d. Leitha

Leitbildstrecke Bruck a. d. Leitha–Wangheim (Fkm 56,02–35,50)

- Gewässermorphologische Maßnahmen: Revitalisierung Bruckneudorf
- Gewässermorphologische Maßnahmen: Revitalisierung Gerhaus/Rohrau
- Gewässermorphologische Maßnahmen: Anbindung Haidmühlarm
- Gewässermorphologische Maßnahmen: Revitalisierung Hollern bis Deutsch-Haslau
- Gewässermorphologische Maßnahmen: Strukturierung Deutsch-Haslau
- Gewässermorphologische Maßnahmen: Revitalisierung Wangheim

Leitbildstrecke Gattendorf–Staatsgrenze Ungarn (Fkm 33,46–18,57)

- Verbesserung der Durchgängigkeit: Herstellung Passierbarkeit Gattendorf
- Gewässermorphologische Maßnahmen: Altarmanbindungen Gattendorf
- Gewässermorphologische Maßnahmen: Revitalisierung Kleebühl
- Gewässermorphologische Maßnahmen: Revitalisierung Nickelsdorf

Quelle: GE-RM Leitha, Maßnahmenkonzept 2021

LIFE und Natura 2000

Der grenzüberschreitende Natur- und Umweltschutz spielte in der Geschichte der Europäischen Union anfänglich nur eine untergeordnete Rolle. Angesichts des beunruhigenden Rückgangs der Artenvielfalt änderte sich diese Haltung jedoch und die damalige EWG verabschiedete 1979 die Vogelschutz-Richtlinie (VS-Richtlinie). 1992 folgte die Fauna-Flora-Habitat-Richtlinie (FFH-Richtlinie). Ziel war, die europaweit bedrohten Lebensräume und stark gefährdeten Arten zu erhalten.

Das Förderprogramm LIFE zählt zu den wichtigsten Finanzierungsquellen für Natur- und Gewässerschutz. Viele Vorhaben wären in der Vergangenheit ohne dieses Angebot der EU nur schwer umsetzbar gewesen. Das Förderprogramm LIFE hilft bei der Umsetzung der Wasserrahmen-Richtlinie, der Fauna-Flora-Habitat-Richtlinie sowie der Vogelschutz-Richtlinie und unterstützt den Aufbau des europäischen Schutzgebietsnetzwerkes Natura 2000.

Natura 2000 ist ein europaweites Netz von mehr als 26.000 Schutzgebieten, durch das besondere Tier- und Pflanzenarten sowie schutzwürdige Lebensräume auch zukünftigen Generationen erhalten bleiben sollen. Dieses Netz wird von allen Mitgliedsstaaten der EU nach gleichen Rahmenbedingungen eingerichtet. Alle Mitgliedsstaaten haben zugesichert, dass die Natura-2000-Gebiete in ihrer Funktionalität nicht verschlechtert werden. Derzeit umfasst die terrestrische Fläche der Fauna-Flora-Habitat-Gebiete 751.000 Quadratkilometer oder etwa 17,5 Prozent der Gesamtfläche der EU. Dies entspricht etwa der neunfachen Fläche Österreichs.

In Österreich liegt der Flächenanteil der Fauna-Flora-Habitat-Gebiete bei elf Prozent. Berücksichtigt man auch die Vogelschutzgebiete, so erhöht sich der Anteil der Europaschutzgebiete auf 14,7 Prozent.

Natura 2000 erhebt nicht den Anspruch, „Naturoasen" zu schaffen, in denen jegliche Aktivität des Menschen untersagt ist. Manche Lebensräume sind ja durch menschliche Tätigkeiten entstanden und hängen von extensiven Nutzungsformen ab. Deshalb ist auch die Förderung angepasster Wirtschaftsweisen erklärtes Ziel der Agrarumweltprogramme und von LIFE-Natur.

LIFE-Projekt Integrated River Solutions in Austria (LIFE-IRIS)

Projektgebiet: sieben österreichische Flüsse, darunter der Mündungsabschnitt der Traun
Projektträger: Bundesministerium für Land- und Forstwirtschaft, Regionen und Wasserwirtschaft
Dauer: 2018–2027
Das Projekt ist auf neun Jahre anberaumt und umfasst vier Phasen. Durch fach- und sektorenübergreifende Planungsprozesse werden für jedes Pilotgewässer individuelle Leitbilder und Maßnahmenkonzepte erstellt. Dies erfolgt mithilfe des Planungsinstruments „Gewässerentwicklungs- und Risikomanagementkonzept" – kurz GE-RM, mit dem Planungen und Maßnahmen zur Verbesserung der Ökologie und des Hochwasserschutzes aufeinander abgestimmt und gleichzeitig Rahmenbedingungen aus verschiedenen Fachbereichen wie Naturschutz, Raumplanung Tourismus usw. berücksichtigt werden können. Im Rahmen des Projekts werden erste Pilotmaßnahmen umgesetzt und evaluiert.
Website: https://life-iris.at

Flusstyp ausgegangen werden kann, sind die dynamischen Prozesse zur Ufer- und Sohlentwicklung in Restwasserstrecken beeinträchtigt. Der Fokus bei der Umsetzung morphologischer Verbesserungsmaßnahmen liegt auf jenen Abschnitten, in denen keine Restriktionen durch Ausleitungen bzw. ausgeprägte Versickerungstendenzen bestehen.

8.3.2 Maßnahmen

Im Rahmen des Gewässerentwicklungs- und Risikomanagementkonzepts (GE-RM) wurden für die Leitha 40 Einzelmaßnahmen bzw. elf Maßnahmenbündel definiert. Sie sollen dazu beitragen, die im Leitbild formulierten integrativen Entwicklungsziele zu erreichen. Die Darstellung der Maßnahmen bezieht sich auf die jeweilige Leitbildstrecke. Ausgehend von der Beschreibung des integrativen Leitbilds für den betreffenden Abschnitt werden die notwendigen Maßnahmen und die einzelnen „Maßnahmen-Steckbriefe" behandelt.

Um die eigendynamische Entwicklung typspezifischer Gewässerstrukturen (u.a. Kolk-Furt-Sequenzen, Kiesbänke, tiefe Kolke, Abbruchufer) zu ermöglichen, sind zahlreiche Initialmaßnahmen (u.a. Buhnen, Entfernung von Ufersicherungen) geplant. Von großer Bedeutung ist dabei auch das Geschiebemanagement.

Indem Fischaufstiegshilfen errichtet und Querwerke entfernt oder abgesenkt werden, sollen Fische und Bodenorganismen wieder frei wandern können. Der Fokus liegt dabei auf Vollwasserstrecken.

Umsetzung von Pilotprojekten

Im Rahmen des LIFE-Projekts wurden bereits drei Pilotmaßnahmen ausgewählt, die bis Mitte 2025 umgesetzt werden sollen (GE-RM Leitha, Maßnahmenkonzept 2021). Dazu zählen:
- Anlage von Fischrettungspools in der Leitha bei Lichtenwörth
- Altarmanbindungen Haidmühlarm in Rohrau und Parndorf
- Maßnahmen zur gewässerökologischen Aufwertung der Restwasserstrecke zwischen Bruckneudorf und Sommerein (Fkm 56,0–68,5)
- Gattendorfer Altarmanbindung (Fkm 29,9–30,4)

In den nächsten Jahren sollen weitere Projekte folgen, die dazu beitragen werden, den gewässerökologisch und wasserwirtschaftlich gewünschten Zustand zu erreichen. Dazu sind aber noch umfangreiche Vorarbeiten notwendig. So werden in einem ersten Schritt die erforderlichen Grundlagen und Detailplanungen ausgearbeitet. In weiterer Folge müssen die behördlichen Genehmigungsverfahren abgewickelt und entsprechende Finanzierungen aufgestellt werden. Im Rahmen der Umsetzung hat die Öffentlichkeitsarbeit einen hohen Stellenwert.

Weitere Informationen zum LIFE-Projekt sind der Homepage https://life-iris.at zu entnehmen, auf der auch die Berichte „Bestandserhebung" und „Maßnahmenkonzept" zum Download bereitstehen.

9 Die Leitha in alten Karten

Flüsse gaben für die Eroberung einer Landschaft stets wichtige Achsen vor, entlang denen Handelswege, Siedlungen und Betriebsstätten entstanden. Dementsprechend früh finden sich in den Kartendarstellungen neben wichtigen Städten auch größere Gewässer. Schwer zugängliche Gebirgslandschaften waren für die frühe Kartografie hingegen nur von geringem Interesse. Berge wurden lange Zeit gar nicht berücksichtigt oder eher symbolisch in Form von „Maulwurfshügeln" ins Kartenbild gesetzt.

Die Schwarza und die Leitha wird man aufgrund ihrer Größe in frühen Kartenwerken wie der „Tabula Peutingeriana" oder den mittelalterlichen Radkarten vergeblich suchen, da sie zu klein und zu unbedeutend waren.

Die Kartografie erlebte ab dem 16. Jahrhundert eine erste Blüte, die durch neue Vermessungsmethoden und die Erfindung von Kupferstich und Buchdruck möglich wurde. Die Ungenauigkeiten älterer Karten wurden teilweise beseitigt, indem bestimmte Kartenprojektionen angewandt und Messungen durchgeführt wurden.

9.1 Beginn der Landeskartografie

Um ihre Herrschaftsansprüche zu untermauern, verlangten die Landesherren nach detaillierten Darstellungen ihrer Länder. Karten großer Regionen in kleinem Maßstab ent-

Wolfgang Lazius: Fränkische Ostmark
... Austriae ad Danubium alterius descriptio
(Wien: Michael Zimmermann, 1561)

sprachen nicht mehr den Anforderungen der Zeit, da die Grenzen eine immer bedeutendere Rolle spielten. Dem trugen die frühen Kartografen auch hierzulande Rechnung.

Einen ersten Meilenstein setzte Wolfgang Lazius mit seiner 1561 erschienenen Darstellung von Ober- und Niederösterreich. In dieser Karte sind erstmals auch die wichtigsten Zubringer der Donau enthalten. Die Genauigkeit lässt zwar noch zu wünschen übrig, die Topografie findet aber detailreich in Form von Gebirgszügen und Tälern Eingang ins Kartenbild. Die Leitha weist dabei einen gewundenen Lauf auf, der ihre Dynamik widerspiegeln soll, und wird bereits mit den wichtigsten Nebenflüssen präsentiert. Die Gebirgsketten sind aber noch unvollständig und ungenau in das Kartenbild gesetzt. So ist der Oberlauf der Schwarza nur fragmentarisch einbezogen. Der angrenzende Abschnitt des Höllentals zwischen dem Schneeberg- und dem Raxmassiv bis zur Pitten-Mündung ist für die damaligen Verhältnisse sehr treffend dargestellt. Im weiteren Verlauf bildet die Leitha auf der gesamten Strecke bis zur Mündung in die Kleine Donau die Grenze zwischen Österreich und Ungarn. Erwähnt sind auch wichtige Ortschaften wie Katzelsdorf, Ebenfurth, Brodersdorf, Wimpassing, Götzendorf, Trautmannsdorf, Wilfersdorf, Bruck an der Leitha sowie im Mündungsbereich Altenburg und Wieselburg. Der Umstand, dass es zum damaligen Zeitpunkt nur wenige und

Gerard Mercator: Österreich
Austria archiducatus, ca. 1:675.000
(Duisburg 1585)

Matthäus Merian: Niederösterreich
Archiducatus Austriae. Unter Österreich.
(Frankfurt am Main, 1649)

NÖ Landesbibliothek, Kartensammlung A IV 79

Georg Matthäus Vischer: Archiducatus Austriae inferioris Geographica, et Nouiter Emendata Accuratissima ... (Amsterdam: 1698)

sehr ungenaue Kartendarstellungen gab, die als Vorlage verwendbar gewesen wären, unterstreicht die Bedeutung dieser Darstellung.

Neben seinen Karten, die durch den Kupferstich weite Verbreitung fanden, veröffentlichte der Mediziner und Universalgelehrte Lazius, der nebenbei auch Leibarzt von Kaiser Ferdinand I. war, mehrere Schriften zur alten und mittleren Geschichte Österreichs (König 2007).

Einen Rückschritt in der Kartografie bedeutete die Karte von Gerard Mercator 1602, die das Gewässernetz mit gravierenden Fehlern wiedergibt. So fehlt die Schwarza und anstelle der Pitten wird der viel kleinere Edlitzbach in der Karte verzeichnet.

Etwas genauer ist die Karte von Matthäus Merian 1649, was sich insbesondere in der Darstellung des Gewässernetzes niederschlägt.

1670 bzw. 1697 erstellte Georg Matthäus Vischer eine Niederösterreichkarte im Maßstab 1:144.000. Inhaltlich bedeutet diese Karte gegenüber den Darstellungen von Lazius eine bedeutende Weiterentwicklung. Das Flusssystem entspricht bereits ansatzweise den räumlichen Gegebenheiten, die Gebirgszüge und die wichtigsten Orte werden durch die perspektivische Darstellung veranschaulicht. In der Darstellung sind auch die Namen wichtiger Zubringerbäche eingetragen.

Bemerkenswert ist auch eine Darstellung am unteren Bildrand, die den Kartografen mit seinem Gehilfen bei der Landvermessung zeigt. Zu sehen sind ein Messtisch mit den typischen Geräten: Bussole, Lineal mit zwei Dioptern und Wasserwaage. Am Boden liegen Zirkel, Winkelmesser und Messkette.

Die Karten Vischers zählten zu den ersten, die unter Verwendung von Messtisch, Triangulierung und weiterer neuer Messmethoden entstanden. Bis ins späte 18. Jahrhundert dienten sie den Kartografen als Vorbild.

NÖ Landesbibliothek, Kartensammlung AV 227

Der Landvermesser am Rand der oben zitierten Karte (kolorierte Fassung)

Marinoni 1751 beschreibt in seinem Buch „De re ichnographica" die Grundlagen der Vermessungstechnik. Als Anschauungsbeispiel dienen auch seine Vermessungen an der Leitha.

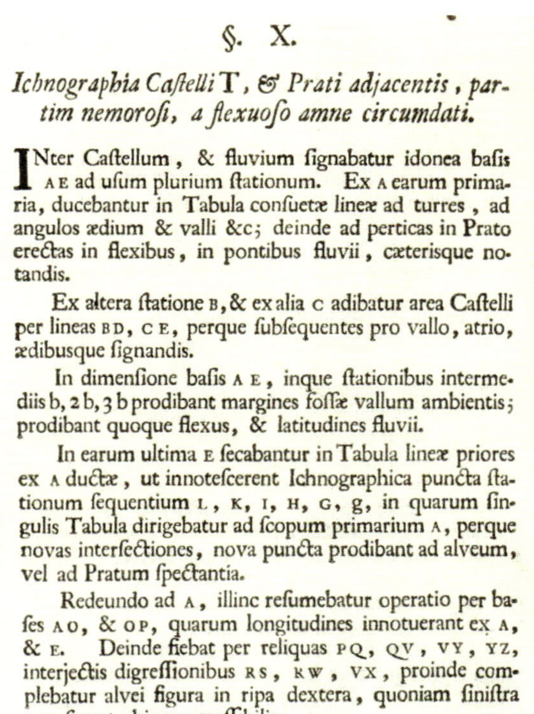

§. X.

Ichnographia Castelli T, *& Prati adjacentis, partim nemorosi, a flexuoso amne circumdati.*

INter Castellum, & fluvium signabatur idonea basis A E ad usum plurium stationum. Ex A earum primaria, ducebantur in Tabula consuetæ lineæ ad turres, ad angulos ædium & valli &c; deinde ad perticas in Prato erectas in flexibus, in pontibus fluvii, cæterisque notandis.

Ex altera statione B, & ex alia C adibatur area Castelli per lineas B D, C E, perque subsequentes pro vallo, atrio, ædibusque signandis.

In dimensione basis A E, inque stationibus intermediis b, 2 b, 3 b prodibant margines fossæ vallum ambientis; prodibant quoque flexus, & latitudines fluvii.

In earum ultima E secabantur in Tabula lineæ priores ex A ductæ, ut innotescerent Ichnographica puncta stationum sequentium L, K, I, H, G, g, in quarum singulis Tabula dirigebatur ad scopum primarium A, perque novas intersectiones, nova puncta prodibant ad alveum, vel ad Pratum spectantia.

Redeundo ad A, illinc resumebatur operatio per bases A O, & O P, quarum longitudines innotuerant ex A, & E. Deinde fiebat per reliquas P Q, Q V, V Y, Y Z, interjectis digressionibus R S, R W, V X, proinde complebatur alvei figura in ripa dextera, quoniam sinistra non fuerat ubique accessibilis.

Marinoni 1751 erklärt in lateinischer Sprache seine Vermessung an der Leitha bei Trautmannsdorf (l.).

Zu Marinonis herausragenden Erfindungen zählt die Weiterentwicklung des geodätischen Messtisches, der ein wesentlich genaueres Arbeiten ermöglichte (r.).

Marionoi 1751: De re ichnographica (3x)

Da die Leitha über weite Strecken ein Grenzfluss war, wurde sie auch Objekt mehrerer Grenzkarten.

Herausragende Darstellungen stammen von Johann Jakob Marinoni (vgl. S. 166). Er wurde im Jahre 1676 in Udine geboren und übersiedelte im Alter von zwanzig Jahren zum Studium der Metaphysik und der Geometrie nach Wien. In der Residenzstadt machte er sich als Mathematiker, Astronom und Landvermesser einen Namen. 1705 zum Hofmathematiker ernannt, wurde er für wichtige Vermessungsarbeiten eingesetzt. So fertigte er im Auftrag einer kaiserlichen Kommission zur Grenzregelung zwischen dem Königreich Ungarn und den angrenzenden Erbländern mehrere Karten des Grenzgebietes an. Es ging dabei auch um die Zugehörigkeit der Herrschaften Hornstein, Bernstein und Forchtenstein, die Österreich beanspruchte. Die geplante Grenzregelung kam zwar nicht in dieser Form zustande, Marinonis Karriere tat dies aber keinen Abbruch. 1719 plante er die Katastervermessung des Herzogtums Mailand, die als erste wissenschaftliche Vermessung eines Staates gelten kann.

Zu seinen bedeutendsten Leistungen gehört die Weiterentwicklung des geodätischen Messtisches, der in seiner verbesserten Form ein schnelleres und genaueres Arbeiten ermöglichte. Der Marinoni-Messtisch gehörte bis in die Mitte des 20. Jahrhunderts zum Rüstzeug jedes Landvermessers (Hiermanseder & König 2017).

In seinem Buch *„De re ichnographica"* beschreibt Marinoni (1752) die Herstellung von Karten und Plänen, die dazu benötigten Geräte und die Erfindung des Messtisches, der *„Tabula Praetoriana"*. Das Buch ist eines der ersten Werke über die Vermessungstheorie überhaupt. Anhand zahlreicher Beispiele, die von seinen früheren Aufträgen stammen, erläutert Marinoni methodische Grundsätze und geht auf die Minimierung von Messfehlern ein. Er analysiert, wie sich Ungenauigkeiten bei der Winkelmessung der Dreiecke auf die Längen auswirken und benützt die neuesten Logarithmentafeln. Die Fehlertheorie nimmt über 100 Seiten in *„De re ichnographica"* ein und Marinoni wirft darin Fragen auf, die noch im 18. Jahrhundert Lambert und im 19. Jahrhundert Gauß beschäftigt haben (Hiermanseder & König 2017).

Bemerkenswert ist der Umstand, dass Marinoni seine früheren Vermessungen an der Leitha als Anschauungsbeispiel in einem Kapitel ausführlich behandelt. Anhand einer Karte von Trautmannsdorf beschreibt er die Herangehensweise bei einer Flussvermessung. In mehreren Absätzen erläutert er seine Vermessungen zwischen der Leitha und dem Leithagebirge. Zudem finden sich detailreiche Skizzen mit den Messpunkten und Hilfslinien.

9.2 Landesaufnahmen

Die Landesvermessung startete in Österreich in der zweiten Hälfte des 18. Jahrhunderts unter der Regentschaft Maria Theresias. Niederösterreich wurde im Rahmen der ersten Landesaufnahme, der sogenannten Josephinischen Landesaufnahme, im Zeitraum 1773 bis 1781 erfasst. Der Maßstab von 1:28.800 ermöglichte einen hohen Detaillierungsgrad. Die Dynamik von Schwarza und Leitha ist in den Karten durch ausgedehnte Kiesbänke und Inseln deutlich erkennbar. Die Berge werden in den Landesaufnahmen nicht, wie früher üblich, perspektivisch durch „Maulwurfshügel", sondern durch Schraffierung und Farbgebung dargestellt.

Diese erste Landesaufnahme führte dennoch aufgrund unterschiedlicher Methoden und nicht zusammenhängender Triangulierung zu einem unbefriedigenden Ergebnis. Deshalb folgte schon kurze Zeit später der Auftrag zur zweiten Landesaufnahme, der sogenannten Franziszeischen Landesaufnahme. Die Karten für das Land Niederösterreich wurden um 1820 erstellt.

Erste oder Josephinische Landesaufnahme 1773–1781 (l.)

Zweite oder Franziszeische Landesaufnahme um 1820 (r.)

ÖNB, Kartensammlung

ÖSTA Kriegsarchiv

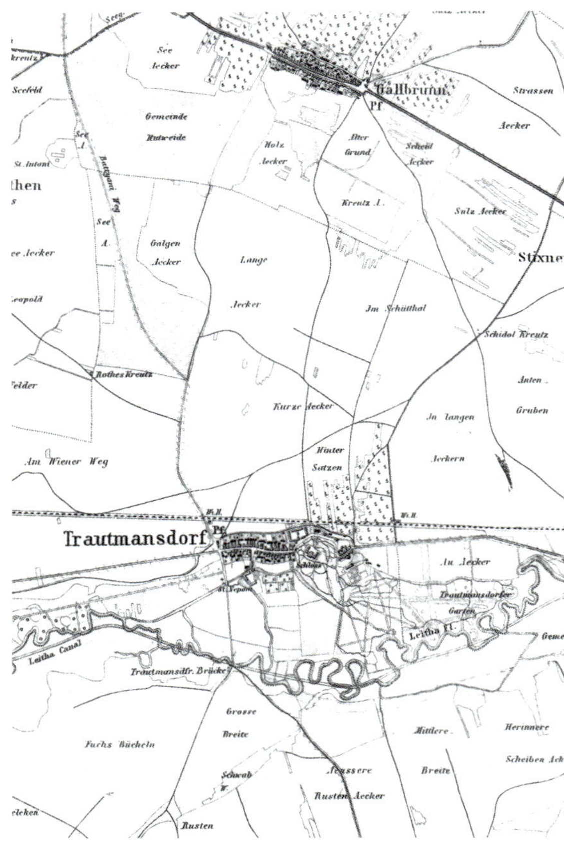

Dritte oder Franzisko-Josephinische Landesaufnahme (1869–1887) (l.)

Vierte Landesaufnahme, auch Präzisionsaufnahme genannt (1896–1915) (r.)

BEV

BEV National Archives of Hungary,

Parallel zu diesen Kartierungen legten die Vermesser auch den Franziszeischen Kataster an, der eine äußerst detaillierte Plangrundlage im Maßstab 1:2880 bzw. 1:5760 bildet. Obwohl der Kataster eigentlich eine Basis für die Steuerbemessung war, gibt er auch die Lage der Gewässer mit großer Präzision wieder, nicht jedoch deren Flussbett- und Uferstrukturen. Gelegentlich verwendete der Wasserbau den Franziszeischen Kataster auch als Plangrundlage. In manchen Fällen zeichneten die Planer auch die regulierungsbedingten Grundstücksänderungen nachträglich ein.

Mit größerem zeitlichem Abstand folgen _weitere Landesaufnahmen: die Dritte oder Franzisko-Josephinische Landesaufnahme (1869–1887) und die Vierte Landesaufnahme, auch Präzisionsaufnahme genannt (1896–1915). Gegenüber den älteren Vorbildern hat sich an der Darstellung der Gewässer nicht allzu viel geändert, die Karten sind aber präziser und geben nun auch Höhenschichtlinien wieder. Zudem lässt sich anhand der unterschiedlichen Landesaufnahmen erkennen, wie sich die Gerinnemorphologie infolge erster Wasserbaumaßnahmen verändert hat. Da Hochwasser die Verbauungen immer wieder zerstörten, konnte sich das Flussbett in der Niederung uneingeschränkt verlagern. Erst im 20. Jahrhundert gelang es, die Dynamik durch ein enges Korsett aus Längs- und Querwerken allmählich zu bändigen.

9.3 Grenzkarten

Zu den ältesten Karten der Leitha zählen Pläne zur Grenzfestlegung zwischen Österreich und Ungarn aus der Zeit um 1717, angefertigt vom Mathematiker und Geometer Johann Jakob Marinoni. Die unten dargestellte Karte bezieht sich auf einen Vertrag zwischen dem Ungarnkönig Matthias Corvinus und Friedrich III. aus dem Jahr 1477 und beschreibt weit zurückliegende territoriale Ansprüche. Die Karte auf der nächsten Doppelseite zeigt den Grenzverlauf gemäß dem Vertrag von Pressburg im Jahr 1717.

Der Umstand, dass die Leitha über längere Strecken eine Staatsgrenze bildete, führte dazu, dass die Sicherung des Grenzverlaufs von übergeordnetem Interesse war. So war es ein wasserbauliches Ziel, dem Flussbett eine hohe Stabilität zu verleihen und Verlagerungen zu unterbinden, um Grenzkonflikte zu vermeiden.

Aus diesem Grund ist in vielen Regulierungsplänen die Staatsgrenze vermerkt, ging es doch bei den Durchstichen auch immer um einen Flächenausgleich zwischen den Staaten.

HU-MNL-OL-S 16-69

Eine Karte des Hofmathematikers Johann Jakob Marinoni zeigt einen weit zurückliegenden Grenzverlauf, der auf das 15. Jahrhundert zurückgeht.

Die Karte zeigt die Leitha im Bereich zwischen Gattendorf und Katzelsdorf sowie den Grenzverlauf zwischen Österreich und Ungarn.

Mappa Continens Dominia inter Posonium et Neostadium vel integra vel partes Leitae fluvio adjacentes, cursum Leitae in hoc tractu et partem Danubii. Ad usum Caesarea Regia Archiducalis Commissionis anno 1717 solemniter habita ob agitatas inter Hungariam et Austriam Confiniorum controversalis. [National Archives of Hungary, HU-MNL-OL-S 70-30]
Zeichner: Joannes Henricus Maynzeck
Planverfasser: Johann Jakob Marinoni
1719

Die Karte des Mathematikers und Vermessers Johann Jakob Marinoni zeigt die Festlegung der Grenze des Jahres 1717 zwischen Österreich und Ungarn im Bereich der Donau und Leitha. Wie viele Karten dieser Zeit ist sie nach Süden orientiert, d.h. die Donau und der Unterlauf der Leitha befinden sich am linken Bildrand. Eine Karte gibt es in zwei unterschiedlichen Ausführungen, die sich im Maßstab und in ihrer Grafik unterscheiden.

Die Grafik oben zeigt die verkleinerte Version. Der dargestellte Grenzverlauf beginnt an der Donau gegenüber von Bratislava und geht über die Gemeinde Berg weiter Richtung Südwesten bis nach Gattendorf. Im Weiteren folgt sie über lange Strecken der Leitha, jedoch nicht überall. So sind die Bereiche Schönabrunn bis Auwinkel, Wilfersdorf bis Seibersdorf und der Abschnitt oberhalb von Ebendorf mit Ausnahme der Ortschaft Neudörfel als österreichisches Territorium ausgewiesen, d.h. der Fluss bildet hier nicht die Grenze, sondern verläuft im Hinterland. Die Karte endet in Katzelsdorf, unweit des Leitha-Ursprungs. Sie umfasst somit alle Bereiche, in denen die Leitha die Grenze zwischen Österreich und Ungarn darstellt.
Die Grenzziehung ist weitgehend identisch mit dem heutigen Grenzverlauf zwischen Niederösterreich und dem Burgenland.

Die über drei Meter lange Karte liefert einen guten Überblick über die Ortschaften, die

Landnutzung, die wichtigsten Straßen und Brücken. Der kartografisch dargestellte Raum endet meist unmittelbar nach der Grenze. Nur in Bereichen, in denen der Fluss die damaligen Territorien von Österreich und Ungarn nicht schied, umfasst die Karte einen größeren Überschneidungsbereich. Die Genauigkeit der Kartografie ist beeindruckend, zumal es zum damaligen Zeitpunkt keine Grundlagen in ähnlichem Maßstab gab.

Eindrucksvoll ist die Darstellung der Leitha-Mäander Anfang des 18. Jahrhunderts. Zu erkennen sind auch die Mühlen und die dazugehörigen Mühlbäche. Detailliertere Einblicke in die Morphologie des Flusses lassen sich aufgrund des großen Maßstabs aber dennoch nicht gewinnen.

Die Erklärungen und Anmerkungen in der Karte sind in Latein, die Ortsnamen in Deutsch gehalten.

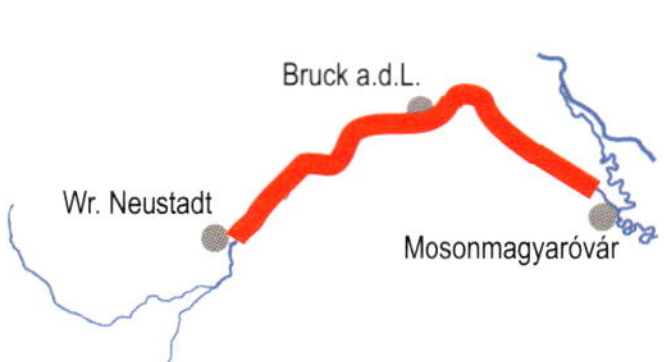

9.4 Flusskarten

Die Geschichte der Wasserbaupläne ist eine vergleichsweise kurze. Die Eingriffe in das Gewässersystem im 18. und frühen 19. Jahrhundert waren vielmehr getragen von erfahrungsbasiertem Wissen und Intuition. Der Mensch lernte aus der praktischen Umsetzung und den jeweiligen Folgen einer Maßnahme. Nur in seltenen Fällen wurden dazu Pläne oder Skizzen gezeichnet, da jedes Hochwasser neue Fakten schuf und ein Ankämpfen gegen die Naturgewalten lange Zeit von geringem Erfolg gekrönt war.

Dies änderte sich mit der Umsetzung großräumiger Verbauungen radikal, da in diesem Fall auch Grundlagenerhebungen und Maßnahmenplanungen notwendig waren.

Manche Vermesser verstanden es, sich und ihr Werkzeug ins Bild zu setzen. Der Bildausschnitt entstammt einer Karte des Wasserbauers Wimsberg (1805).

Rasch setzte sich die Erkenntnis durch, dass punktuelle Maßnahmen nur selten zu einem befriedigenden Ergebnis führten. In vielen Fällen war eine großräumige Herangehensweise notwendig, die nur mit genauen Plänen und fundierten Berechnungen möglich war. Vor diesem Hintergrund wurde die Vermessung des Flusses zentraler Bestandteil bei der Planung von Regulierungsmaßnahmen.

Während es Land- und Seekarten seit der Antike gab, gehörten Flusskarten zu den Errungenschaften der Neuzeit. Sie wurden angefertigt, da der aufgeklärte Mensch Zeichnungen zur Illustration von Texten schätzen lernte. Durch Flusskarten lassen sich Schäden verorten, bereits umgesetzte Verbauungen bildhaft darstellen und geplante Maßnahmen andeuten. Damit konnte sich die Flusskarte in der Verwaltungspraxis als Beilage zum Akt etablieren.

Flusskarten wurden stets zu einem bestimmten Zweck erstellt, etwa zur Dokumentation der Besitzverhältnisse und der Fischereirechte, zur Beschreibung der Uferanrisse und Flussbettverwerfungen oder zur Darstellung von Regulierungsmaßnahmen. Ältere Flusskarten betreffen meist nur kurze Strecken, da die flussbaulichen Eingriffe nur kleinräumig gesetzt wurden. Erst ab dem Ende des 18. Jahrhunderts folgten systematische Regulierungsmaßnahmen, die entsprechende kartografische Grundlagen erforderlich machten.

Von der Leitha gibt es aufgrund ihrer Bedeutung als Grenzfluss zahlreiche Flusskarten. Zudem ist sie in den Karten zur Landesaufnahme und im Franziszeischen Kataster detailliert dargestellt. Die ersten wasserbaulichen Karten zur Leitha stammen aus der zweiten Hälfte des 18. Jahrhunderts.

An der Leitha gab es massive wasserbauliche Probleme, sodass sie Gegenstand zahlreicher Planungen wurde. Die Plangrundlagen belegen schon damals existierende Bschlachten

(Verbauungen mittels Piloten und Flechtwerk), die durch weitere Verbauungen ergänzt werden sollten.

1820 wurde der gesamte Unterlauf der Leitha aufgenommen. Diese Karte bildete in der Folge eine Basis für die Regulierungsmaßnahmen in diesen Bereichen. Sie spiegelt auch die Dynamik des noch intakten Flusses wider, dessen Flussbett sich zu dieser Zeit noch in unzähligen Mäandern durch die Landschaft wand.

Weil sich das Erscheinungsbild der Gewässer infolge der Hochwasserdynamik laufend veränderte, büßten Flusskarten rasch ihre Aktualität ein. Vor diesem Hintergrund ist es verständlich, dass gewässerbezogene Pläne in der Regel nur kurze Abschnitte betreffen, die Gegenstand von Regulierungsmaßnahmen waren.

Im Folgenden werden ausgewählte Karten der Schwarza und der Leitha vorgestellt. Die Auswahl erhebt keinen Anspruch auf Vollständigkeit, vielmehr wird der Schwerpunkt auf historische Pläne des 18. und beginnenden 19. Jahrhunderts gelegt, die die frühen wasserbaulichen Maßnahmen zeigen.

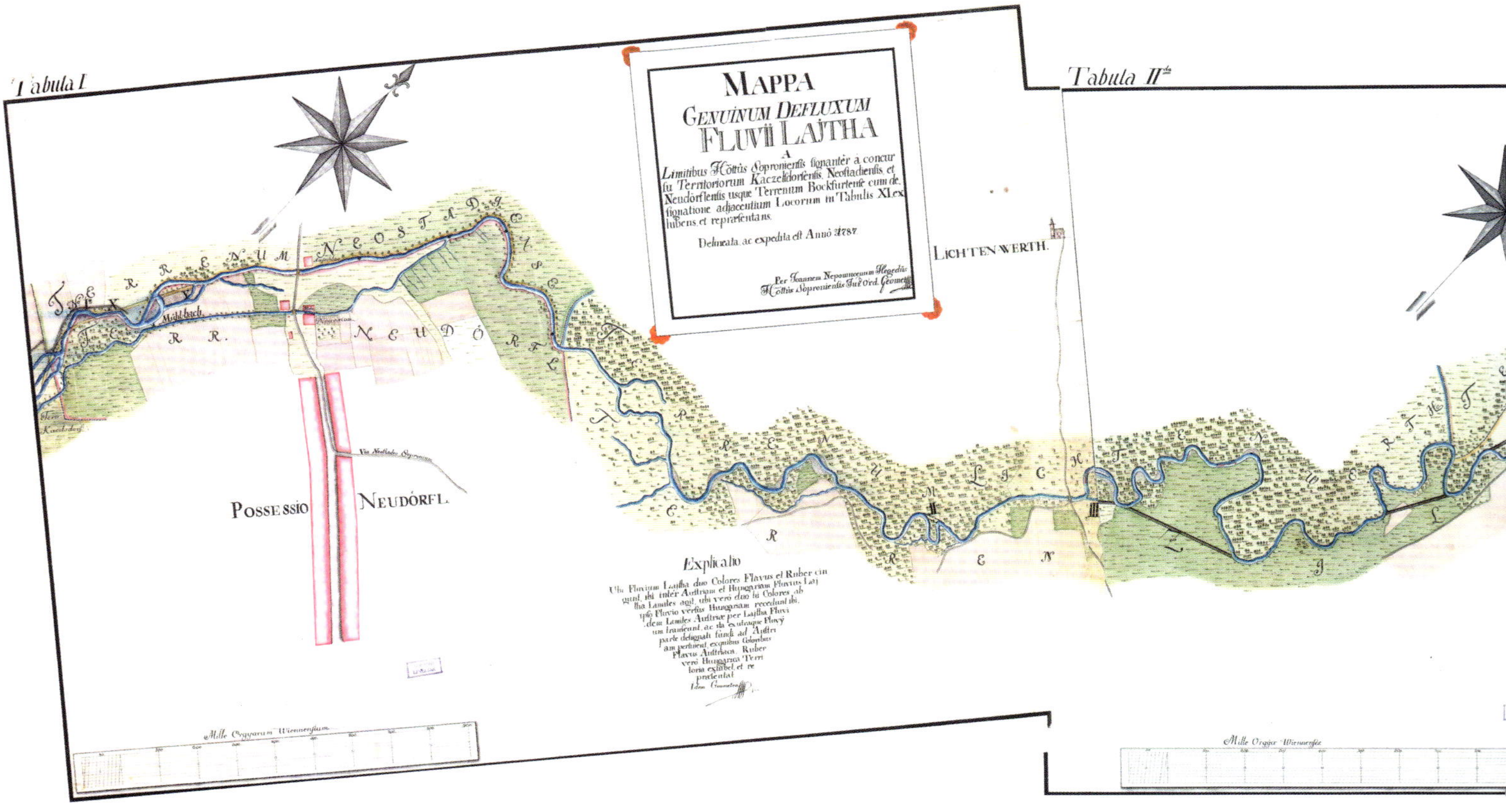

Mappa genuinum defluxum fluvii Lajtha a limitibus comitatus Sopronienis signanter a concursu territoriorum Kaczelsdorfiensis, Neostadiensis et Neudörflensis usque terrenum Bockfurtense cum designation angrenzendium locorum repraesentans Thema Lajta folyó
[National Archives of Hungary, MNL Győr-Moson-Sopron SMT 109]
1787

Die Karte zählt zu den ältesten großräumigen Darstellungen der Leitha. Sie zeigt im Bereich des Komitats Sopron den Grenzverlauf zwischen Österreich und Ungarn. Der Verlauf ist weitgehend identisch mit der Grenzziehung des Jahres 1717 und der heutigen Grenze zwischen den Bundesländern Niederösterreich und Burgenland. Das ungarische Territorium ist rot umrahmt, das österreichische gelb. Die Karte ist im Gegensatz zu Marinonis Grenzkarten nach Norden orientiert. Die Erklärungen und Anmerkungen in der Karte sind in Latein. Die Ortsnamen sind latinisiert.

Die Leitha ist im gesamten Abschnitt stark mäandrierend und hat eine dem Flusstyp entsprechende Morphologie. Die wasserbaulichen Maßnahmen stehen vorwiegend im Zusammenhang mit der Wasserkraftnutzung und lokalen Hochwasserschutzmaßnahmen.

Um das Abflussvermögen des Flusses zu erhöhen, wurden meist unterhalb der Ortschaften Durchstiche geplant. So sind etwa flussab von Zillingdorf mehrere Durchstiche dunkel eingetragen. Bei anderen findet sich der handschriftliche Vermerk „bereits genehmigte Durchstiche". Auf den Gesamtlauf bezogen war das Gerinne zu diesem Zeitpunkt aber nur wenig verändert.

Der Plan zeigt auch gewässermorphologisch interessante Details. Dazu zählen im oberen Abschnitt Kiesbänke, Verwerfungen des

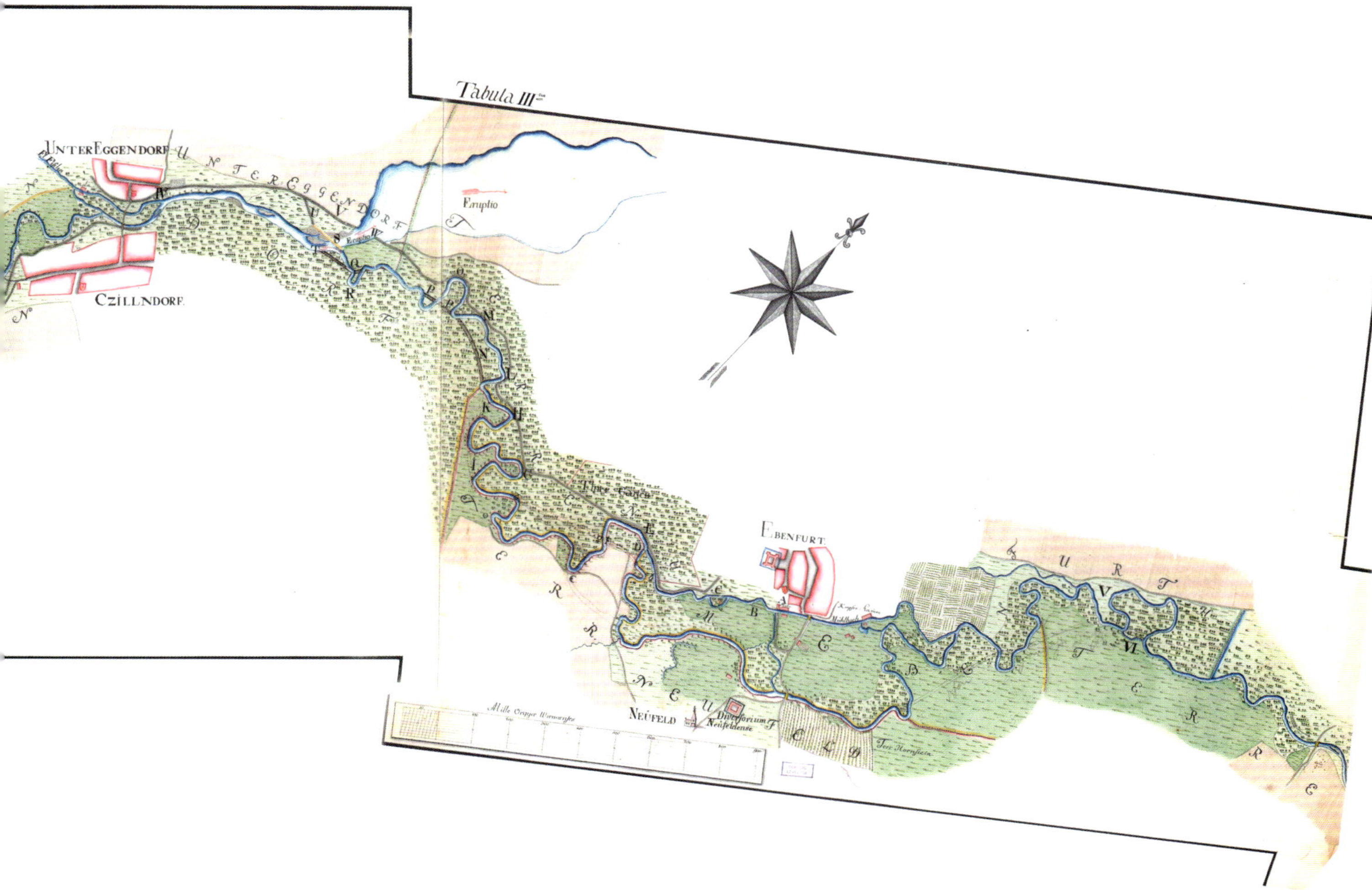

Flussbetts, Nebengerinne und Lauenbäche. Die Karte hält zudem einige durch Hochwasser entstandene Schäden fest: So hat der Fluss unterhalb von Untereggendorf den orografisch linken Damm durchbrochen und sich über die angrenzenden Fluren ergossen.

Die ursprüngliche Mündung der Warmen Fischa in die Leitha lag in Untereggendorf, viele Kilometer von der heutigen Mündung entfernt.

Interessant ist auch die Lage und Größe der Dämme: So finden sich auf der orografisch rechten Seite nur sehr kleinräumig durch Begleitdämme geschützte Bereiche (u.a. bei Zillingdorf), während auf der linken Seite zahlreiche, auch längere Dämme aufgeschüttet wurden, so etwa im Abschnitt Untereggendorf und Ebenfurth, Wampersdorf und Deutsch-Brodersdorf sowie kleinräumig unterhalb von Götzendorf. Daraus abzuleiten, dass die ungarischen Dörfer weniger gut geschützt waren, ist jedoch nur bedingt richtig, da sich die Grenze mehrmals veränderte und auch das Kleinrelief zu beachten ist.

In der Karte sind zudem einige urgeschichtlich interessante Objekte eingetragen. So befanden sich in der Flussniederung mehrere Hügelgräber, über deren Entstehungszeitpunkt noch immer gerätselt wird. Solche

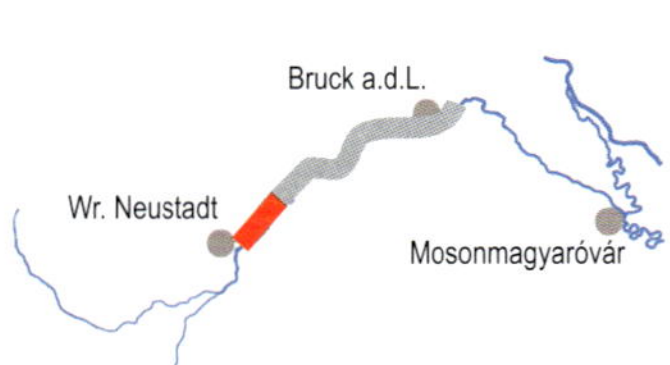

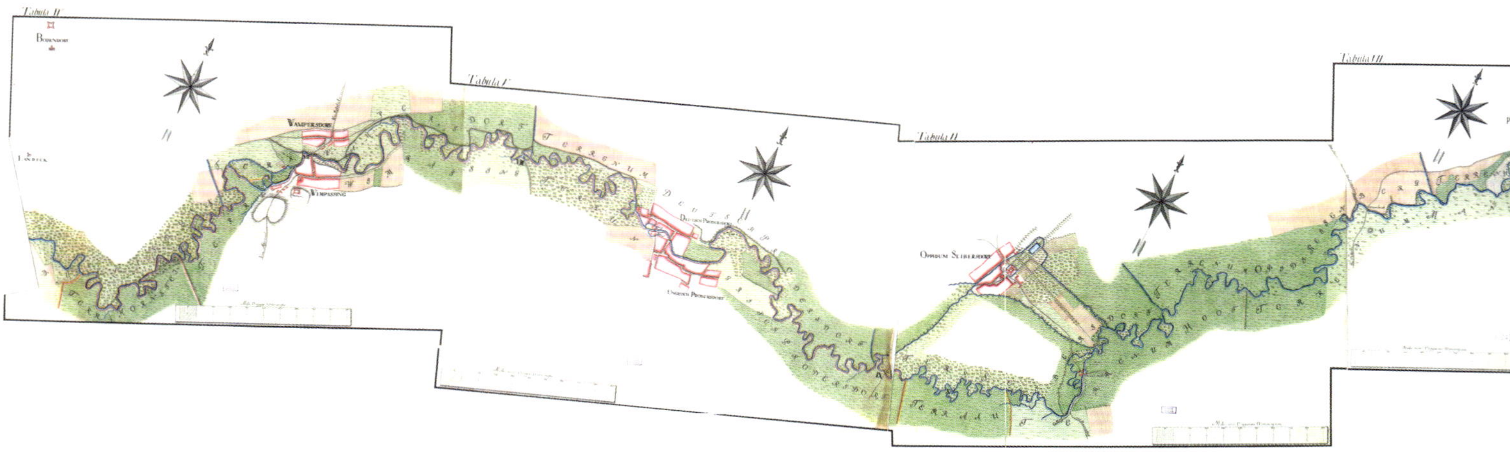

„Tumuli" gab es in Wimpassing (rechtsufrig), flussauf von Götzendorf (rechtsufrig) und flussauf von Trautmannsdorf (linksufrig). Die Hügel wurden nicht geflutet und dienten vermutlich auch als Zufluchtsorte bei Hochwasser. Die Objekte wurden in der Zwischenzeit eingeebnet, überbaut oder durch andere Maßnahmen zerstört.

Der Kartenausschnitt oben zeigt den Abschnitt zwischen Wampersdorf und Götzendorf, jener auf der rechten Seite den anschließenden Abschnitt bis kurz vor Pachfurth. Ausgewählte Mühlen mit ihren Triebwasserausleitungen sind in der Bildleiste unten dargestellt.

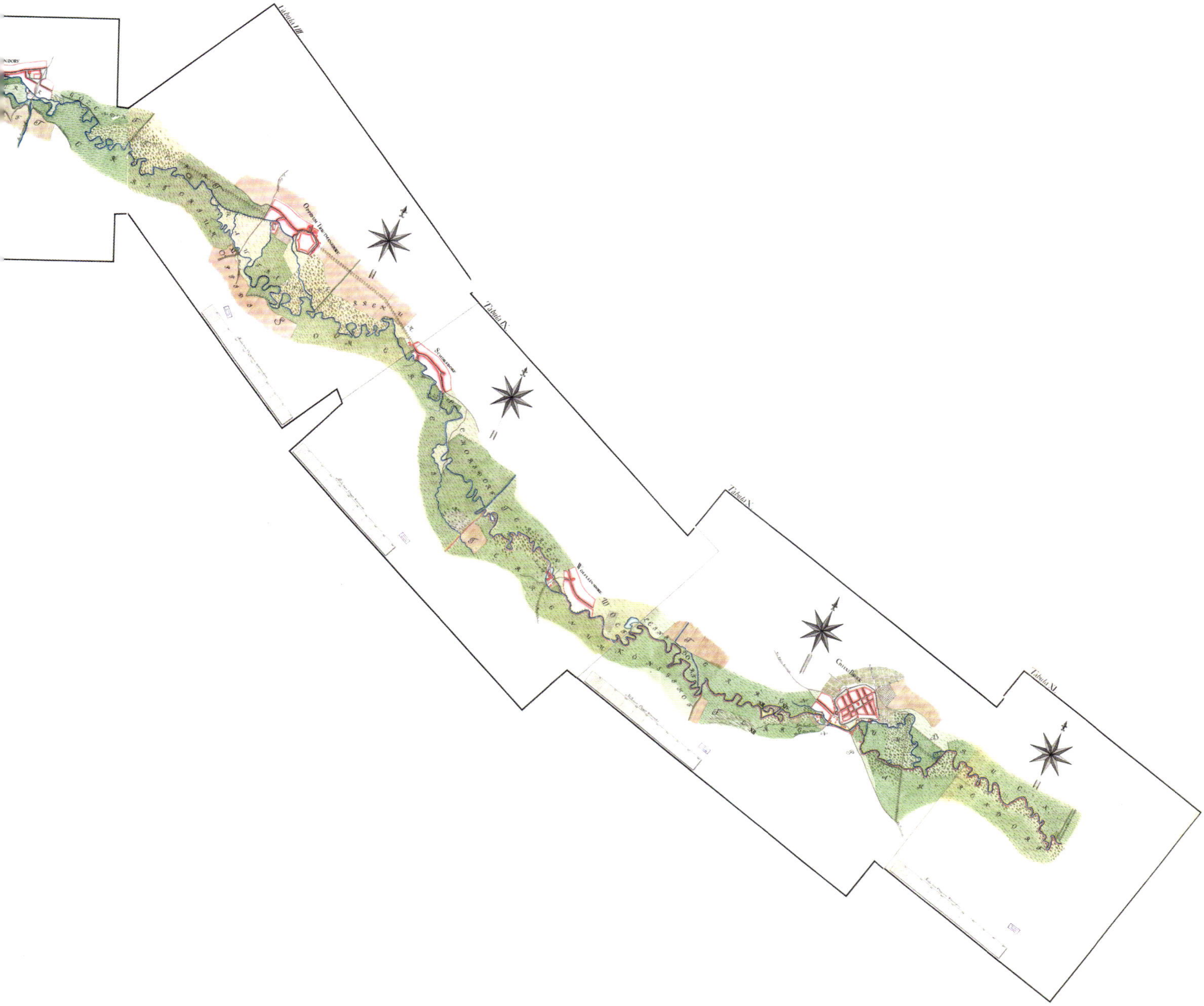

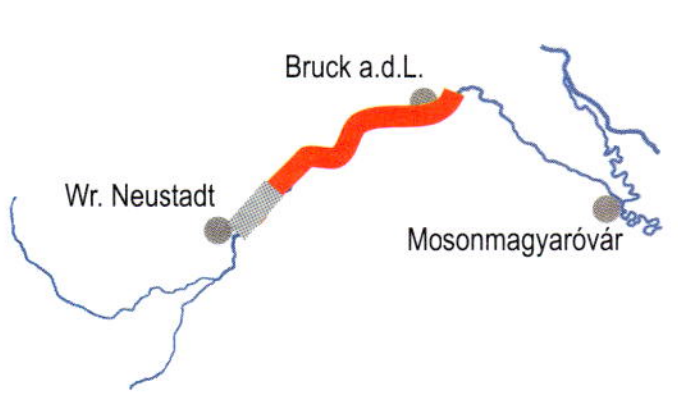
Bruck a.d.L.
Wr. Neustadt
Mosonmagyaróvár

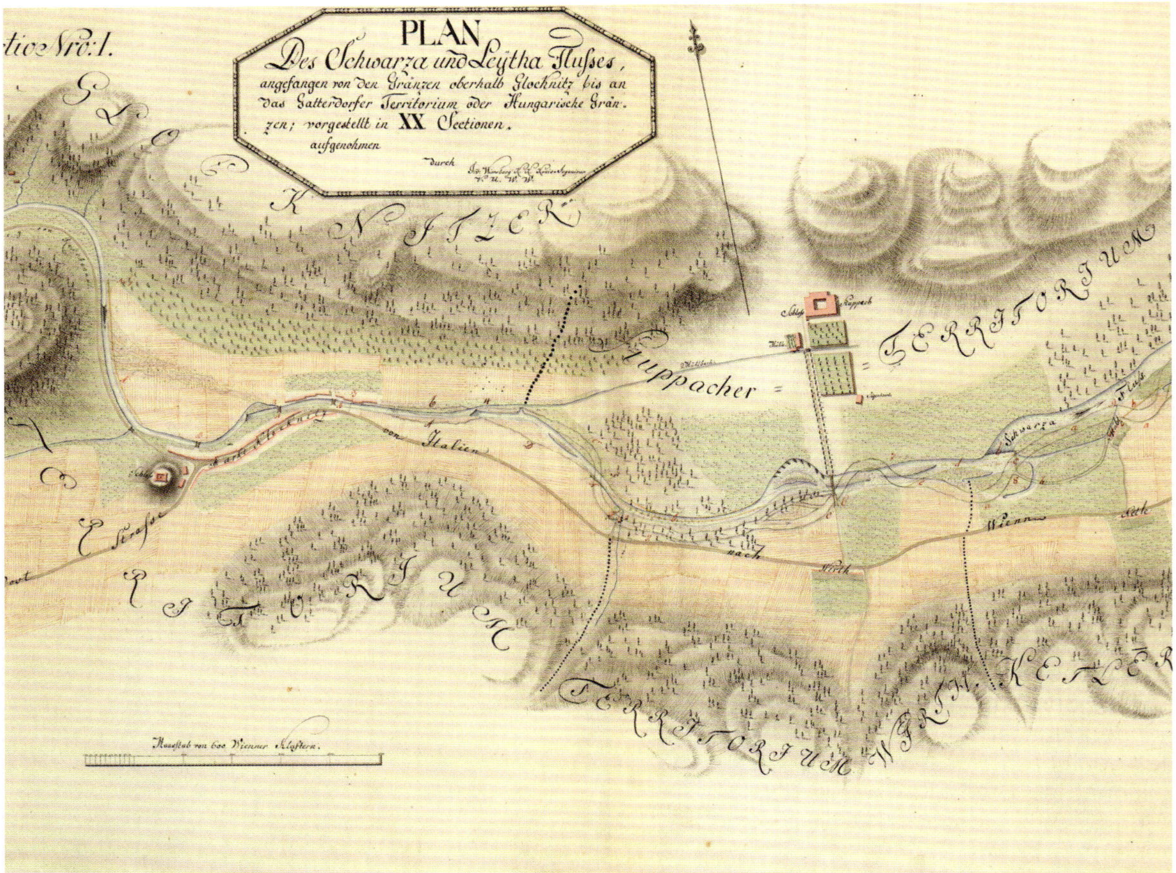

Plan Des Schwarza und Leytha Flusses, angefangen von den Gränzen oberhalb Glocknitz bis an das Gatterdorfer Territorium oder Hungarische Gränzen
[NÖ Landesbibliothek, BIII 118 B 20]
Joseph Wimsberg
[1805, mit späteren Einträgen]

Die Plandarstellung beeindruckt in mehrfacher Hinsicht: Zum einen ist es der frühe Zeitpunkt der Entstehung, zum anderen die Größe des behandelten Flussabschnitts, der von der Schwarza bei Gloggnitz bis zur Leitha in Gattendorf reicht. Es ist ein über 100 Kilometer langer Flusslauf, der auf insgesamt 20 Kartenblättern mit einer Gesamtlänge von fast 16 Metern dargestellt ist.

In der Karte kommt der unterschiedliche Flusscharakter von Schwarza und Leitha deutlich zum Ausdruck. Die Schwarza ist auf der gesamten Strecke ein furkierender Fluss, der ein aufgefächertes Gerinne mit unzähligen Nebengewässern aufweist (vgl. Kap. 6.4).

Die Leitha hingegen ist spätestens ab Katzelsdorf ein mäandrierender Fluss (vgl. Kap. 6.5), der mit zahlreichen Krümmungen die Flussniederung einnimmt. Oft sind die Mäander so nahe beieinander, dass sich ein natürlicher Durchstich ergibt und der Fluss auf diese Weise einen kürzeren Lauf nimmt. Der frühe Wasserbau entwickelte dem Flusstyp entsprechend spezifische Verbauungsstrategien.

Bei der Schwarza lassen sich im Kartenbild mindestens drei Zeitebenen erkennen. Der Aufnahmezustand 1805, der ein breites Kiesbett zeigt, in dem die Schwarza hin- und herpendelt und in den breiteren Abschnitten einen verzweigten Lauf aufweist. Die zweite Zeitebene ist mit Bleistift skizziert und zeigt einen Zustand, der sich durch ein späteres Hochwasser (1813?) gebildet hat. Der Fluss ist in vielen Bereichen von seinem ursprünglichen Bett ausgebrochen und hat sich einen neuen Weg durch die Landschaft gebahnt, mit vielen Nebenarmen und Verzweigungen, die oft bedrohlich nahe an Siedlungen oder Betriebsstätten heranreichen. Die dritte Zeitebene skizziert einen Idealzustand: ein Flussbett, das im gestreckten Lauf und in gleichförmiger Breite das Tal entwässern soll.

Um den Fluss in dieses gedachte Bett zu drängen, sind buhnenartige Einbauten vorgesehen. Sie beginnen uferseits auf etwas höherem Terrain, sperren den bestehenden Flussarm ab und enden am Rande des geplanten Flussbetts, das gelb eingezeichnet ist. Die Buhnen sind inklinant ausgeführt, d.h. sie sind in Strömungsrichtung geneigt.

An der Leitha hat das Hochwasser offensichtlich keinen besonderen Schaden angerichtet, jedenfalls sind solche Hinweise im Kartenbild nicht ersichtlich. Um die Abfuhrkapazität des Flusses zu erhöhen, haben die Wasserbauer zahlreiche Durchstiche geplant (braune Linie).

Das Verbauungskonzept sieht eine Begradigung des Gerinnes vor, eine Maßnahme, die ein höheres Gefälle und größere Fließgeschwindigkeiten nach sich zieht. In den Ortsbereichen waren zudem begleitende Hochwasserdämme vorgesehen.

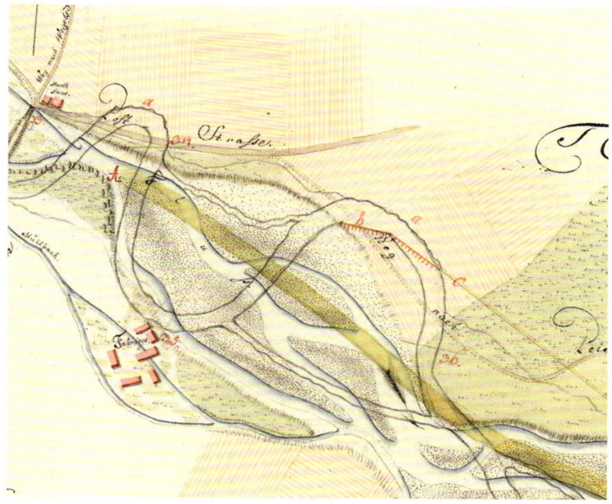

Das angestrebe Flussbett im Bereich von Neunkirchen ist farblich hervorgehoben.

Flussbegradigungen in Zillingdorf

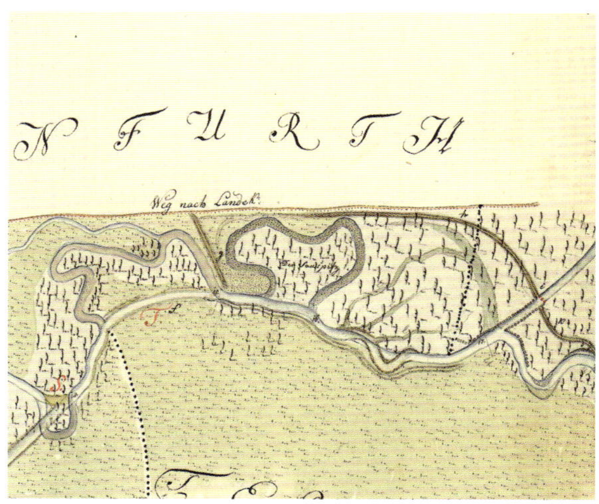

Durchstiche in Ebenfurth

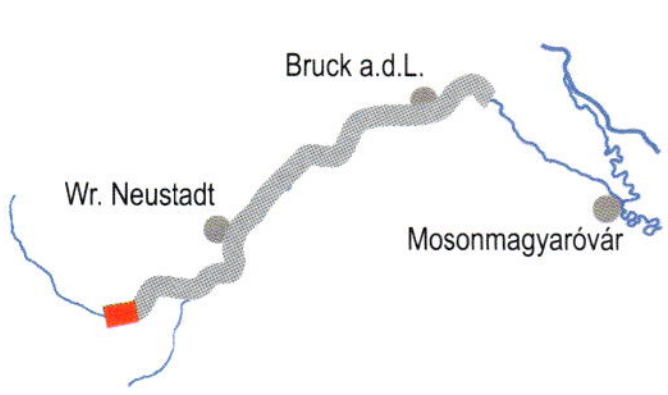

Sectio № II.
Sectio № III.
Sectio № IV.

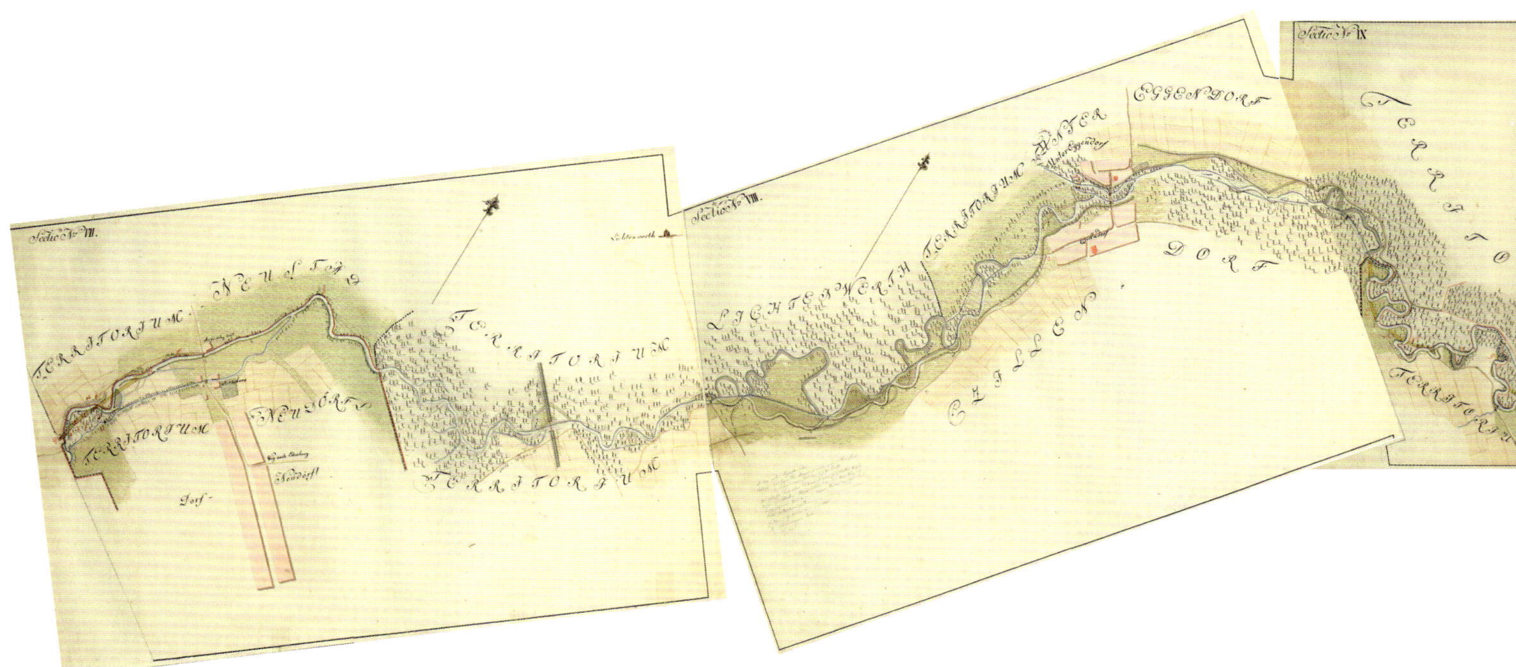
Sectio № VII.
Sectio № VIII.
Sectio № IX

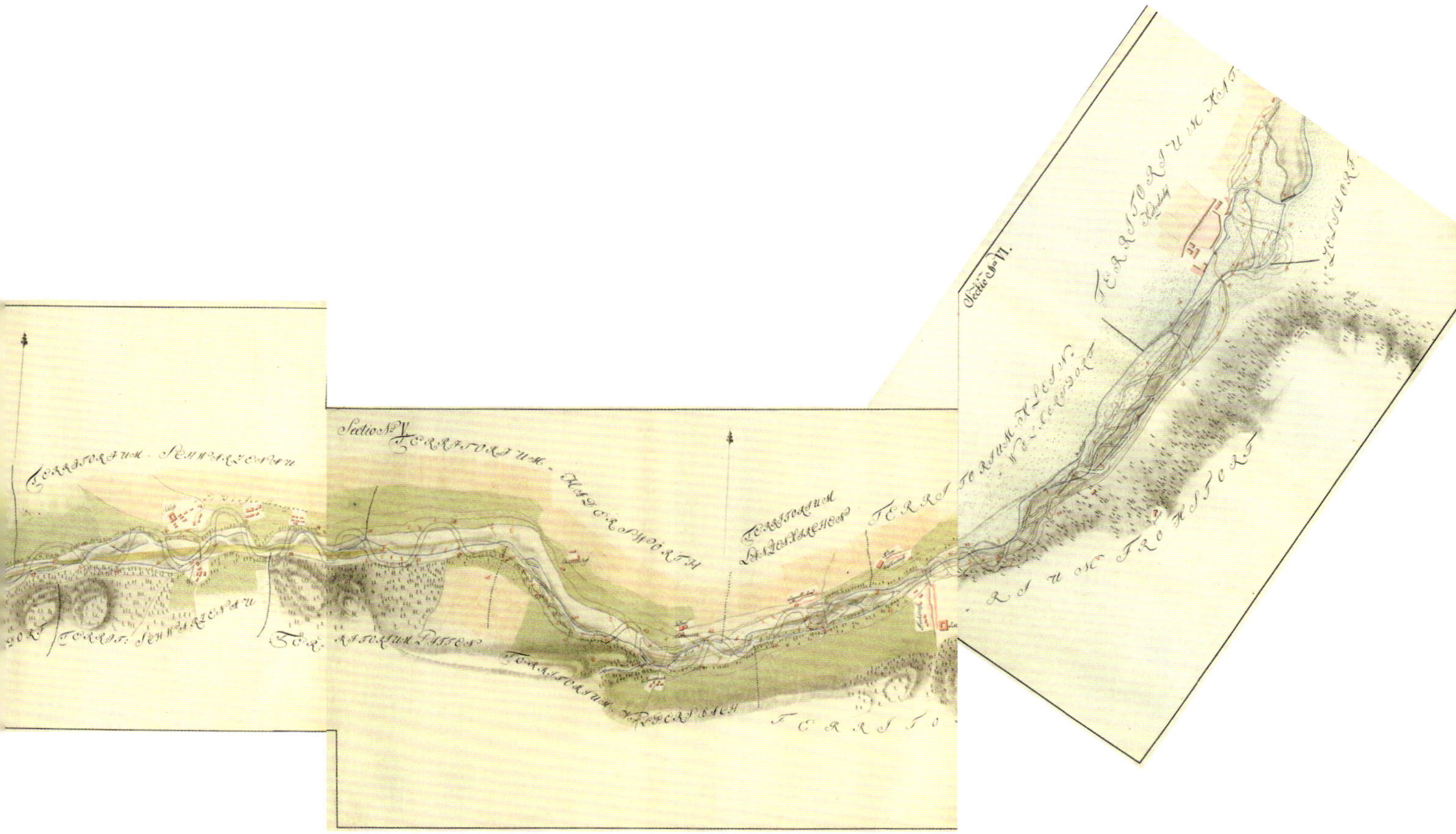
Sectio № V
Sectio № VI

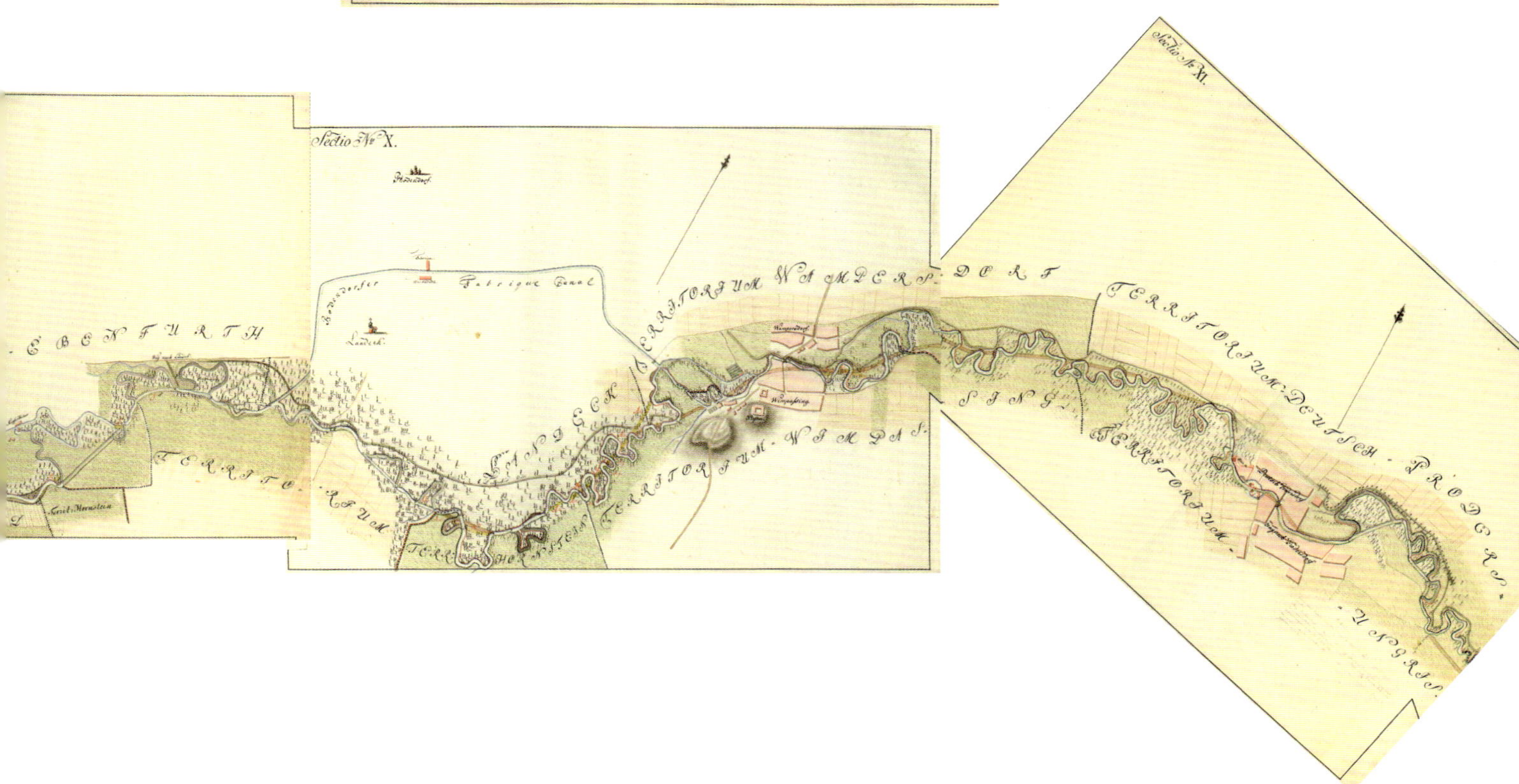
Sectio № X
Sectio № XI
Fabrique Canal

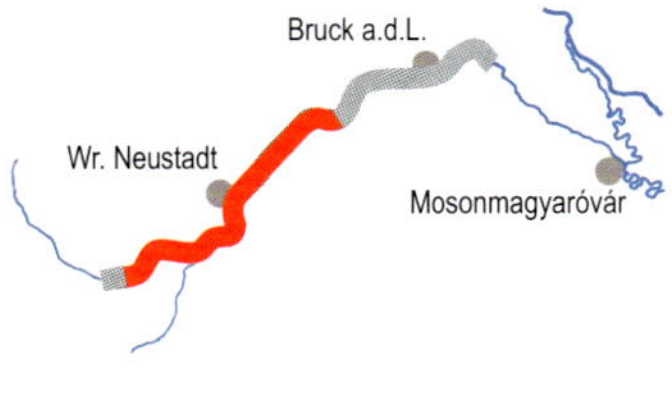
Bruck a.d.L.
Wr. Neustadt
Mosonmagyaróvár

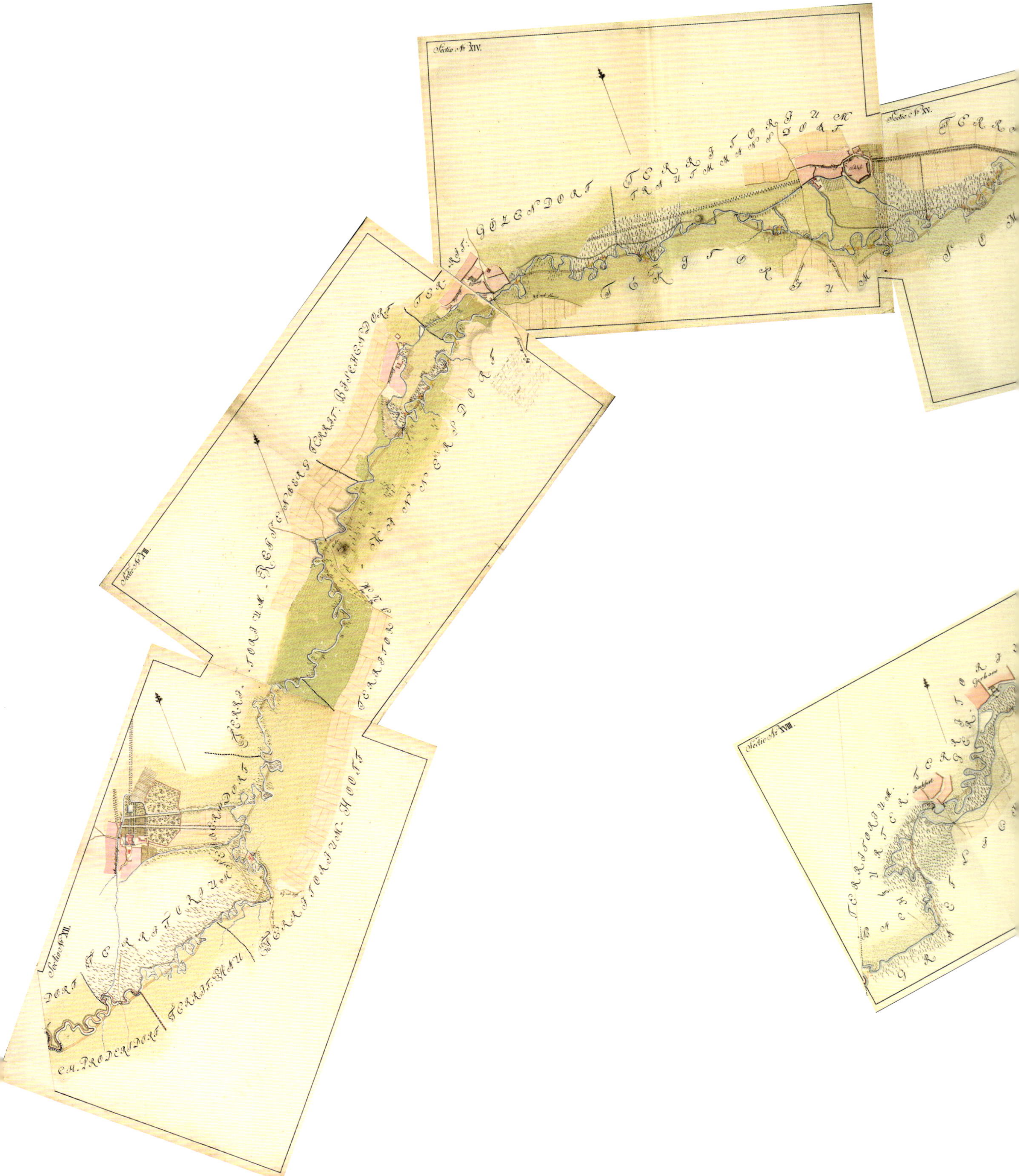
Sectio No. XIV
Sectio No. XV
Sectio No. XIII
Sectio No. XII
Sectio No. XVIII
GÖZENDORF
TERRITORIUM
TRAUTMANSDORF
CH. PRODERSDORF

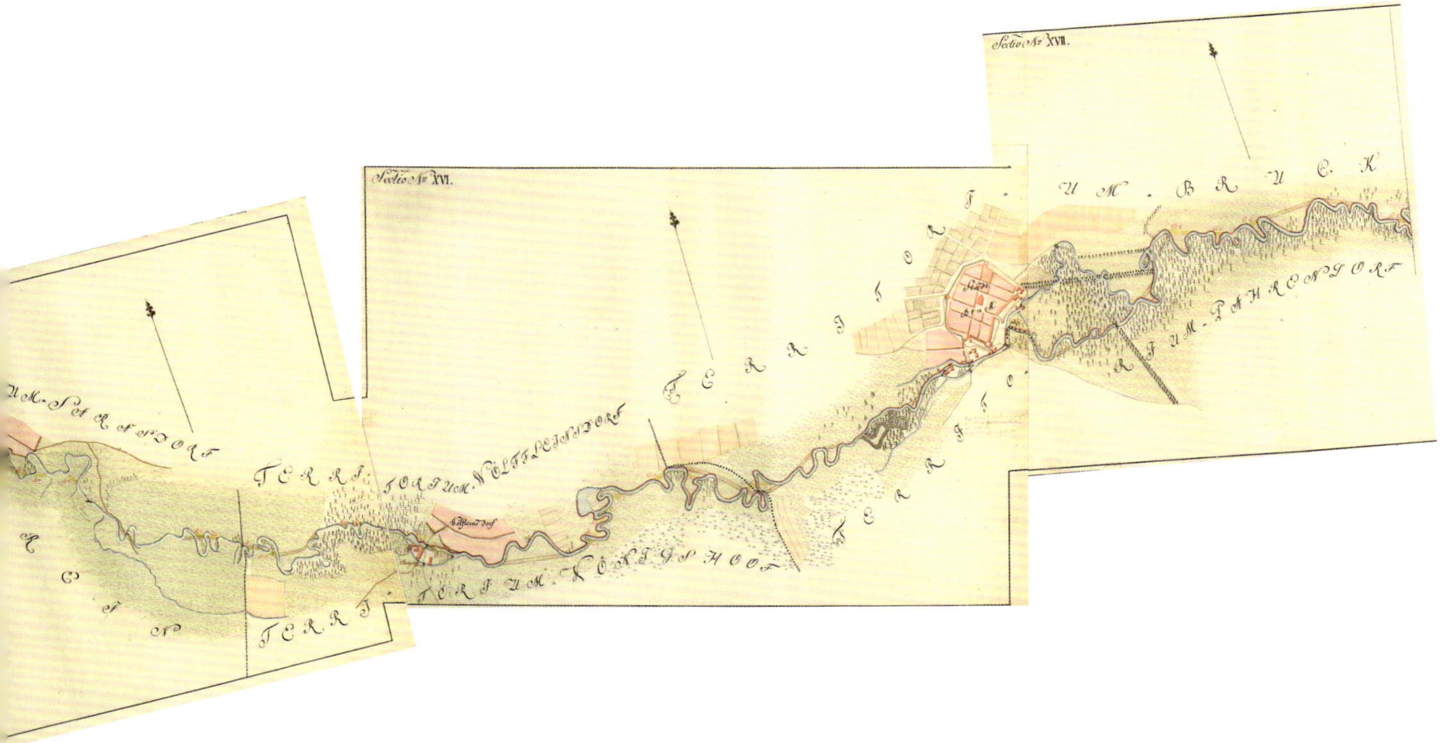

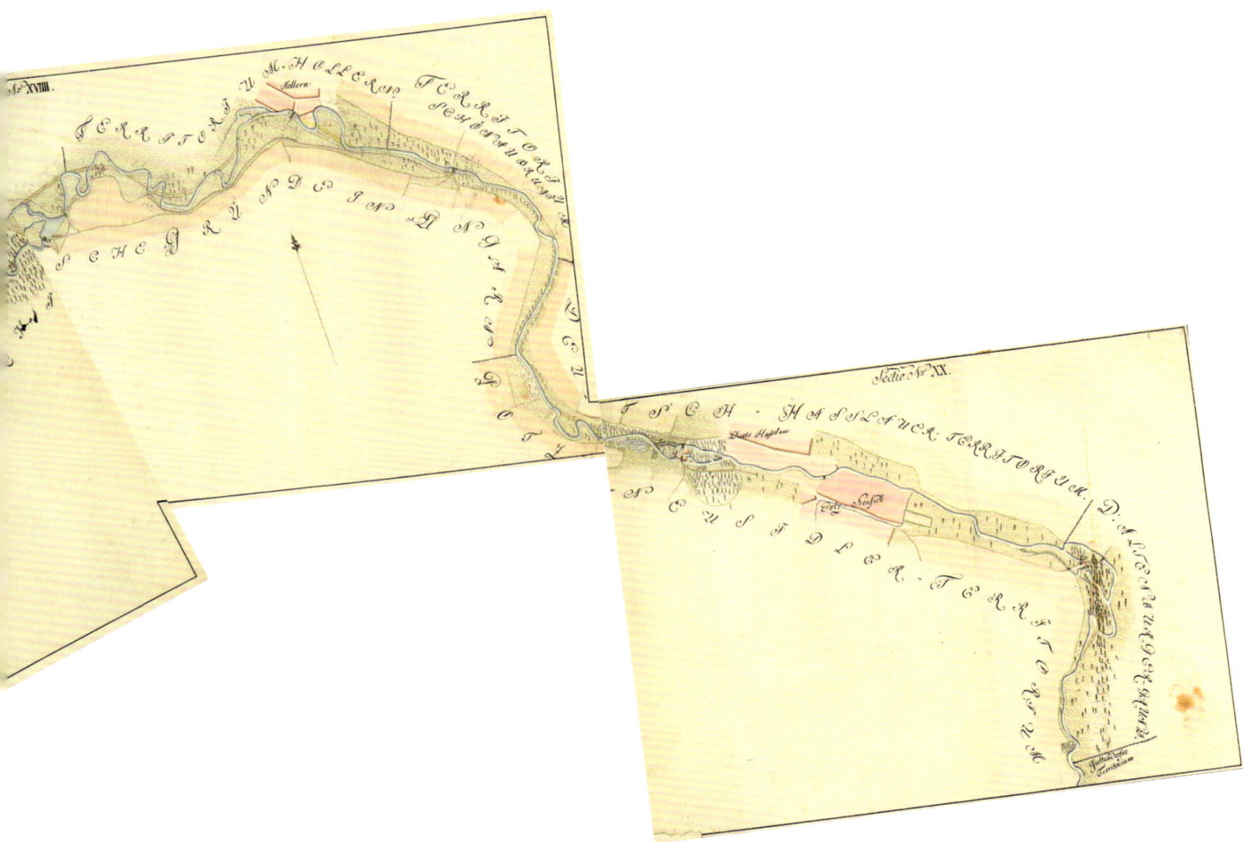

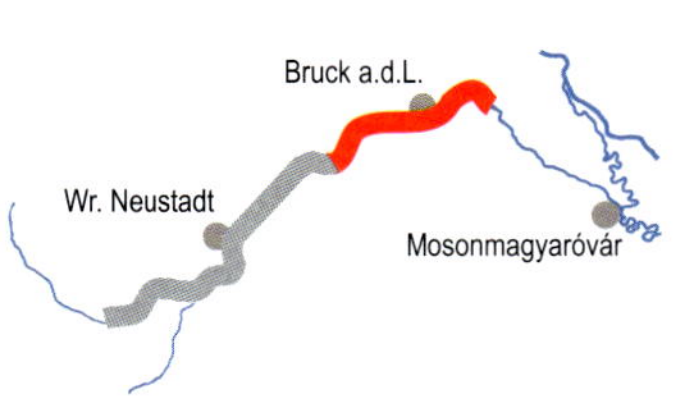
Bruck a.d.L.
Wr. Neustadt
Mosonmagyaróvár

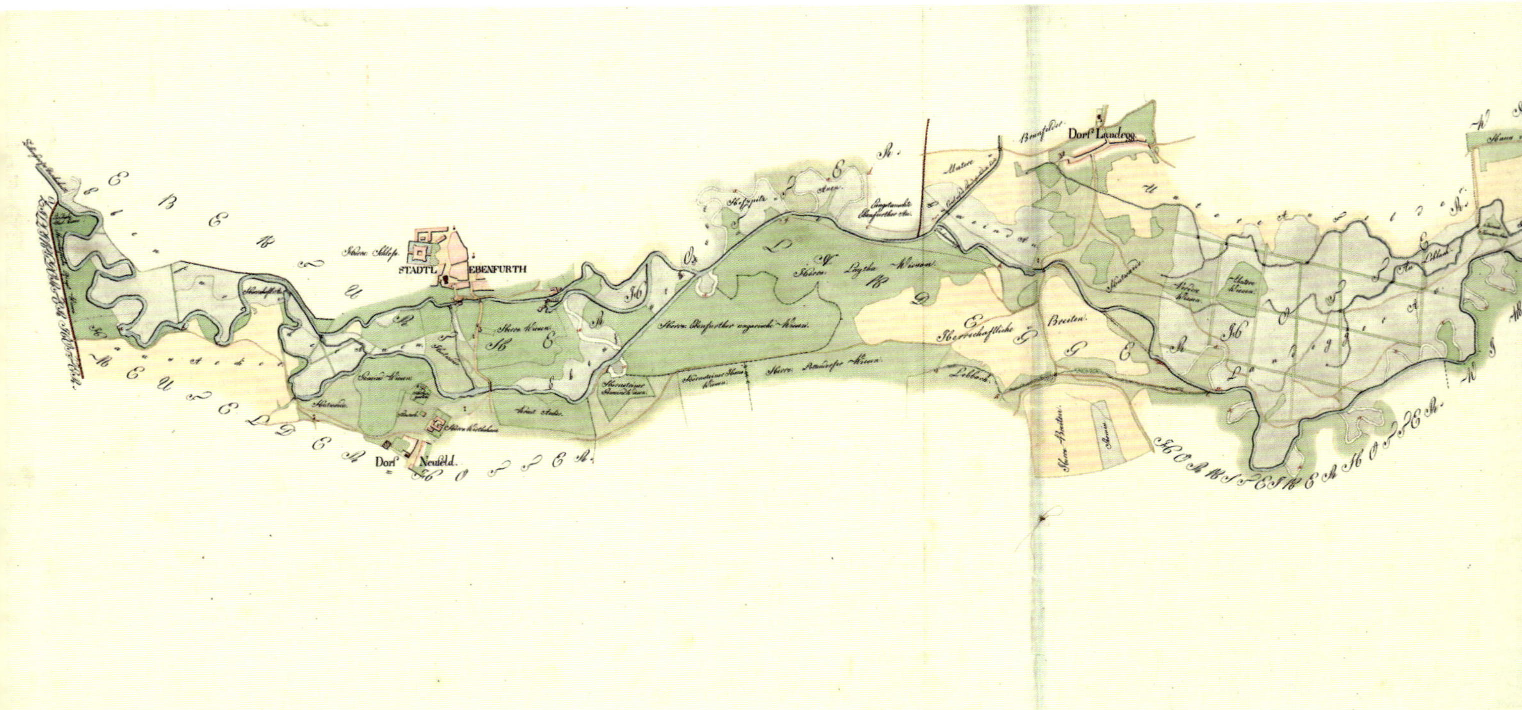

Der Laytha Fluss vom Zillingdorfer Hotter bis zum Auer Hotter
nach dessen Regulirung mittels der Durchstiche seiner Serpentinen zum Theil, nebst der Übersicht der alten Bettungen dieses Flusses und des Entwurfes zur Vorbeugung von Überschwemmungen
[National Archives of Hungary, HU-MNL-OL-S 16-301]
1810

Der Plan zeigt die Leitha zwischen Zillingdorf und Seibersdorf Anfang des 19. Jahrhunderts. Der Fluss ist in diesem Abschnitt bereits kleinräumig reguliert, der überwiegende Teil hat aber noch eine natürliche Morphologie.

Das Gerinne ist von Natur aus im gesamten Abschnitt stark mäandrierend. Die abgetrennten Flussarme sind in der Karte weiß eingetragen und lassen den ursprünglichen Verlauf des Flusses erkennen.

Im noch nicht regulierten Abschnitt oberhalb von Ebenfurth bzw. Neufeld sind beschädigte und unterwaschene Uferabschnitte, die die Straße gefährdet hatten, gekennzeichnet (Signatur a, b, c).

Die Ortschaft Landegg sollte durch einen zusätzlichen Damm im Bereich der Ebenfurther Au geschützt werden (Signatur d, e, f), ebenso die herrschaftlichen Leitha-Wiesen am gegenüberliegenden Ufer (Signatur g, h).

Im Nahbereich der Leitha gab es mehrere Grundwasseraustritte, die die angrenzenden Wiesen und Äcker vernässten. Durch die Ausräumung und Tieferlegung des Lobbaches (Signatur i, k, l) sollte die landwirtschaftliche Nutzung der „Herrschaftlichen Breiten" verbessert werden. Zwei weitere offensichtlich in Bau befindliche Durchstiche im Bereich des „Gmein Ecks" (m) und der „Roskoja Ecke" (n) sind ebenfalls eingetragen.

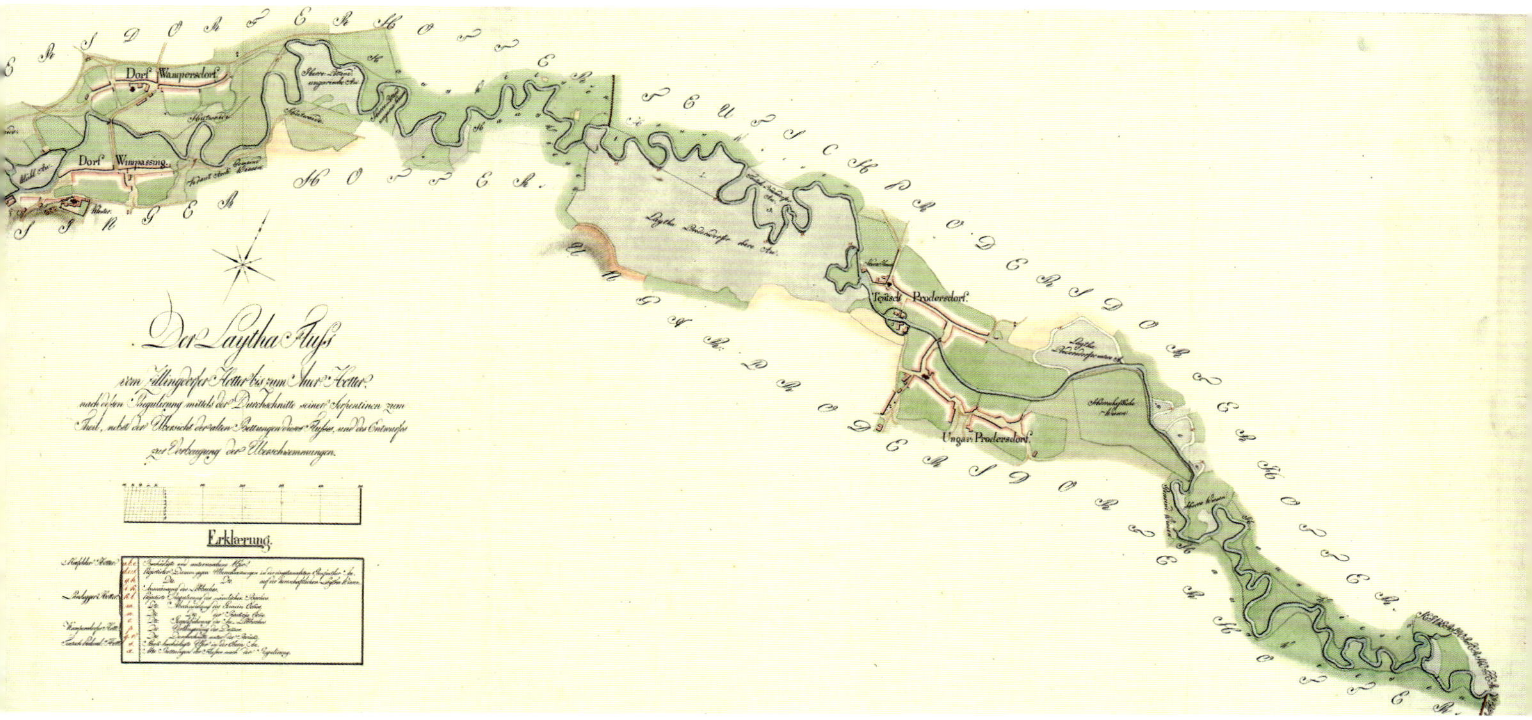

Im Bereich von Wampersdorf und auf der gegenüberliegenden Wimpassinger Seite waren mehrere Durchstiche geplant. Sie betreffen zum einen den Mündungsabschnitt des Au-Lobbaches (Signatur q, r), zum anderen die Leitha flussab der Ortschaften in zwei kurzen Abschnitten (q). Zudem sollte ein lokaler Damm auf der orografisch linken Seite verlängert werden (p).

In der stark mäandrierenden Strecke flussauf von Deutsch-Brodersdorf sind zahlreiche beschädigte Uferstrecken markiert (s). Die Möglichkeit eines weiteren Durchstichs ist in der Karte angedeutet.

Die Karte spiegelt die Wasserkraftnutzung um 1810 wider. Die Mehrzahl der Mühlen war nicht direkt an der Leitha situiert, sondern an einem Nebenarm oder Werkskanal. Für die Wasserkraftnutzung waren umfangreiche wasserbauliche Maßnahmen erforderlich (Wehranlage, Ausleitungsgerinne und Notablass).

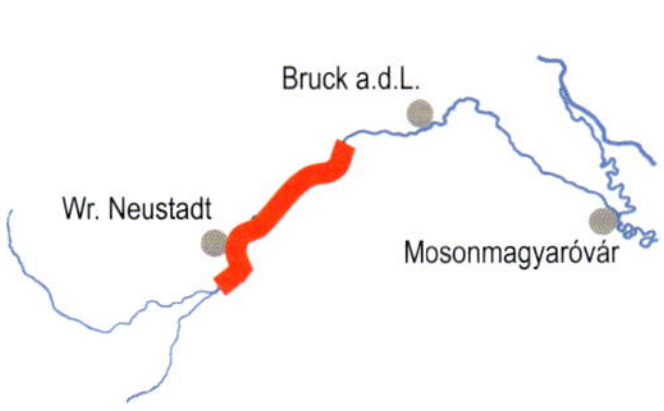

Mappa genuinum defluxum fluvii Laytha limitibus comitatus Soproniensis signanter a consursu territoriorum Katzelsdorfiensis, Neostadiensis et Neudorfliensis usque terrenum Seibersdorfense exhibens
Karte, die den wahren Verlauf der Leitha entlang der Grenzen des Komitats Sopron zeigt (Katzelsdorf, Wiener Neustadt, Neudörfel bis zum Gebiet Seibersdorf)
[National Archives of Hungary,
MNL Győr-Moson-Sopron SMT 036]
1816
Wagner Mihály

Die Karte enthält folgende Anmerkungen:
„Außer der Fischa zwischen Unter-Eggendorff und Grillendorff auf Österreichischem Terrain fließen keine anderen bedeutenden Bäche in die Leitha (Sect.II).

Das Pottendorffer Fabrique Canal Wasser wird ober Landek auf Österreichischem Terrain aus der Leitha genommen und wieder ober Wampersdorff in die Laytha geführt (Sect.III und IV).

Kleine unbedeutende aufgehende Seuchwasser oder Quellen fließen mehrere in die Leitha wie aus den Plänen zu ersehen ist, als in Neufelder Terrain das sogenannte

See Schlachtgraben Bachel, in Landeker das Loibenbachel, ober Wimpassing das Oh Bachel, unter dem Dorffe ebenfalls wieder zwei aufgehende kleine Wasserl und unter Leytha Prodersdorff das Galt Graben Bachel (Sect. V).

Der Rigol oder Speis-Canal, mittels welchen das nöthige Schiffahrtwasser in den sogenannten Haupt oder Wiener Canal geleitet wurde, ist angebracht hinter dem Leitha Wirtshaus außer Neustadt im Neudörfel Terrain, wo das Wasser durch Schleusen aus dem Leitha Mühlbach genommen wird, weil im Sommer öfters bei kleinem Wasserstand in dem Leitha Fluß selbst gar kein Wasser ist, fließt aber nirgends mehr zurück in die Leitha (Sect. I).

Die Überschwemmung und Austretung des Leytha Flusses pflegt meistens schon ober dem Neudörfler Terrain gegen Katzelsdorf zu in Österreich zu geschehen, wo keine Schutzdämme sind. Der Terrain aber [ist] flach und eben, der ganze umliegende Grund sandig und locker, die Flussufer sehr nieder und kaum um 2-3 Schuh höher als der Wasserspiegel des kleinsten Wasserstandes, die Leitha Brücke ist zu eng und zu niedrig.

Das ober Neudörfel in Section I austretende Überschwemmungswasser verheert am lin-

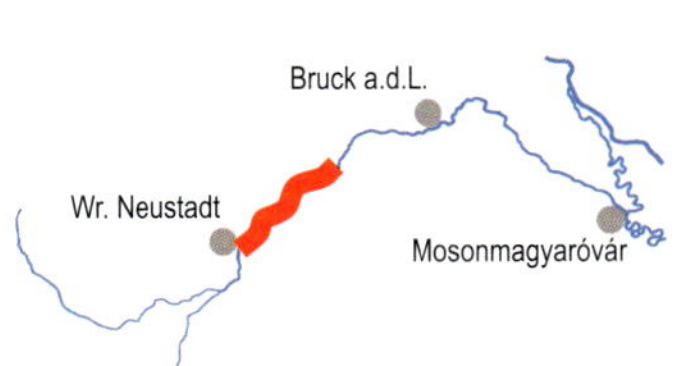

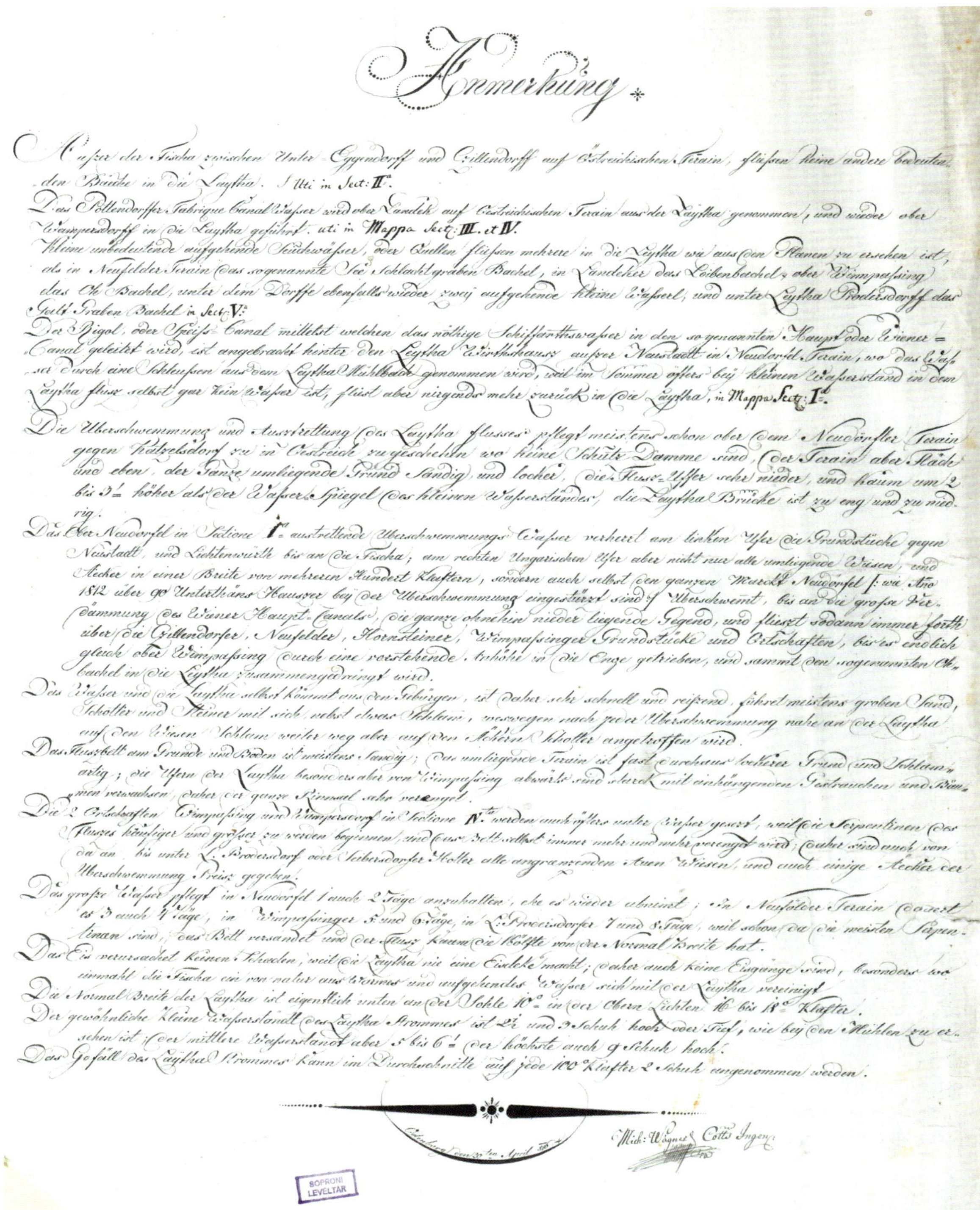

Anmerkung

Außer der Fischa zwischen Unter-Eggendorff und Gillendorff auf Östreichischen Terain, fließen keine andere bedeutenden Bäche in die Laytha. Uti in Sect: II.

Das Pottendorffer Fabrique Canal Waßer wird ober Landek auf Östreichischen Terain aus der Laytha genommen, und wieder ober Wampersdorff in die Laytha geführt. uti in Mappa Sect: III. et IV.

Kleine unbedeutende aufgehende Seichwäßer, oder Quellen fließen mehrere in die Laytha wie aus den Planen zu ersehen ist, als in Neufelder Terain das sogenannte See Schlachtgraben Bachel, in Landeker das Leibenbachel, ober Wimpaßing das Ok Bachel, unter dem Dorffe ebenfalls wieder zwey aufgehende kleine Wäßerl, und unter Laytha Prodersdorff das Gold Graben Bachel in Sect: V.

Der Rigol, oder Speiß-Canal mittelst welchen das nöthige Schiffarthswaßer in den sogenannten Haupt oder Wiener-Canal geleitet wird, ist angebracht hinter den Laytha Wirthshausz außer Neustadt in Neudorfel Terain, wo das Waßer durch eine Schleußen aus dem Laytha Mühlbach genommen wird, weil im Sommer öfters bey kleinen Waßerstand in dem Laytha flusz selbst gar kein Waßer ist, fliest aber nirgends mehr zurück in die Laytha, in Mappa Sect: I.

Die Überschwemmung und Austrettung des Laytha flusses pflegt meistens schon ober dem Neudörfler Terain gegen Katzelsdorf zu in Östreich zu geschehen wo keine Schutz Dämme sind, der Terain aber Flach und eben, der Ganze umliegende Grund Sandig, und locker, die Flusz-Uffer sehr nieder, und kaum um 2 bis 3 höher als der Waßer Spiegel des kleinen Waßerstandes, die Laytha Brücke ist zu eng und zu niedrig.

Das ober Neudorfel in Sectione I. austrettende Überschwemmungs Waßer verheert am linken Ufer die Grundstücke gegen Neustadt, und Lichtenwörth bis an die Fischa; am rechten Ungarischen Ufer aber nicht nur alle umliegende Wiesen, und Aecker in einer Breite von mehreren Hundert Klaftern, sondern auch selbst den ganzen Markt Neudörfel (: wie Ano 1812 über 90 Unterthans Hauszer bey der Überschwemmung eingestürzt sind :) überschwemt, bis an die große Verdämmung des Wiener Haupt-Canals, die ganze ohnehin nieder liegende Gegend, und flieszt sodann immer forth über die Gillendorfer, Neufelder, Hornsteiner, Wimpaßinger Grundstücke und Ortschaften, bis es endlich gleich ober Wimpaßing durch eine vorstehende Anhöhe in die Enge getrieben, und sammt den sogenannten Ok-bachel in die Laytha zusammengedringt wird.

Das Waßer und die Laytha selbst kömmt aus den Gebürgen, ist daher sehr schnell und reißend, führet meistens groben Sand, Schotter und Steiner mit sich, nebst etwas Schlam, weswegen nach jeder Überschwemmung nahe an der Laytha auf den Wiesen Schlam weiter weg aber auf den Aeckern Schotter angetroffen wird.

Das Fluszbett am Grunde und Boden ist meistens Sandig; das umliegende Terain ist fast durchaus lockerer Grund und Schlamartig; die Ufern der Laytha besonders aber von Wimpaßing abwärts sind stark mit einhängenden Gestrauchen und Bäumen verwachsen, daher der ganze Rinnsal sehr verengt.

Die 2 Ortschaften Wimpaßing und Wampersdorf in Sectione IV.ta werden auch öfters unter Waßer gesezt, weil die Serpentinen des Fluszes häufiger und größer zu werden beginnen, und das Bett selbst immer mehr und mehr verengt wird; daher sind auch von da an bis unter L. Prodersdorf oder Seibersdorfer Kotter alle angrenzenden Auen Wiesen, und auch einige Aecker der Überschwemmung Preisz gegeben.

Das große Waßer pflegt in Neudörfel 1 auch 2 Täge anzuhalten, ehe es wieder abnimt; in Neufelder Terain dauert es 3 auch 4 Täge, in Wimpaßinger 5 und 6 Täge, in L. Prodersdorfer 7 und 8 Täge, weil schon da die meisten Serpentinen sind, das Bett versandet und der Flusz kaum die Hälfte von der Normal Breite hat.

Das Eis verursachet keinen Schaden, weil die Laytha nie eine Eisdecke macht; daher auch keine Eisgänge sind, besonders wo einmahl die Fischa ein von natur aus warmes und aufgehendes Waßer sich mit der Laytha vereinigt.

Die Normal Breite der Laytha ist eigentlich unten an der Sohle 10 in der Obern Lichten 16 bis 18 Klafter.

Der gewöhnliche kleine Waßerstand des Laytha Strommes ist 2½ und 3 Schuh hoch oder Tief, wie bey den Mühlen zu ersehen ist; der mittlere Waßerstand aber 5 bis 6½ der höchste auch 9 Schuh hoch.

Das Gefäll des Laytha Strommes kann im Durchschnitte auf jede 100 Klafter 2 Schuh angenommen werden.

Oedenburg den 20ten April 18[illegible]

Mich: Wagner Comit: Ingen:

SOPRONI LEVÉLTÁR

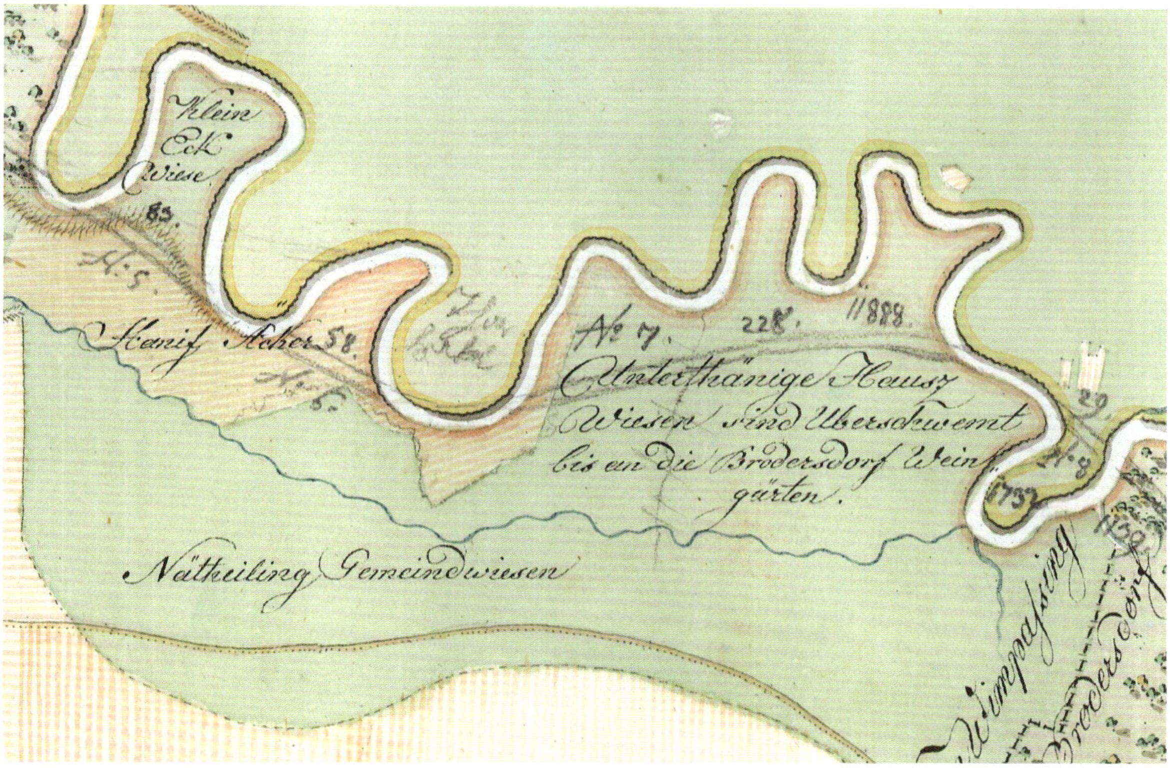

Der Ausschnitt zeigt die starke Verlagerungsdynamik der Leitha bei Deutsch-Brodersdorf.

ken Ufer die Grundstücke gegen Neustadt und Lichtenwörth bis an die Fischa, am rechten Ungarischen Ufer aber nicht nur alle umliegenden Wiesen und Äcker in einer Breite von mehreren Hundert Klaftern, sondern auch selbst den ganzen Markt Neudörfel, wie anno 1812 über 90 Unterthans Häuser bei der Überschwemmung eingestürzt sind. Überschwemmt bis an die große Verdämmung des Wiener Haupt Canals die ganze ohnehin nieder liegende Gegend und fließt sodann immer forth über die Zillendorfer, Neufelder, Hornsteiner, Wimpassinger Grundstücke und Ortschaften, bis endlich gleich ober Wimpassing durch eine vorstehende Anhöhe in die Enge getrieben und sammt den sogenannten Oberbuckel in die Leytha zusammengedrängt wird.

Das Wasser und die Leitha selbst kommt aus den Gebirgen, ist daher sehr schnell und reißend, führet meistens groben Sand, Schotter und Steine mit sich nebst etwas Schlamm, weswegen nach jeder Überschwemmung nahe an der Leitha auf den Wiesen Schlamm, weiter weg aber auf den Äckern Schotter angetroffen wird.

Das Flußbett am Grund und Boden ist meistens sandig, das umliegende Terrain ist fast durchaus lockerer Grund und schlammartig, die Ufer der Leitha besonders aber von Wimpassing abwärts sind stark mit einhängenden Gesträuchen und baumartig, die Ufer der Leitha besonders aber von Wimpassing abwärts sind stark mit einhängenden Gesträuchen und Bäumen verwachsen, daher der ganze Rinnsal sehr verengt.

Die zwei Ortschaften Wimpassing und Wampersdorf in Sekt. IV werden auch öfters unter Wasser gesetzt, weil die Serpentinen

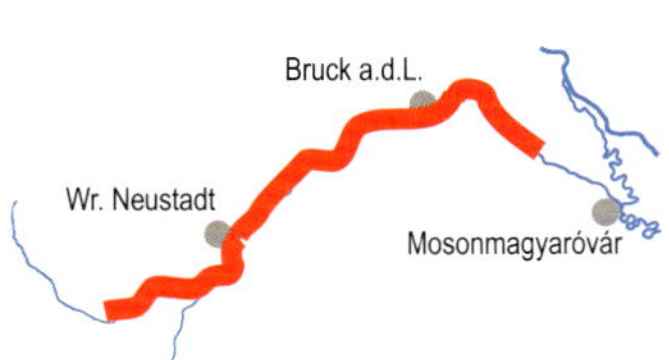

des Flusses häufiger und größer zu werden beginnen und das Bett selbst immer mehr und mehr verengt wird, aber sind auch von da an bis unter Leitha Prodersdorf oder Seibersdorfer Hotter alle angrenzenden Auen, Wiesen und auch einige Äcker der Überschwemmung Preis gegeben.

Das große Wasser pflegt in Neudörfel auch 2 Tage anzuhalten, ehe es wieder abrinnt. Im Neufelder Terrain dauert es 3 auch 4 Tage, im Wimpassinger 5 und 6 Tage, im Leitha-Prodersdorfer 7 und 8 Tage, weil schon da die meisten Serpentinen sind, das Bett versandet und der Fluss kaum die Hälfte von der Normalbreite hat.

Das Eis verursacht keinen Schaden, weil die Leitha nie eine Eisdecke macht, daher auch keine Eisgänge sind, besonders wo einmal die Fischa ein von Natur aus warmes und aufgehendes Wasser sich mit der Leitha vereinigt.

Die Normalbreite der Leitha ist eigentlich unten an der Sohle 10 Fuß, in der oberen Lichten 16 bis 18 Klafter.

Der gewöhnliche kleine Wasserstand des Leitha Stromes ist 2 ½ und 3 Schuh hoch oder Tief, wie bei den Mühlen zu ersehen ist, der mittlere Wasserstand über 5 bis 6 Schuh, der höchste auch 9 Schuh hoch.
Das Gefälle des Leitha Stromes kann im Durchschnitte auf jede 100 Klafter 2 Schuh [entspricht 3,3 ‰] *angenommen werden."*

10 Glossar

Abflussregime: charakteristischer Verlauf des Abflusses eines Gewässers, bedingt durch das Klima, die Vegetation, die geologischen und geomorphologischen Gegebenheiten und durch die anthropogenen Einflüsse im zugehörigen Einzugsgebiet

Abundanz: Anzahl der Organismen in Bezug auf eine bestimmte Fläche oder Raumeinheit

Abweiser: buhnenartige Einbauten im Uferbereich zur Vermeidung von Schäden an den Schiffen

adult: erwachsen (geschlechtsreif)

alluvial: (durch den Fluss) angeschwemmt, abgelagert

Alluvion: sind junge Schwemmböden an Meeresküsten, Fluss- und Seeufern

Artendominanz: Vorherrschen von Arten

Auenzone: Vegetationszone im Überschwemmungsgebiet von Flüssen, die starken Schwankungen des Bodenwasserhaushalts ausgesetzt ist

Ausleitung: Wasserentnahme für unterschiedliche Nutzungen (z. B. Energiegewinnung)

autochthon: in einem Gebiet selbstständig entstanden, bodenständig, standorttypisch, ursprünglich

Autökologie: Ökologie von Arten; Untersuchung der Anpassung von Arten an ihren Lebensraum

Auwald: Waldgesellschaften der Flussniederungen, deren Standorte durch Schwankungen des Grundwasserstandes gekennzeichnet sind und die regelmäßigen Überschwemmungen unterliegen

Benthos: Gesamtheit der im Benthal lebenden Organismen

Biodiversität: Vielfalt des Lebens auf der Erde, von der genetischen Vielfalt über die Artenvielfalt bis hin zur Vielfalt der Ökosysteme

Biomasse: Gewicht einer Organismengruppe pro Flächen- oder Volumeneinheit

biotisch: belebt, lebend; auf die biologischen Aspekte der Umwelt eines Organismus bezogen

Biozönose: Lebensgemeinschaft, Gemeinschaft von in einem Raum zusammenlebenden Arten

biozönotische Region: Region einer spezifischen Lebensgemeinschaft

Brunnader: grundwassergespeiste Bäche, die im Alluvion oft über größere Distanzen parallel zum Hauptgerinne fließen

Bschlacht, Schlacht: Verbauung im Fluss, Begriff leitet sich vom Schlagen der Pflöcke ab

Buhne: dammartiges, quer zur Uferlinie angelegtes Bauwerk, das das Ufer schützt oder die Strömung ablenkt

Choriotop: Teillebensräume eines Gewässers, die sich über das Substrat differenzieren

Cypriniden: karpfenartige Fische

Detritus: Gesamtheit der toten organischen Partikel, die im Wasser schweben oder am Grund des Gewässers abgelagert sind

Diversität: Artenreichtum, Bezeichnung für die Vielfalt in Organismengemeinschaften

Dominanz: hoher prozentualer Anteil einer Organismengruppe an der Gesamtindividuenzahl einer Organismengemeinschaft

Dotation: Wasserzuführung

Einzugsgebiet: Gebiet, das von einem Gewässer und seinen sämtlichen Zuflüssen ober- und unterirdisch entwässert wird

endemisch: nur in einem begrenzten Gebiet vorkommend

Endemit: Art, die ein begrenztes Verbreitungsareal besitzt

Endmoräne: wallartige Anhäufung von Moränenschutt, die ein längeres, stabiles Ende einer Gletscherzunge markiert, oft auch mit grobem Geröll und Blöcken an der Oberfläche

Epipotamal: Gewässerabschnitt, der bei einer längszonalen Gliederung des Fließgewässers der Barbenregion entspricht

Epirhithral: Gewässerabschnitt, der bei einer längszonalen Gliederung des Fließgewässers der Oberen Forellenregion entspricht

Erosion: gesteins- und bodenabtragende Wirkung, die durch fließendes Wasser, Eis oder Wind ausgelöst wird

euryök: Lebewesen werden als euryök bezeichnet, wenn sie sehr unterschiedliche Umweltbedingungen tolerieren (Gegensatz: stenök).

eutroph: nährstoffreich (Gegensatz: oligotroph)

EWG: Einwohnergleichwerte, Referenzwert der Schmutzfracht pro Einwohner in der Wasserwirtschaft

Faschinen: walzenförmige Reisig- bzw. Rutenbündel von einigen Metern Länge. Wurden in erster Linie zur Abwehr von Erosionserscheinungen bzw. Böschungsbrüchen genutzt.

Fisch Index Austria (FIA): Die Wasserrahmen-Richtlinie fordert eine typspezifische Bewertung der Fischbestände nach 5 Klassen. Um dies zu erfüllen, wurde ein Bewertungsschema des fischökologischen Zustands entwickelt. Der FIA ist ein nationales Bewertungsschema für Österreich.

Fischregionen: Abschnitte in Fließgewässern mit jeweils charakteristischen Vertretern der Fischfauna

Fkm: Flusskilometer

Flechtzaun (Flechtwerk): vegetabile Verbauung. Wurde zur Ufersicherung und Gerinnestabilisierung eingesetzt.

Fluder: Wasserrinne, meist aus Holz (gelegentlich werden auch Mühlbäche so bezeichnet)

Flussmorphologie: Ausformung, Gestalt und Struktur des Flussbettes

Furkation: Verzweigung eines Flusses in mehrere Seitenarme

Geschiebe: gröberes anorganisches Material mit einem Durchmesser von über 0,63 mm (Steine, Kies, Sande), das am Boden eines Fließgewässers von der Strömung mitgeführt wird

Gerölle: besteht aus Steinen, also Gesteinstrümmern, die beim Transport durch Wasser, Erdrutsche, Muren oder sonstige Bodenbewegungen zu Tal bewegt und deren Bruchkanten dabei mehr oder weniger abgerundet werden

Gewässerbetreuungskonzept (GBK): übergeordnetes Planungsinstrumentarium für Gewässer

Gilde: Gruppe von Arten mit ähnlichen Strategien der Ressourcennutzung oder ähnlichen Lebensformtypen

glazial: eiszeitlich

Habitat: Lebensraum einer Art oder eines Organismus

Harte Au: von Harthölzern (z.B. Esche) dominierter, flussferner Bereich eines Auwaldes; Grundwassereinfluss geringer, seltener überschwemmt als die flussnahe Weichholzau

HQ100: Hochwasserereignis, das statistisch gesehen in 100 Jahren einmal auftritt. Da es sich um einen Mittelwert handelt, kann dieser Abfluss innerhalb von hundert Jahren auch mehrfach auftreten. Wenn Messzeiträume an Flüssen weniger als 100 Jahre umfassen, wird dieser Abfluss statistisch berechnet.

HW: Hochwasser

hydraulisch: Übertragung von Kraft durch Wasserdruck bzw. Strömung

Hydrologie: Wissenschaft vom Wasser, seiner Arten, Eigenschaften und seiner praktischen Verwendung

Hydromorphologie: Wissenschaft, die sich mit hydrologischen und morphologischen Fragen auseinandersetzt

hyporheisches Interstitial: durchflossenes Lückensystem der Gewässersohle (Bettsedimente)

Hyporhithral: Gewässerabschnitt, der bei einer längszonalen Gliederung des Fließgewässers der Äschenregion entspricht

Imago (Plural: Imagines): erwachsenes, geschlechtsreifes Insekt

inklinante Buhne: gegen die Fließrichtung ausgerichtetes Querwerk

Inundationsgebiet: Überflutungsfläche

juvenil: jugendlich (nicht geschlechtsreif)

Kataraktstrecke: Laufabschnitte eines Flusses, an denen das Wasser durch erhöhtes Gefälle, Untiefen oder Verengungen des Flussbettes reißend und schnell fließt

Kehrwasser: Bereiche, in denen sich die Strömung flussaufwärts bewegt oder zumindest stark verlangsamt

Kerbtal: Tal mit fortschreitender Tiefenerosion; V-förmiger Querschnitt, kein oder nur schmaler Talboden

KG: Katastralgemeinde

Klafter: altes Maß, bis zur Einführung des metrischen Systems 1872 gültig. In Österreich war der Wiener Klafter amtliches Normalmaß. 1 Klafter zu 6 Fuß = 1,8965 m, 1 Quadratklafter zu 36 Quadratfuß = 3,5966 m^2, 1 Klafter Holz = 3,34 m^3 (das Volumen wurde berechnet mit 6x6x3 Fuß)

Klause: Bauwerk zum Aufstauen des Wassers. Beim Öffnen der Klause schießt Wasser in das Floßgewässer und schwemmt das Triftholz ab.

Kolk: Vertiefung (sogenannte Auskolkung) am Grund eines Fließgewässers

Kolmatierung: Verminderung der Durchlässigkeit des Gewässerbodens durch Ablagerungen, Abdichtung der Bettsedimente

Konglomerat: durch Kalzit gut verfestigte Schotter

Konkurrenz: Wechselbeziehung zwischen Organismen

Konnektivität: Vernetzung

Korrektion: Regulierung eines Flusslaufs durch Flussbegradigungen, Uferbefestigungen und Sohlenverbau

Kreide: oberste Periode des Erdmittelalters (Mesozoikum) zwischen 145 und 66 Mio. Jahren v. heute

Krenal: Lebensraum im Quellbereich

KW: Kraftwerk

Längswerk: Sicherungsmaßnahme in einem Gewässer parallel zur Fließrichtung (Gewässerausbau)

Larvalphase: Jugendstadium eines tierischen Organismus, das im Körperbau vom adulten Organismus stark abweicht

Lauenbäche: grundwassergespeiste Bäche

Leitbild: beschreibt die gewünschte Entwicklungsrichtung eines Gesamtsystems

limnophil: ruhigwasserliebend

Lithal: Steine, Fels

Litoral: Uferzone von Gewässern

LWV: Leitha-Wasserverband

mäandrierend: mit gekrümmtem Verlauf; meist mit Gleit- und Prallhangausbildungen in den Kurven

Makrophyten: Wasserpflanzen, die mit dem bloßen Auge erkennbar sind

Makrozoobenthos: Sammelbezeichnung für Tiere, die den Gewässerboden bewohnen

Metapotamal: Gewässerabschnitt, der bei einer längszonalen Gliederung des Fließgewässers der Brachsenregion entspricht

Metarhithral: Gewässerabschnitt, der bei einer längszonalen Gliederung des Fließgewässers der Unteren Forellenregion entspricht

Migration: Wanderung

Mortalität: Sterblichkeit

Muldental: Tal mit flachen Talhängen, die allmählich in den Talboden übergehen, dieser kann aus einem Aufschüttungskörper bestehen

Neophyt: Pflanzenart, die in geschichtlicher Zeit einwanderte oder eingeschleppt wurde und sich in der einheimischen Pflanzenwelt eingebürgert hat

Neozoa, Neozoen: aus entfernten Gebieten oder anderen Kontinenten nach 1492 (neu) eingewanderte oder eingebürgerte Tierarten

ökologische Funktionsfähigkeit: Fähigkeit zur Aufrechterhaltung des Wirkungsgefüges zwischen dem in einem Gewässer und seinem Umland gegebenen Lebensraum und seiner organismischen Besiedlung entsprechend der natürlichen Ausprägung des Gewässertyps

Ökoregion: nach ökologisch-naturräumlichen Gesichtspunkten definierte landschaftliche Großeinheit

Ökosystem: funktionelle Einheit von Lebewesen und ihrer Umwelt in der Biosphäre, ein offenes System – durch Stoffkreisläufe zur Selbstregulierung befähigt, nie scharf abzugrenzen

oligotroph: nährstoffarm (Gegensatz: eutroph)

Papierschleife: Betriebsstätte, in der Papier hergestellt wird (auch Papiermühle)

Pionierfluren: Standorte, die von Erstbesiedlern bewachsen sind

Pleistozän: Eiszeitalter; 2,3 Mio. bis ca. 10.000 Jahre v. heute

Polster: Wehranlage bzw. Querwerk

Population: Reproduktionsgemeinschaft in einem abgegrenzten Raum

postglazial: nach der Eiszeit

Potamal: sommerwarme (> 20 °C) sandig-schlammige Zone eines Fließgewässers; große Temperaturschwankungen im Jahresverlauf

Prädatoren: Räuber

Psammal: Sand; Korngrößen von 0,063 bis 2 mm

psammophil: sandliebend

Quartär: jüngste Periode der Erdneuzeit von 2,6 Mio. bis heute

Querwerk: Sicherungsmaßnahme in einem Gewässer quer zur Fließrichtung, die die Gewässersohle stabilisiert

Rechen: Einrichtung zum Auffangen und Sortieren des getrifteten Holzes

Refugialraum: Refugium; Rückzugsgebiet (Erhaltungsgebiet) für bestimmte Arten (Relikte) oder Lebensgemeinschaften

Reproduktion: Vermehrung

Renaturierung: Rückbau von Flussbegradigungen oder Neugestaltung des Flussbetts mit dem Ziel, natürliche Fließverhältnisse wieder herzustellen und die Eigenentwicklung zu fördern

Retention: Im Flussumland wird bei Überflutungen ein Teil des Wassers zwischengespeichert. Dies führt dazu, dass das Wasser flussabwärts langsamer steigt. Die Hochwasserwelle wird verzögert und verläuft flacher. Die Retention ist umso größer, je geringer das Gefälle ist.

Revitalisierung: Wiederbelebung, Rückbau

rezent: gegenwärtig

rheophil: Vorliebe für Gewässer mit starker Strömung

Rhithral: sommerkalte (< 20 °C), steinig-kiesige Zone eines Fließgewässers

Riesen: rutschbahnartige Rinne zum Abtransport geschlagenen Holzes aus steilem Gelände

Rinner: langgezogene Vertiefung im Flussbett bzw. langgezogener Kolk

Rinner: langgezogene Vertiefung im Flussbett bzw. langgezogener Kolk

Salmoniden: forellenartige Fische

Saprobie: Intensität des Abbaus organischer Substanzen durch Stoffwechselvorgänge

Saprobienindex: kennzeichnet die Gewässerverschmutzung

Schlacht: historische Bezeichnung für Verbauungen, der Begriff leitet sich vom Einschlagen der Pflöcke ab

Schleppspannung: auf das Gewässerbett einwirkende Kraft des fließenden Wassers, die das Geschiebe bewegt

Schluff: Feinsediment mit Korngößen von 0,002 bis 0,06 mm; in Flüssen meist als Schwebstoff transportiert

Schwall: künstlich hervorgerufene Abflusssteigerung (u. a. für die Trift oder für eine bedarfsgerechte Stromproduktion)

Schwebstoffe: durch Turbulenzen im Wasser in Schwebe gehaltene Partikel (mineralische und/oder organische)

Sedimentation: Anhäufung von Lockermaterial

Senkwerke: aus Holz errichtete, mit einem Schwerboden versehene Verbauungen, die am Ufer zusammengestellt, und anschließend mit den nötigen Steinen beschwert im Wasser versenkt werden

Sohlental: durch Seitenerosion oder Aufschüttung hervorgegangene Talform mit breitem Talboden

Spätglazial: Periode zwischen dem Ende der max. Ausdehnung der Gletscher in der Würmeiszeit (Hochglazial) um ca. 19.500 Jahre v. heute und dem Beginn des Holozäns um etwa 11.700 v. heute

stagnophil: ruhigwasserliebend

Stauwurzel: Bereich eines Fließgewässers, bis zu dem sich eine künstliche Veränderung durch einen Aufstau auswirkt. Oberhalb der Stauwurzel herrschen natürliche Verhältnisse, unterhalb ist durch den Stau der Wasserstand über der Gewässersohle erhöht und die Fließgeschwindigkeit herabgesetzt.

stenök: Lebewesen werden als stenök bezeichnet, wenn sie Schwankungen lebenswichtiger Umweltfaktoren nur innerhalb enger Grenzen ertragen (Gegensatz: euryök).

Streichen: Längserstreckung einer Gesteinseinheit oder eines ganzen Gebirges

Stromstrich: Verbindungslinie der Punkte mit der größten Fließgeschwindigkeit an oder wenig unter der Oberfläche eines Fließgewässers. Seine Lage ist abhängig von Form und Rauheit der Ufer und des Flussbettes sowie der inneren Reibung des Wasserkörpers.

Sukzession: zeitliche Abfolge unterschiedlicher Pflanzen- oder Tiergesellschaften (auch Lebensgemeinschaften) am selben Ort nach Änderung wichtiger Standortfaktoren oder nach tiefgreifenden Störungen des Lebensraumes

terrestrisch: in Landlebensräumen vorkommend

Tirolikum: mittlere tektonische Großeinheit innerhalb der Nördlichen Kalkalpen

Treidelweg: flussbegleitender Weg zum Aufwärtsziehen der Schiffe (Gegenzug bzw. Gegentrieb)

Trift: Holztransport auf dem Wasser, das Holz wird je nach Gewässerbeschaffenheit in unterschiedlich große Stammstücke geschnitten und treibt mit der Gewässerströmung

Trogtal oder U-Tal: durch glaziale Erosion umgeprägtes Tal; steilwandige Hänge; weich gerundeter Übergang zur Talsohle

Unterlieger: flussab anschließender Gewässerabschnitt

Waldordnung: Regelwerk bzw. Gesetz, das die Nutzung von Wäldern regelt

Wehranlage: Querwerk bzw. Sperre in einem Flussbett, das den Zufluss oder Abfluss eines Gewässers regelt

Weiche Au (Weichholzau): von Weichhölzern dominierter flussnaher Bereich eines Auwaldes, geprägt durch hohen Grundwasserstand und häufige Überschwemmungen (Weiden-, Pappel- und Grauerlenau)

xylobiont: Holz bewohnend oder im Holz lebend

11 Kartenverzeichnis

National Archives of Hungary

HU-MNL-TK 1214: *„Situations Plan des gräfl*[ichen] *Harrachischen Gartens zu Bruck an der Leytha"*. Planer: Hollëy. 1808.

HU-MNL-Sm T 89: *„Mappa über die zwischen der Herrschaft Hornstein und Sottersdorff in Stritt gestandene auch an den Leytha Fluss Wimpassinger Gebiets"*. 1777.

HU-MNL-OL-S 12-D-13-94: *„Ideal Plan des Leita Flusses von der Gegend in Oesterrreich, wo er Anno 1787 ... in Eggendorffer Terrain ober Ebenfurtz ausgerissen ..."*. Planer: Georgius Jaczyg und Emerich Hrussovszky. 1787.

HU-MNL-OL-S 12-D-13-139: Regulierungskarte der Leitha im Bereich der österreichisch-ungarische Grenze. 1789.

HU-MNL-OL-S 12-D-13-437: *„Mappa Genuinum Defluxum partis Fluvii Laytha Signanter a Territario Cillendorfensi per Territoria Ebenfurth et Neufeld cum Viciosarum periculosarumque Gyrationum Transcissionibus juxta lineam flavam punctatam - projectatis exhibens.* [Karte der Leitha zwischen Zillingdorf und Ebenfurth bzw. Neufeld mit gefährlichen Flusskrümmungen entlang der gepunkteten, gelben Linie]". Planer: Mihály Wagner. 1815.

HU-MNL-OL-S 12-D-13-634: *„Situations Plan des Leytha Flusses bey Ebenfurt"*. Planer: Joseph Baumgartner. 1833.

HU-MNL-OL-S 16-5: *„Mappa continens dominia inter Posonium et Neostadium vel integra vel partes Leitae fluvio adjacentes, cursum Leitae in hoc tractu et partem Danubii, ad usum casarea - Regiae - Archiducalis Commissionis anno 1717 solenniter habita ob agitatas inter Hungariam et Austriam confiniorum controversias"*. Kartografie: Johann Jakob Marinoni. 1717.

HU-MNL-OL-S 16-69: *„Mappa zu der von Ihro Rőm. Kays. und Kőnigl. May. Carolo VI. in der zu Presburg angestelten und Anno 1715. ausgemachten Diet durch die so wohl an Seiten des Königreichs Hungarn als Erzherzogtum Östereich vorgeschlagen, und von vorbesagten Ihro Kay. ..."* Kartografie: János Kováts, Samuel Mikoviny und Johann Jakob Marinoni. 1717.

HU-MNL-OL-S 16-70: *„Mappa continens dominia inter Posonium et Neostadium, vel integra vel partes Leita fluvio adiacentes, cursum Leita in hoc tracta et partem Danubii"*. Kartografie: Johann Jakob Marinoni. 1717.

HU-MNL-OL-S 16-65: Plan der Leitha von der Katzelsdorfer Mühle bis zur Lichtenwörther Grenze. 1813.

HU-MNL-OL-S 16-68: *„Mappa den Laytha-Fluss zwischen der Wimpassinger und Wampensdorfer-Freyheit, und die in diesen Freyheiten gegen die Austrettung desselben aufgeworfene Daemme, wie auch den Ausbruch dieses Flusses auf die Wimpassinger Hauswiesen darstellend"*. Planer: Leopold Krauss. 1816.

HU-MNL-OL-S 16-116: „Mappe der zur Herrschaft Hornstein gehörigen Neufelder Auen". Planer: Johann Georg Weber. 1840.

HU-MNL-OL-S 16-165: *„Plan zur Regulirung des Leythaflußes von Auer Hotter bis zu dem Königshofergemärke. Teil 1."* 1823.

HU-MNL-OL-S 16-166: *„Plan zur Regulirung des Leythaflußes von Auer Hotter bis zu dem Königshofergemärke. Teil 2."* 1823.

HU-MNL-OL-S 16-201: *„Mappa darstellend den Lajtha Fluss zwischen den(en) Wimpassinger und Wampersdorfer Freyheiten"*. [Anf. 19. Jh.].

HU-MNL-OL-S 16-225: *„Mappa Uiber jene Auen welche wegen den neuen Laitha Durchschnitten von der Ebenfurter oder deutscher Seiten auf das ungarische Gebiethe nach Neufeld uibersetzet worden sind"*. Planer: Leopold Krauss und Johann Georg Weber. 1813.

HU-MNL-OL-S 16-229: Regulierungsplan für den Bereich Leithaprodersdorf und Deutsch-

Brodersdorf. Planer: Johann Georg Weber und Leopold Krauss. 1825.

HU-MNL-OL-S 16-230: Plan der umgesetzten Regulierungsmaßnahmen im Bereich Leithaprodersdorf und Deutsch-Brodersdorf mit Daten zur Flächenbilanz infolge der Durchstiche. Planer: Johann Georg Weber und Leopold Krauss. 1825.

HU-MNL-OL-S 16-232: Regulierungsplan der Leitha im Bereich von Neufeld. Joseph Wimsberg und Leopold Krauss. 1825.

HU-MNL-OL-S 16-246: Grenzübergänge im Bereich zwischen Leitha, Wulka und Neusiedler See. [19. Jh.].

HU-MNL-OL-S 16-259: *„Mappa Über die zwischen der Herrschafft Hornstein und Pottendorff in Stritt gestandene Auh an den Leytha Flus Vimpassinger Gebiets vorüber Ao. 774 den 6 May der Stritt mittelst einer Hoff Comission beygeleget und durch Beederseithige Herrschaffts Beamte."* 1774.

HU-MNL-OL-S 16-285: Regulierungsplan zwischen Deutsch-Brodersdorf und Königshof. [Mitte 19. Jh.].

HU-MNL-OL-S 16-301: *„Der Laytha Fluss vom Zillingdorfer Hotter bis zum Auer Hotter nach dessen Regulirung mittels der Durchschnitte ...".* 1810.

HU-MNL-OL-S 16-331: *„Mappa darstellend den Laytha Fluss von dem Zillingdorfer Hotter bis zur Ebenfurther Brüke mit den daran stossenden herrschaftlichen Ebenfurther Auen und unterthaeningen Neufelder Grundstücken".* Planer: Leopold Krauss und Franz Melzer. 1808.

HU-MNL-OL-S 16-332-1: *„Entwurf zur Regulirung des Laytha Flusses zwischen Wimpassing und Wampersdorf, mittels eines Durchschnittes ...".* Planer: Joseph Wimsberg. [Anf. 19. Jh.].

HU-MNL-OL-S 16-332-2: Regulierungsplan für den Neufelder Abschnitt. Planer: Joseph Wimsberg Wimsberg und Leopold Krauss. 1813.

HU-MNL-OL-S 16-334: *„Situations Plan! Über das beschädigte Ufer-Deckwerck von der Ebenfurther Wehre, bis zur Gränzbrücke bei Neufeld."* 2 Teile. Planer: Joseph Wimsberg. [Anf. 19. Jh.].

HU-MNL-OL-S 16-328: *„Mappe uiber die Ausgleichgung der im Jahr 1817 bewerkstelligten Laitha Durchschnitte und des geometrischen Flächeninhalts jenes Terrain welcher von der Neufelder auf die Ebenfurther so wie auch von Ebenfurth auf die Neufelder Seiten übersetzt worden ist."* Planer: Johann Georg Weber. 1817.

HU-MNL-OL-S 16-329: Plan der umgesetzten Regulierungsmaßnahmen im Bereich Leithaprodersdorf und Deutsch-Brodersdorf. Planer: Johann Georg Weber. 1825.

HU-MNL-OL-S 16-330: *„Mappe uiber die in verflossenen Jahr durch Seine hochfürstliche Durchlaucht bewerkstelligte Laitha Durchschnitte zwischen den Ebenfurther und Neufelder Terrain von Zillingdorfer Hotter bis zur Ebenfurther Wehr".* Planer: Johann Georg Weber. 1817.

HU-MNL-OL-S 16-230: Plan der umgesetzten Regulierungsmaßnahmen im Bereich Leithaprodersdorf und Deutsch-Brodersdorf mit Daten zur Flächenbilanz infolge der Durchstiche. Planer: Johann Georg Weber und Leopold Krauss. 1825.

HU-MNL-OL-S 16-334: *„Situations Plan! Über das beschädigte Ufer-Deckwerck von der Ebenfurther Wehre, bis zur Gränzbrücke bei Neufeld".* Planer: Joseph Wimsberg. [Anf. 19. Jh.].

HU-MNL-OL-S 16-335: *„Situation der Graenzbrücke niber die Laytha bei Neudörfel".* Planer: Johann Georg Weber. 1815.

HU-MNL-OL-S 16-379: Wehranlage und Ufersicherungsmaßnahmen im Bereich von Ebenfurth. Planer: Johann Georg Weber. [Anf. 19. Jh.].

HU-MNL-OL-S 16-506: Planung des Gerinnes zur Hochwasserentlastung im Bereich zwischen

Zurndorf und Hegyeshalom. Lageplan mit Längsprofil. [Mitte 19. Jh.].

HU-MNL-OL-S 80-5/1-25: Regulierungspläne der Leitha zwischen Wiener Neustadt und Seibersdorf. Planer: József Lorenz. 1854.

HU-MNL-OL-S 80-No. 7/1-6.: Querprofile zur Leitha im unteren Abschnitt (6 Blätter). 1876.

HU-MNL-OL-S 80-VII.-1: Längen-Profil der Leitha zwischen Gattendorf und Mosonmagyaróvár. Wallandt. 1840–1850.

HU-MNL-OL-S 80-VII.-2: Quer-Profile der Leitha zwischen Gattendorf und Mosonmagyaróvár. Wallandt. 1841.

HU-MNL-OL-S 80-VII.-3: *„Der Plan für den Bau einer Abteilung zum Schutz der Mühlen vor Hochwasser"*. 1841.

HU-MNL-OL-S 80-VII.-4: *„Plan des Wasserteilers zur Regulierung des Wasservolumens"*. Bereich Gattendorf. 1841.

HU-MNL-OL-S 80-VII.-6: „Plan der Hochwasserentlastungskanäle („Comitats Canal") im Bereich zwischen Gattendorf und Mosonmagyaróvár. Planer: Johann Zelezny. 1857.

HU-MNL-OL-S 101-285: *„Uebersichts-Blatt der im Jahre 1829 vorgenommenen hydrotechnischen Aufnahme der Laythaflussstecke von Sarasdorf bis Gattendorf."* 1829.

HU-MNL-OL-T 59-19: Grundrissplan einer Leitha Mühle. Planer: Andreas Aldinger. [19. Jh.].

Magyar Nemzeti Levéltár Győr-Moson-Sopron Megye Soproni Levéltára

HU-MNL-Sm-T-36: *„Mappa genuinum defluxum fluvii Laytha limitibus comitatus Soproniensis signanter a consursu territoriorum Katzelsdorfiensis, Neostadiensis et neudorfliensis usque terrenum Seibersdorfense exhibens"*. Planer: Mihály Wagner 1816.

HU-MNL-Sm-T-109: *„Mappa genuinum defluxum fluvii Lajtha a limitibus comitatus Soproniensis signanter a concursu territoriorum Kaczelsdorfiensis, Neostadiensis et Neudörflensis usque terrenum Bockfurtense cum designatione adjacentium locorum repraesentans."* Planer: János Hegedüs. 1787.

Military History Institute of Hungary

HU-HM-B IX c 642: *„Mappa derjenigen Gränzen Linie, welche zwischen dem Königreich Hungarn und dem Erzherzogthum Österreich unter der Enns bestehet..."*. Kartografie: Johann Walter.

Niederösterreichische Landesbibliothek, Kartensammlung

NÖLB-KS, A I 34: *„Mappa über die Land- und Post-Straßen von Neu(n)kirchen biss auf die gegend von St. Valentin samt der umligenden Situation"*. 3 Teile. Johann Jakob Marinoni. 1726.

NÖLB-KS, B IV 167: „Mappa über die zwischen der Statt Pruck a. d. Leutha, Petronell, Kittsee und Kottendorff, Item Potzneusiedl, Neudorff, Pärndorf, Pochfurth, Rohrau etc, in den V.U.W.W.". 3 Teile. Johann Jakob Marinoni. 1715.

NÖLB-KS, A III 41/1: *„Unter Oesterreich oder das Kleine Egypten"*. Radierung: Lorenz Ramlo. Um 1800.

NÖLB-KS, B III 116/2: „Mappa über den Wasserbau bei Wampersdorf am Leithaflusse [Profile]". Planer: Heymond. 1803.

NÖLB-KS, B III 118 A: *„Plane Des Swarza* [Schwarza] *und Leytha Flusses angefangen bey Glocknitz bis an die Hungarische Gränze Gadendorf"*. 20 Blätter. Planer: Joseph Wimsberg. 1805.

NÖLB-KS, B III 118 B: *„Plan Des Schwarza und Leytha Flusses, angefangen von den Gränzen oberhalb Glocknitz bis an das Gatterdorfer Territorium oder Hungarische Gränzen"*. 20 Blätter. Planer: Joseph Wimsberg. 1810.

NÖLB-KS, B III 117/1-15: *„Entwurf zur Regulirung der Laytha von der Wimpassinger Brücke abwärts bis zum Auer Gemärck mittels Durchschneidung der Terrains zwischen den Serpentinen dieses Flußes"* 15 Blätter. Planer: Joseph Baumgartner. 1823.

NÖLB-KS, B III 117/5a: *„Der Situations-Plan des Leytha-Flusses in Brodersdorf"*. Planer: Ferdinand Schönthal und Joseph Baumgartner. 1823.

NÖLB-KS, B III 114/2.1-2.2: *„Situations-Plan des Leytha-Flusses bey Bachfurth, Gerhaus u. Rohrau"*. 2 Blätter. Planer: Joseph Baumgartner. 1826.

NÖLB-KS, B III 114/3.2: *„Längenprofil des Leytha-Durchstiches bey der Mühle zu Rohrau"*. Planer: Joseph Baumgartner. 1826.

NÖLB-KS, B III 115/2: *„Entwurf zur Regulirung der Laytha von der Wimpassinger Brücke abwärts bis zum Auer Gemärck mittels Durchschneidung der Terrains zwischen den Serpentinen dieses Flußes"* 15 Blätter. Planer: Joseph Baumgartner. 1823.

NÖLB-KS, KI 5688: *„Situations-Plan der Rohrauer Mühle"*. Plan mit Quer- und Längsprofil. Planer: A. Caurairy. 1860.

NÖLB-KS, KI 5598: *„Situationsplan des Leitha-Flusses"*, Flussverlauf der Au bei Deutsch-Brodersdorf bis Sarasdorf. 1860.

NÖLB-KS, KI 5379: *„Leitha-Fluss in 75 Sectionen von Schwarzau bis Sarasdorf"*. Plan der Leitha-Regulierung 1866 mit Nachträgen der Schutzwasserbauten bis 1901 (zahlreiche Blätter fehlen). Planer: u.a. Andreas Fuchs. 1866.

NÖLB-KS, KI 5421: Situations-Plan des Schwarza-Baches von der Strassen-Brücke bis zur Land-Wehre nächst Peisching. 3 Teile. Zeichner: Andreas Fuchs. 1866.

Österreichische Nationalbibliothek

ÖNB-KS, FKB B 90: Umgebung von Bruck an der Leitha. 9 Blätter. Herausgeber: K.u.k. militär geographisches Institut. 1867.

Österreichisches Staatsarchiv

OeStA/FHKA SUS KS, G 073: *„Brücke über die Schwarza bei Neunkirchen"*. Planer: Krenner 1782.

OeStA/FHKA SUS KS, G 074/1-2: *„Situationsplan der langen Brücke über die Schwarza in Neunkirchen"*. Planer: Krenner und Schitzenau. 1786.

OeStA/FHKA SUS KS, G 066/2: *„Lange Brücke über die Schwarza bei Neunkirchen am Steinfeld"*. Planer: Krenner. 1778.

OeStA/FHKA SUS KS, Ra-1222: *„Wiederherstellung des abgerissenen Mühlbaches und Aushebung eines Durchschnittes an der Schwarza bei der k.k. Blaufarbstoff-Fabrik Schlöglmühl"*. Planer: Joseph Baumgartner. 1821.

OeStA/FHKA SUS KS, H 090: *„Erklärung über beschehene geometrische Abwäge des Schwarzaflusses und Ausmessung der Anrainergrundstücke und des neu zu errichtenden Hammer-Wehrs"*. Planung: Melchior Schultz. 1781.

OeStA/AVA Verkehr Reg.v.EG SBG A 163.20: Ufersicherungen entlang der Schwarza in Payerbach. Konvolut mit Plan. 1896.

OeStA/AVA PKF PS I 1235: *„Bau der Leitha-Schleuse bei Pottendorf-Landegg"*. Grundriss, Längsschnitt und andere Pläne. Um 1800.

OeStA/G I h 1310: *„Plan de la bruyère entre la ville de Neustadt et le village de Sollenau"*. Kartografie: Brequin, Prechtl und Czermack. 1763.

OeStA/KA KPS KS B IX b, 242: *„Karte des Kanals, welcher in drei Hauptabteilungen, A)* *von Wien bis an die Leitha bei Neustadt, B) von der Leitha bis Ödenburg, C) von Ödenburg bis Raab gebaut wird"*. Planer: Sebastian Maillard. 1797.

Weitere Karten aus diversen Archiven

„Grundriß der Gegend von 2 1/3 Quadrat Meilen innerhalb des mit hundert und drey Grenzsteinen besetzten Umfanges der Burgfriedsherrlichkeit der Landesfürstlichen Stadt Wiener Neustadt ...". Aufgenommen 1803 und 1804. Stadtarchiv Wiener Neustadt.

Umgebung von Wiener Neustadt. 1790. Stadtarchiv Wiener Neustadt.

Kehrbachregulierung. 1903. Archiv des Leitha-Fischa-Wasserwerksvereins.

Regulierung der Schwarza von der Windbrücke Hirschwang bis zum Dunkelsteiner Wehr, Faltplan. 1902. Archiv der Abteilung Wasserbau des Amtes der NÖ Landesregierung.

Triangulirung des Stollens von Kaiserbrunn bis Hirschwang. Wien Museum.

Wiener Hochquellenleitung mit den Quellen Kaiserbrunn, Alta und Stixenstein in einem Plan aus dem Jahr 1864. Wiener Stadt- und Landesarchiv: Pläne-und-Karten Pl 315 3.

12 Literatur

ADAM, G. (2022) Beiträge zur Geschichte der Pachfurther Leitha-Mühle, Eigenverlag: 44 pp.

ALTVATTER, O. (1876): Bericht über die Erhebungen der Irrigationsverhältnisse im Steinfeld. – Beilagen zu den stenogr. Protokollen des NÖ Landtages. 1876: 367–391.

AMT DER NÖ LANDESREGIERUNG (2010): Fische in unseren Gewässern. – Download unter: https://www.noe.gv.at/noe/Wasser/7_16_Fischvisitenkarten_Druckfreigabeexemplar.pdf

ARGE FREILAND & REVITAL (2021): Bestandserhebung Bericht (Action A.1.4), LIFE IRIS, GE-RM Leitha. – Auftraggeber: Amt der NÖ Landesregierung.

ARGE FREILAND & REVITAL (2021): Vernetzende Analyse und Entwicklungsziele Bericht (Action A.1.4), LIFE IRIS, GE-RM Leitha. – Auftraggeber: Amt der NÖ Landesregierung.

AULITZKY, H. (1994): Über die Geschichte der Wildbachverbauung in Österreich. In: Konold, W. Historische Wasserwirtschaft im Alpenraum und an der Donau. DVWK (Hg.): 201–228.

BAUER, K. (1994): Rote Liste der in Österreich gefährdeten Vogelarten (Aves). In: Gepp, R. (Red.): Rote Listen gefährdeter Tiere Österreichs. Grüne Reihe des BM für Umwelt, Jugend und Familie, Band 2, 57–65.

BAUMGARTNER, H. (1990): Schutzwasserbau an der Pitten. – Dipl.-Arb., Univ. für Bodenkultur, Wien.

BEIDINGER, A. & DECKER, K. (2011): 3D geometry and kinematics of the Lassee flower structure: Implications for segmentation and seismotectonics of the Vienna Basin strike-slip fault, Austria. Tectonophysics, Volume 499, Issues 1–4: 22–40.

BEIDINGER, A., DECKER, K. & ROCH, K. H. (2011): The Lassee segment of the Vienna Basin fault system as a potential source of the earthquake of Carnuntum in the fourth Century a.d. – Int. J. Earth Sei. (Geol. Rundsch).

BIERINGER, G. & SAUBERER, N. (2001): Der Naturraum Steinfeld – Stapfia 77: 9–28.

BITTNER, A. (1893): Aus den Umgebungen von Nasswald und von Rohr im Gebirge – Verhandlungen der Geologischen Bundesanstalt – 1893: 295–300.

BMLFUW – Bundesministerium für Land- und Forstwirtschaft, Umwelt und Wasserwirtschaft (2010): Qualitätszielverordnung Ökologie Oberflächengewässer (BGBl. II Nr. 99/2010).

BMLFUW – Bundesministerium für Land- und Forstwirtschaft, Umwelt und Wasserwirtschaft (2015): Leitfaden zur Bewertung erheblich veränderter Gewässer – Biologische Definition des guten ökologischen Potentials.

BMLFUW – Bundesministerium für Land- und Forstwirtschaft, Umwelt und Wasserwirtschaft (2015): Leitfaden zur hydromorphologischen Zustandserhebung.

BMLFUW – Bundesministerium für Land- und Forstwirtschaft, Umwelt und Wasserwirtschaft (2015): Hochwasserrisikomanagementplan 2015.

BMLFUW – Bundesministerium für Land- und Forstwirtschaft, Umwelt und Wasserwirtschaft (2015): Leitfaden zur typspezifischen Bewertung gemäß WRRL Allgemein physikalisch-chemische Parameter in Fließgewässern, Version Jänner 2015, www.bmlrt.gv.at

BMLFUW – Bundesministerium für Land- und Forstwirtschaft, Umwelt und Wasserwirtschaft (2016): Nationaler Gewässerbewirtschaftungsplan (NGP) 2015.

BMLFUW – Bundesministerium für Land- und Forstwirtschaft, Umwelt und Wasserwirtschaft (2017): Leitfaden Gewässerentwicklungs- und Risikomanagement-Konzepte (GE-RM).

BMLRT – Bundesministerium für Nachhaltigkeit und Tourismus (2018): Leitfaden zur Erhebung der biologischen Qualitätselemente Teil A3 – Phytobenthos, abzurufen unter: https://www.bmlrt.gv.at/wasser/wisa/

BMLFUW – Bundesministerium für Land- und Forstwirtschaft, Umwelt und Wasserwirtschaft (2019): EHYD, aktuelle hydrografische Information, http://ehyd.gv.at

BMLRT – Bundesministerium für Nachhaltigkeit und Tourismus (2019): Erläuterungen zur Qualitätszielverordnung Ökologie Oberflächengewässer (konsolidiert).

BÖHEIM, F. C. (1830): Chronik von Wiener-Neustadt. – Mayer et Comp., Wien [u.a.].

BORNE, M. (1882): Die Fischerei-Verhältnisse des

Deutschen Reiches, Oesterreich-Ungarns, der Schweiz und Luxemburgs. Berlin.

Bousek, E. (1913): Zur Frage des internationalen Wasserrechtes. Entscheidung des k. k. Verwaltungsgerichtshofes vom 1. März 1913, Nr. 182 ex 1913. Die Wasserwirtschaft, Nr. 8: 161–164.

Breiner, H. (1977): Hydrologische Grundsatzuntersuchung über die maßgebenden Hochwasserabflüsse der Schwarza im Bereich von Haderswörth bis Gloggnitz. Bericht 10. Hydrologische Grundsatzuntersuchung über die maßgebenden Hochwasserabflüsse beim Zusammenfluß von Schwarza und Pitten; Bericht 12. In: Wasserwirtschaftliches Grundsatzkonzept für das Südliche Wiener Becken. BM für Land- und Forstwirtschaft, Sektion IV, Abt. IV 1 – Wasserwirtschaftskataster.

Buchner, P. (1976): Primäre und sekundäre Trockenrasen des Wiener Neustädter Steinfeldes. – Hausarbeit, Bot. Inst. Univ. Wien.

Buchner, P. (1987): Die von der Schwarza geformte Flußlandschaft zwischen Schwarzau/ Steinfeld und Erlach. Charakteristik, Schutzwürdigkeit und Bedeutung. Unveröff. Studie.

Christelbauer, J. (1985). Geschichte der Stadt Bruck an der Leitha. Erg. u. erw. von Rudolf Stadlmayer. Bruck a.d. Leitha, Selbstverl. der Stadtgemeinde Bruck a.d.L.

Comite zur Entwerfung einer Wässerungsnorm an der Schwarza (1876): Anträge des Comites zur Entwerfung einer Wässerungsnorm an der Schwarza von Hirschwang bis Peisching. Abgegeben an die k.k. Bezirkshauptmannschaft Neunkirchen am 25. September 1875.

Cornelius, H. P. (1936): Aufnahmsbericht von Dr. H. P. Cornelius über Blatt Mürzzuschlag (4955): Kalkalpiner Anteil – Verhandlungen der Geologischen Bundesanstalt – 1936: 41–42.

Decker, K., Grupe, S., Hintersberger, E. (2015): Characterizing Active Faults in the Urban Area of Vienna. Miscellana INGV, Abstracts Volume 6th International INQUA Meeting on Paleoseismology, Active Tectonics and Archaeoseismology, 27, Istituto. Naz. d. Geofisica e Vuicanologia.

Decker, K., Hinsch, R. & Peresson, H. (2002): Active tectonics and the earthquake potenial in Eastern-Austria – ENTEC (evironmental tectonics) FPS Research Programme of the European commission. Spring workshop Vienna 2002.

Decker, K. & Peresson, H. (1996): Tertiary kinematics in the Alpine-Carpathian-Pannonian system: Links between transform faulting and crustal extension. In: Wessely, G. & Liebl, W. (eds.): Oil and Gas in Alpidem Thrustbelts and Basins of Central und

Decker, K., Peresson, H. & Hinsch, R. (2004): Active tectonics and Quaternary basin formation along the Vienna Basin Transform fault.

Derks, K. (Red.) (2014) Ein Beitrag zur Mühlen- und Leithageschichte in Gattendorf. – In Gattendorfer Rückblicke. Band 9: 1–100.

Dierschke, H., Otte, A. & Nordmann, H. (1983): Die Ufervegetation der Fließgewässer des Westharzes und seines Vorlandes. Naturschutz und Landschaftspflege in Niedersachsen, Beiheft 4, Hannover.

Donner, J. (1981/82): Eduard Suess, der Vater der I. Wiener Hochquellenleitung. – Mitt. österr. geol. Ges. 74/75: 41–51.

DWS Hydro-Ökologie GmbH (2017): Harrachpark in Bruck an der Leitha, Gewässer- und fischökologische Grundlagenerhebung. Im Auftrag der Stadtgemeinde Bruck an der Leitha.

Eberstaller, J., Altenhofer, M., Eberstaller-Fleischanderl, D., Köck, J., Haider, S., Zechmeister, A., Holzmann, H., Frank, J., Haidvogl, G. & Stelzhammer M. (2009): Leitha – Referenzzustand und Zielzustand WRRL. Amt der NÖ Landesregierung – Gruppe Wasser, Amt der Bgld. Landesregierung – Abt. Wasser und Abfallwirtschaft.

Eberstaller, J., Eberstaller-Fleischanderl, D. & Köck, J. (2005): Fischereiliche Beweissicherung Leitha, A6 Nordost Autobahn, Spange A4 – Kittsee.

Eberstaller, J., Haider, S., Frangez, C. & Reiner, P. (2017): Machbarkeitsstudie zur Herstellung der Durchgängigkeit der Leitha von Katzelsdorf bis Mündung Warme Fischa (Planungsgemeinschaft ezb TB Eberstaller GmbH & Büro Pieler ZT GmbH). Auftraggeber: Niederösterreichische Landesregierung, Gruppe Wasser, Abteilung Wasserwirtschaft WA2.

Ebner, P. (1986): Chronik der Marktgemeinde Zurndorf. Neusiedl am See.

Eggendorfer C. (1999): Der grenzüberschreitende Wirtschaftsraum in der frühen Neuzeit dargestellt am Weinbau der Stadt Bruck a.d. Leitha. Teil 2 – Burgenländische Heimatblätter – 61: 1–55.

Egger, G., Michor, K., Muhar, S. & Bednar, B. (Hg.) (2009): Flüsse in Österreich. Lebensadern für Mensch, Natur und Wirtschaft. Studienverlag, Innsbruck und Wien.

Ellenberg, H. (1996): Vegetation Mitteleuropas mit den Alpen in ökologischer, dynamischer und historischer Sicht. Ulmer Verlag, Stuttgart.

Ellenberg, H., Weber, H. E., Düll, R., Wirth, V., Werner, W. & Paulissen, D. (1992): Zeigerwerte von Pflanzen in Mitteleuropa. Scripta Geobotanica 18, Göttingen.

Europäisches Parlament und Rat (2000): Richtlinie 2000/60/EG des Europäischen Parlaments und des Rates vom 23. Oktober 2000 zur Schaffung eines Ordnungsrahmens für Maßnahmen der Gemeinschaft im Bereich der Wasserpolitik.

Fasan, M. & Haider-Berky, W. (1987): Die Industrie von den Anfängen bis heute. 4 Bände – Neunkirchen.

Filzwieser, R. (2018): Die historische Landschaft des Leithagebirges. Methodische Untersuchung zur interdisziplinären Verwendung historischer Quellen und archäologischer Prospektionsdaten anhand der Herrschaft Scharfeneck. Diss. Univ. Wien.

Fingernagel, W. & Pregartbauer, M. (2023): Lebensader Leitha. Eine Flussbiografie. – Anton Pustet, Salzburg.

Fitzinger, L. (1832): Ueber die Ausarbeitung einer Fauna des Erzherzogthumes Oesterreich. Verein für vaterländische Geschichte, Statistik und Topographie (Hg.), Beiträge zur Landeskunde Oesterreich´s unter der Enns. Wien.

Flanner, K. (1999): 110 Jahre elektrisches Licht in Neustadt. – Unser Neustadt 1999/4.

Fölsch, A. (1862): Wien's Wasser-Versorgung, Band 1. – Eine Denkschrift, Carl Hornbostel, Gerold, Wien.

Frank, C. & Reischütz, P. L. (1994): Rote Liste gefährdeter Weichtiere Österreichs (Mollusca: Gastropoda und Bivalvia). In: Gepp, R. (Red.): Rote listen gefährdeter Tiere Österreichs. Grüne Reihe des BM für Umwelt, Jugend und Familie, Band 2, 284–316.

Fuchs, R. (1941): Landegg an der Leitha (Geschichte eines Grenzortes). – Unsere Heimat, Bd. XIV (1941): 126–137.

Gabriel, B. (1994): Die Holzbringungsanlagen am Preintaler Gscheidl – vergessene Meisterleistungen alpenländischer Ingenieurbaukunst. In: Konold, W.: Historische Wasserwirtschaft im Alpenraum und an der Donau. DVWK (Hg.): 239–246.

Gaheis, F. P. (1807): Wanderungen und Spazierfahrten in die Gegenden um Wien. Spazierfahrt nach Mödling und in die Klause. Spazierfahrt nach dem k. k. Lustschlosse Laxenburg. Spazierfahrt längs dem Neustädter Canale (Band 4).

Galik, A. (1999): Fischreste aus mittelalterlichen bis neuzeitlichen Fundstellen: Bedeutung und Aussagekraft dieser kleinen archäozoologischen Funde. Beiträge zur Mittelalterarchäologie in Österreich. 15.

Geissl, G. (2001): Wiener Neustadt – Handwerk und Industrie, Dokumentation des Industrieviertelmuseums Wiener Neustadt 2001/97.

Gepp, J. (Red.) (1985): Auengewässer als Ökozellen: Fluß-Altarme, Altwässer und sonstige Augen-Stillgewässer Österreichs. Grüne Reihe, BM für Gesundheit und Umweltschutz, 4, Wien.

Gepp, R. (Red.) (1994): Rote Listen gefährdeter Tiere Österreichs. Grüne Reihe des BM für Umwelt, Jugend und Familie, Band 2.

Gerabek, K. (1964): Gewässer und Wasserwirtschaft Niederösterreichs. Forschungen zur Landeskunde von Niederösterreich: 15. Verein für Landeskunde von Niederösterreich und Wien.

Gerken, B. (1988): Auen – Verborgene Lebensadern der Natur. Verlag Rombach, Freiburg.

Gmasz, S. & Draganits, E. (Hg.): Das Mönchhofer Hotterbuch von 1650. Beschreibung der Grundgrenzen des Heiligenkreuzer Stiftsgutes Mönchhof mit den Gemeinden Podersdorf und Winden sowie der Wüstung Lendorf.

Grabherr, G. & Mucina, L. (Hg.) (1993): Die Pflanzengesellschaften Österreichs. Teil 2. Natürliche waldfreie Vegetation. Gustav Fischer Verlag, Jena.

GRUPE, S., PEYER, TH. & PFLEIDERER, S. (2021): Donauterrassen und Donaukiese im Bereich des Wiener Stadtgebietes. Jb. Geol. B.-A. Bd. 161, H. 1-4: 29–38.

GÜNTSCHL, B. (1994): Die Bewässerungsanlage Theresienfeld – Entwicklung und derzeitiger Stand. In: KONOLD, W., Historische Wasserwirtschaft im Alpenraum und an der Donau. DVWK (Hg.): 581–590.

HALÁCSY, E. V. (1896): Flora von Niederösterreich. – F. Tempsky Verlag, Prag, Wien.

HANDELS- UND GEWERBEKAMMER (1857): Die Benützung der Berge und fliessenden Wässer in Nieder-Oesterreich für die Landwirthschaft und Industrie. Statistisch-topographischer Bericht der Handels- und Gewerbekammer für Oesterreich unter der Enns. I. Band. Kreis unter dem Wiener Walde. Leopold Sommer Verlag. Wien.

HARATHER, R. (1998): Die Geschichte der Region und Stadt Ternitz, Von deren Anfängen bis zur Gegenwart. – Hg. Stadt Ternitz.

HARTMANN, E. & KONOLD, W. (1995): Späte und Kanadische Goldrute (Solidago gigantea et canadensis): Ursachen und Problematik ihrer Ausbreitung sowie Möglichkeiten ihrer Zurückdrängung. In: BÖCKER, R., GEBHARDT, H., KONOLD, W., SCHMIDT-FISCHER S. (Hg.): Gebietsfremde Pflanzenarten: Auswirkungen auf einheimische Arten, Lebensgemeinschaften und Biotope; Kontrollmöglichkeiten und Management. Ecomed Verlag, Landsberg, 93–104.

HAUNSCHMID, R., WOLFRAM, G., SPINDLER, T., HONSIG-ERLENBURG, W., WIMMER, R., JAGSCH, A., KAINZ, E., HEHENWATER, K., WAGNER ,B., KONECNY, R., RIEDMÜLLER, R., IBEL, G., SASANO, B. & SCHOTZKO, N. (2006): Erstellung einer fischbasierten Typologie österreichischer Fließgewässer sowie einer Bewertungsmethode des fischökologischen Zustandes gemäß EU-Wasserrahmenrichtlinie 2006. Schriftenreihe des Bundesamts für Wasserwirtschaft 23. Wien.

HECKEL, J. & KNER, J. J. (1858): Die Süßwasserfische der österreichischen Monarchie mit Rücksicht auf die angrenzenden Länder. Leipzig.

HELLER, H. (1969): Lebensbedingungen und Abfolge der Flußauenvegetation in der Schweiz. Schweizerische Anstalt für das Forstliche Versuchswesen, Mitteilungen. Zürich, Band 45: 1– 124.

HIERMANSEDER, M. & KÖNIG, H. (2017): Johann Jakob von Marinoni – geadelt und getadelt. Schöpfer des Mailänder Katasters, Kartograph, Wissenschaftler. – Vermessung & Geoinformation 2/2017: 60–141.

HOFER, T. (o. D.): Neudörfler Projekt und Kehrbachumlegung, Begleitwort zu den Bildern der ausgeführten Arbeiten, 1907–1914.

HOLZER, G., & HINTERHOFER, M. (2007): Projekt Schwarza, Ist-Bestandsaufnahme/Fischartenkartierung 2007, Auftraggeber: Verband der Österreichischen Arbeiter Fischereivereine (VÖAFV), Wien.

HOLZNER, W., HORVATIC, E. KÖLLNER, E., KÖPPL, W., POKORNY, M. SCHARFETTER, E., SCHRAMAYR, G. & STRUDL, M. (1986): Österreichischer Trockenrasen-Katalog. Grüne Reihe des Bundesministeriums für Gesundheit und Umweltschutz, Wien. Band 6.

HOLZNER, W. (1971): Verbreitung und Vergesellschaftung von Impatiens glandulifera an der Leitha. Mitteilungen der Botanischen Arbeitsgemeinschaft am Oberösterreichischen Landesmuseum, Linz, 3/1, 45–50.

HOLZNER, W., HILBIG, W. & FORSTNER, W. (1978): Nitrophile Saumgesellschaften in Niederösterreich und dem Burgenland. Verh. Zool-Bot. Ges. in Österreich, Wien, Band 116/117: 99–110.

HRADECKY, J. & CHMELAR, W. (2014): Wiener Neustädter Kanal. Vom Transportweg zum Industriedenkmal. – Wien Archäologisch Band 11, Phoibos Verlag, Wien.

HÜBL, E. (1972a): Zur biologischen und pflanzengeographischen Charakteristik der Auwälder Wiens. In: EHRENDORFER, F., KALTENBACH, A., NIKLFELD, H. & STARMÜHLNER, F. (Red.): Naturgeschichte Wiens. Band 2. Jugend und Volk Verlag, Wien-München. 707–716.

HÜBL, E. (1972b): Die Trockenvegetation der Donauauen (Heißländen). In: EHRENDORFER, F., KALTENBACH, A., NIKLFELD, H. & STARMÜHLNER, F. (Red.): Naturgeschichte Wiens. Band 2. Jugend und Volk Verlag, Wien-München. 717–720.

HÜBL, E. (1975): Die pflanzengeographische Stellung des pannonischen Raumes in Beziehung zu kontinentalen und mediterranen Klimaeinflüssen. Verhandlungen der Gesellschaft für Ökologie, Wien, 5: 167–171.

Hydrographisches Zentralbüro im BMLF (Hg.) (1993): Grundwasserstände in Österreich 1948–1990. Beiträge zur Hydrographie Österreichs, Heft Nr. 54, Wien.

Hydrographisches Zentralbüro im BMLF (Hg.) (1994): Die Niederschläge, Schneeverhältnisse und Lufttemperaturen in Österreich im Zeitraum 1981–1990. Hydrographischer Dienst in Österreich. Beiträge zur Hydrographie Österreichs, Heft Nr. 52, Wien.

Hydrographisches Zentralbüro im BMLF (Hg.) (1995): Die Abflüsse in Österreich im Zeitraum 1981–1990. Hydrographischer Dienst in Österreich. Beiträge zur Hydrographie Österreichs, Heft Nr. 57, Wien.

Industrieviertel Museum Wiener Neustadt (1997): 1797–1997; 200 Jahre Wiener Neustädter Kanal. - Eigenverlag, Wiener Neustadt.

Jaburek, K. (1926): Die Kehrbachwerke bei Wiener-Neustadt. - Zeitschrift des österreichischen Ingenieur-Vereines: 85–89.

Janchen, E. (1977): Flora von Wien, Niederösterreich und Nordburgenland. Verein für Landeskunde von Niederösterreich und Wien, Druck: Ferdinand Berger & Söhne OHG, Horn NÖ.

Jobst, J. (1908): Die Neustädter Burg und die k.u.k. Theresianische Militärakademie. - Gerlach, Wien.

Kalinowska, M. (2000): Vegetationskundliche Erfassung von Trockenrasen und Flussbettgesellschaften der Schwarza und der Leitha im Sündlichen Wiener Becken. Diplomarbeit an der Univ. Wien.

Karliczek, J. (1863): Nachtrag zur Denkschrift über die Wasserversorgung der Stadt Wien (1863): mit hydrotechnischen Begründungen über die Reichhaltigkeit, Coninuierlichkeit und Selbständigkeit, sowohl der unterirdischen Quellen (Wasserströmungen) in dem Leitha-Urbecken (Urgerinne) unterhalb Neustadt's als auch der Quelle der Fischa-Dagnitz. Verlag Ullrich, Wiener Neustadt.

Killian, H. (1977): Georg Huebmer und seine Werke im Spiegel zeitgenössischer Quellen. - Cbl. ges. Forstwesen 94, 4: 195–224.

Kinner, S. (2001): Auswirkungen einer Änderung der Dotierwasserabgabe auf Wasserrechte am Kehrbach. - Diplomarbeit an der Universität für Bodenkultur, Wien.

Krafft, C. (1874): Die neuesten Erhebungen über die Zustände der Fischerei in den im Reichrathe vertretenen Königreichen und Ländern an den österreichisch-ungarischen Meeresküsten. - Mittheilungen aus dem Gebiete der Statistik, 20. Jg., Heft 4., k.k. statistischer Central-Commission Wien.

Kirchmayer R. (2014): Kleiner Exkurs über besondere Landkarten unserer Region. -Gattendorfer Rückblicke. Band 9 / 2014: 85–94.

Lampel, J. (1899): Erörterungen und Materialien zur Geschichte der Leithagrenze. - Blätter des Vereins für Landeskunde von Niederösterreich, 33. Jg., Nr. 6–8. Wien.

Lange, F. (2007): Vom Dachstein zur Rax; auf den Spuren des Georg Hubmer. - Sutton Verlag, Erfurt.

Lazowski, W. (1989): Zur Phytozönologie flußbegleitender Wälder an der Leitha. - Dissertation Form.-Nat. Fak., Universität Wien.

Lazowski , W. (1991): Landschaft und Vegetation an der Leitha. Bestand und Bedeutung für den Naturschutz. Biologisches Forschungsinstitut für Burgenland, Illmitz. BFB-Bericht 77: 5–23.

Lazowski, W. (2001): Waldgesellschaften der burgenländischen Leithaniederung. - Linzer biol. Beitr. 33/2: 827-875.

Leopold, P., Sattler, S., Mayr, P., Eberstaller, J. & Köck, J. (2006): Analyse des Geschiebehaushalts im Oberlauf der Leitha, Modul 2 - Detailaufnahme und Formulierung des Zielzustandes.

Listmayr, B. & Scherz, J. (2015): Die Geschichte des Kehrbaches. - Blätter des Wiener Neustädter Denkmalschutzvereins 3+4/2015: 1–13.

Luger, J., Bierbaumer, J. & Neumayer, R. (1985) Heimatbuch der Marktgemeinde Lanzenkirchen. - Eigenverlag der Gemeinde, Lanzenkirchen.

Mader, H., Steidl, T. & Wimmer, R. (1996): Abflussregime österreichischer Fließgewässer. Beitrag zu einer bundesweiten Fließgewässertypologie. - UBA Monographie Bd. 82, Wien, 192 pp.

Malicky, H. (1968/69): Vegetationsprobleme des Wiener Neustädter Steinfeldes. - Verh. Zool.-Bot.

Ges. Österreich, Wien, 108/109: 151–163.

Mangelsdorf, J. & Scheurmann, K. (1980): Flußmorphologie. – Ein Leitfaden für Naturwissenschaftler und Ingenieure. R. Oldenbourg Verlag, München, Wien.

Margl, H. (1972): Die Ökologie der Donauauen und ihre natumahen Waldgesellschaften. In: Ehrendorfer, F., Kaltenbach, A., Niklfeld, H. & Starmühlner, F. (Red.): Naturgeschichte Wiens. Band 2. Jugend und Volk Verlag, Wien-München. 675–716.

Martinet, F. & Dubost, M. (1992): Die letzten naturnahen Alpenflüsse. Kleine Schriften / Commission Internationale pour la Protection des Régions Alpines. – CIPRA 11/92, Vaduz.

Marinoni, J. J. (1751): De re ichnographica, cujus hodierna praxis exponitur, et propriis exemplis pluribus illustratur. – Kaliwoda, Wien.

Mayer, J. (1924): Geschichte von Wiener Neustadt. Teil 1: Werden und Wachsen der Stadt. Selbstverlag des Stadtrates Wiener Neustadt. Wiener Neustadt

Mayer, J. (1926): Wiener Neustadt im Mittelalter. 2. Teil: Eine Glanzperiode der Stadt (1440–1500). Wiener Neustadt.

Mayr, O. (1912): Die Leitha-Ableitung, eine international wasserrechtliche Frage. In: ÖWW 1912, Heft 14: 226–228.

Merlicek E. (1932): Beiträge zur Geschichte der österreichischen Wasserwirtschaft. – Bl. f. T. G., Heft 1: 146-157.

Metz, H. (1976): Zur Gewässergüte des Burgenlandes. Das nördliche Burgenland, Stand Dezember 1975. – BFB-Bericht 15

Mikschi, E. & Wolfram-Wais, A. (1996): Fische und Neunaugen (Pisces, Cyclostomata). Eine Rote Liste der in Niederösterreich gefährdeten Arten. Amt der NÖ Landesregieruung, Abteilung Naturschutz & Abteilung Agrarrecht in Zusammenarbeit mit der Fischsammlung des Naturhistorischen Museums Wien.

Moog, O. (Red.) (1995): Fauna Aquatica Austriaca. Lieferung Mai/95; WWK BMLF Wien.- Wasserwirtschaftskataster, Bundesministerium für Land- und Forstwirtschaft, Wien.

Moog, O., Schmidt-Kloiber, A., Ofenböck, T., Gerritsen, J. (2001): Aquatische Ökoregionen und Fließgewässer-Bioregionen Österreichs – eine Gliederung nach geoökologischen Milieufaktoren und Makrozoobenthos-Zönosen. BMLFUW, Wien.

Moor, M. (1958): Pflanzengesellschaften schweizerischer Flußauen. Schweizerische Anstalt für das Forstliche Versuchswesen, Mitteilungen. Zürich, Band 34: 221–350.

Mucina, L., Grabherr, G. & Ellmauer, T. (Hg.) (1993a): Die Pflanzengesellschaften Österreichs. Teil 1. Anthropogene Vegetation. Gustav Fischer Verlag, Jena.

Mucina, L., Grabherr, G. & Wallnöfer, S. (Hg.) (1993b): Die Pflanzengesellschaften Österreichs. Teil 3. Wälder und Gebüsche. Gustav Fischer Verlag, Jena-Stuttgart-New York.

Muhar, M., Kainz, M.,Kaufmann, M. & Schwarz, M. (1996): Ausweisung flußtypspezifisch erhaltener Fließgewässerabschnitte in Österreich. Bundesministerium für Land- und Forstwirtschaft, Wasserwirtschaftskataster. Wien.

Muhar, S., Angermann, K., Kummer, H., Hoffmann, A., Wiesner, C., Schmutz, S., Jungwirth, M., Lazowski, W., Spolwind, R., Schludermann, C., Holzer, G., Preis, S., Schmuttermaier, F., Unfer, G. & Zauner, G. (2000): Beurteilung flussbaulicher Maßnahmen an der Leitha/Zurndorf in Hinblick auf die Verbesserung der ökologischen Funktionsfähigkeit. Studie im Auftrag des Bundesministeriums für Land- und Forstwirtschaft, Umwelt- und Wasserwirtschaft und des Landeswasserbaubezirksamtes Schützen/Gebirge, Wien.

Mühlmann, H. (2005): Handbuch für die Erhebung des hydromorphologischen Ist-Bestandes der Gewässer mit Einzugsgebieten zwischen 10–100 km² „Screening Methode", BAW Institut für Wassergüte, Wien.

Müller, N. (1991a): Veränderungen alpiner Wildflusslandschaften in Mitteleuropa unter dem Einfluss des Menschen. Augsburger Ökologische Schriften 2: 9–30, Augsburg.

Müller, N. (1991b): Auenvegetation des Lech bei Augsburg und ihre Veränderungen infolge von Flussbaumaßnahmen. Augsburger Ökologische Schriften 2: 79–108, Augsburg.

Müller, N. (1995): Wandel von Flora und Vegetation nordalpiner Wildflusslandschaften unter dem

Einfluss des Menschen. Berichte der Akademie für Naturschutz und Landschaftspflege (ANL) 19: 125–187. Laufen, Salzach.

Müller, N., Dalhof, I., Häcker, B. & Vetter, G. (1992): Auswirkungen von Flussbaumaßnahmen auf Flussdynamik und Auenvegetation am Lech. Berichte der Akademie für Naturschutz und Landschaftspflege (ANL) 16: 181–214. Laufen, Salzach.

Nachtnebel, H. P. & Holzmann, H. (2001): Untersuchung der Abflussverhältnisse an der Leitha bei Nieder- und Mittelwasserführung. IWHW Universität für Bodenkultur, Wien.

Neilreich, A. (1859): Flora von Nieder-Oesterreich. Druck und Verlag von Carl Gerold's Sohn, Wien.

Neubauer, L. (1998): Heimatbuch von Schwarzau am Steinfeld. – Gemeinde Schwarzau am Steinfeld.

NÖ Landesausschuss (1918): Entwicklung und Förderung der technischen Bodenmeliorationen. – k.k. Hof- und Staatsdruckerei, Wien.

Noemorph (2001): Strukturkartierung ausgewählter Fließgewässer in Niederösterreich. Im Auftrag des Amtes der NÖ. Landesregierung, Gruppe Wasser – Abteilung Wasserwirtschaft.

Oberhäuser, R. (1980): Der geologische Aufbau Österreichs. Herausgegeben von der Geologischen Bundesanstalt, Springer-Verlag, Wien, New York.

Oberleitner, I. & Dick, G. (1996): Feuchtgebietsinventar Österreich. Grundlagenerhebung. Umweltbundesamt, BM für Umwelt, Wien.

Österr. Bodenkartierung (1972a): Bodenkarten 1:25.000, Kartierungsbereich Neunkirchen (KB 11), Niederösterreich. BM f. Land- und Forstwirtschaft, Wien.

Österr. Bodenkartierung (1972b): Erläuterungen zur Bodenkarte 1:25.000, Kartierungsbereich Neunkirchen (KB 11), Niederösterreich. BM f. Land- und Forstwirtschaft, Wien.

Österr. Bodenkartierung (1976a): Bodenkarten 1:25.000, Kartierungsbereich Wiener Neustadt (KB 33), Niederösterreich. BM f. Land- und Forstwirtschaft, Wien.

Österr. Bodenkartierung (1976b): Erläuterungen zur Bodenkarte 1.25.000, Kartierungsbereich Wiener Neustadt (KB 33), Niederösterreich. BM f. Land- und Forstwirtschaft, Wien.

ÖWWV (1986): Hochwasserschutzverbände und Wassergenossenschaften für den Hochwasserschutz in Österreich. – Schriftenreihe des Österreichischen Wasserwirtschaftsverbandes HEFT 72.

Pardé, M. (1947): Fleuves et Riveiéres. – 3. Auflage, Paris.

Pelikan, B. (1994): Gewässerbetreuungskonzept, Leitha. Band 1. Institut für Wasserwirtschaft, Hydrologie und konstruktiven Wasserbau (Universität für Bodenkultur), i.A. des BM für Land- und Forstwirtschaft – Sektion IV, Amt der NÖ Landesregierung Abt. B/3A, Wien.

Pelikan, B. (1994): Gewässerbetreuungskonzept, Leitha. Band 2. Institut für Wasserwirtschaft, Hydrologie und konstruktiven Wasserbau (Universität für Bodenkultur), i.A. des BM für Land- und Forstwirtschaft – Sektion IV, Amt der NÖ-Landesregierung Abt. B/3-A, Wien.

Peresson, H. (2006): Neotektonik. – In: Wessely, G.: Geologie der österreichischen Bundesländer: Niederösterreich. Geologische Bundesanstalt, Wien.

Peyrer v. Heimstätt, K. (1880): Das Oesterreichische Wasserrecht enthaltend das Reichsgesetz vom 30. Mai 1869, R.G.B. Nr. 93 und die siebzehn Landesgesetze über die Benützung, Leitung und Abwehr der Gewässer; nebst den Vollzugsverordnungen und den sonstigen wasserrechtlichen Bestimmungen; mit vorzüglicher Rücksicht auf die Entstehungsgeschichte und die Spruch- und Verwaltungspraxis. Manz, Wien.

Pieler ZT GmbH (2008): Brunnenfeld Neufeld; Pumpversuch zur Konsensfestlegung, Technischer Bericht.

Pieler ZT GmbH & Werner Consult ZT GmbH (2012): Leitha GEK FKM 18,599 bis 121,007.

Pieler ZT GmbH & Werner Consult ZT GmbH (2020): Retentionsuntersuchung Niederösterreich Leitha, Ursprung bis Ende LWV II Fluss km 33,500 bis 121,007.

Pieler ZT GmbH & Werner Consult ZT GmbH (2020): Rückhaltebecken Leitha Berechnung des Wellenablaufes für RHB-Varianten bei HQ100 instationär.

QZV – Qualitätszielverordnung Ökologie Oberflächengewässer, BGBl. II Nr. 99/2010 (2010), Fassung vom 24.11.2020.

Rauscher, I. (1992): Saumgesellschaften im Flußbereich des niederösterreichischen Alpenvorlandes. Verh. Zool.-Bot. Ges. Österreich, Wien, 129: 105–141.

Reisenbauer, A. (1994): 900 Jahre Gloggnitz: 1094–1994. – Stadtgemeinde Gloggnitz, Gloggnitz.

Reiter, R. (2009): Der Leitha-Fluss. – Gattendorfer Rückblick, Band 5/2009: 190–212.

Riebe, V. E. (1936): Der Wiener Neustädter Schiffahrtskanal. Geschichte eines niederösterreichischen Bauwerkes von seinem Entstehen bis zur Gegenwart. Bearbeitet nach archivalischen Quellen. Wiener Neustadt.

Rosmann, H. (1997): Vom Schiffahrtskanal zum Kanal. In: Rosecker M. (Hg.) 200 Jahre Wiener Neustädter Kanal. 1797–1997. Industrieviertel-Museum, Wiener Neustadt OBV, S. 13–14.

Salcher, B. C., Meurers, B., Smit, J., Decker, K., Hölzel, M. & Wagreich, M. (2012), Strike-slip tectonics and Quaternary basin formation along the Vienna Basin fault system inferred from Bouguer gravity derivatives, Tectonics, 31, 20pp.

Salzmann, T., 2004: Arbeitspapier Geohydraulik. Institut für Kulturtechnik und Siedlungswasserwirtschaft, Universität Rostock.

Sauberer, N. & Bieringer, G. (2000): Wald oder Steppe? Die Frage der natürlichen Vegetation des Steinfeldes. Stapfia 77: 75–92.

Sauberer, N. & Buchner, P. (2000): Die Trockenrasen-Vegetation des nördlichen Steinfeldes. Stapfia 77: 113–128.

Sauberer, N. & Till, W (2019): Der Wiener Neustädter Kanal: Ein Refugium selten gewordener Pflanzenarten am Beispiel der Gemeinde Traiskirchen. – Biodiversität und Naturschutz in Ostösterreich, BCBEA 4/1: 40–55.

Scheutz, M., Schmutzer, K., Spevak, S. & Stöger, G. (1997): Wiener Neustädter Handwerksordnungen; 1432–Mitte 16. Jh. – Böhlau Verlag, Wien.

Scheyb, F. C. (1754): Historische Abhandlung zu rechtmässiger Bestimmung der österreichischen Gränzen im Viertel Unter-Wienerwald gegen Hungarn. Vol. und II., ONB Cod. 14144 und 14145.

Schieder, J. & Leutmoetzer, F. (1864): Der „Kalte Gang". Ein Project über die Wasserversorgung der Stadt Wien. Als Denkschrift dem löblichen Gemeinderathe der Haupt- und Residenzstadt Wien überreicht. Wien.

Schmid, H. (2008): Die Elektrifizierung Niederösterreichs in der Zwischenkriegszeit: Baugeschichte und Netzentwicklung. Diplomarbeit Univ. Wien.

Schönlaub, H. P. (2000): Erläuterungen zur Geologischen Karte des Burgenlandes, 1: 200.000, Geologische Bundesanstalt, 130 pp.

Schultes, J. A. (1802): Ausflüge nach dem Schneeberge in Unterösterreich. – Wien

Schwabe, A. (1987): Fluß- und bachbegleitende Pflanzengesellschaften und Vegetationskomplexe im Schwarzwald. J. Cramer, Berlin, Stuttgart. Diss. Bot. 102: 1–368.

Schwarz, A. (1911): Die Leitha-Angelegenheit. Oedenburger Zeitung, 27. 1. 1911, 28. 1. 1911, 29. 1 1911.

Schweickhardt, F. X. (1831–1832): Darstellung des Erzherzogthums Oesterreich unter der Ens, durch umfassende Beschreibung aller Burgen, Schlösser, Herrschaften, Städte (etc.). Abth.(1.) Viertel unterm Wienerwald, Bd. 1–7.

Sebe, K., Roetzel, R., Fiebig, M. & Lüthgens, C. (2015). Pleistocene wind system in eastern Austria and its impact on landscape evolution. Catena. 134. 10.1016/j.catena.2015.02.004.

Sebe, K., Roetzel, R., Fiebig, M. & Luthgens, C. (2015): Pleistocene wind system in eastern Austria and its impact on landscape evolution. CATENA. 2015; 134: 59–74.

Seibert, P. (1962): Die Auen-Vegetation an der Isar nördlich von München und ihre Beeinflussung durch den Menschen. – Landschaftspflege und Vegetationskunde 3. Herausgegeben von der Bayerischen Landesstelle für Gewässerkunde, München.

Seidl, S. (2012): Quartärgeologie des Raumes Schneebergdörfl, Puchberg am Schneeberg, Masterarbeit an der Uni Wien.

Soltani-Taba, C. (1970): Vergleich einiger Pararendsinaprofile des Steinfeldes im südlichen Inneralpinen Wiener Becken. – Mitt. Österr. Bodenk. Ges. Wien, Heft 14, 1–65.

STADLER, R. (1873): Die Wasserversorgung der Stadt Wien in ihrer Vergangenheit und Gegenwart. Denkschrift zur Eröffnung der Hochquellen-Wasserleitung im Jahre 1873. – Selbstverl. des Wiener Gemeinderathes, Wien.

STADTBAUAMT (1861): Denkschrift über die Wasserversorgung der Stadt Wien. Mit einem Projecte zur Ableitung des Wassers vom Wiener-Neustädter Schifffahrts-Canale zur Bespritzung der Straßen, Bewässerung der Gartenanlagen, Dotirung der Bäder, der Markthallen u. dgl. Hof- und Staatsdruckerei, Wien.

STADTBAUAMTSDIREKTION (1897): Die Wasserversorgung der Stadt Wien, aus Anlass der Besichtigung der Hochquellenleitung durch den Gemeinderath der Stadt Wien über Auftrag des Herrn Bürgermeisters Dr. Carl Lueger. – Selbstverl. d. Wiener Magistrates, Wien.

STAHL, J. (1951): Landschaft. In: Heimatbuch des Bezirkes Bruck a.d. Leitha. Teil III.: Landschaft und Wirtschaft: 297–358.

STALZER, W. (1988): Burgenland. In: ÖWWV 1988: Hochwasserschutzverbände und Wassergenossenschaften für den Hochwasserschutz in Österreich. – Schriftenreihe des Österreichischen Wasserwirtschaftsverbandes H. 72: 8–9.

STRAHLER, A. N. (1957): Quantitative analysis of watershed geomorphology. – Am. Geophys. Union Trans. v. 38: 913–920.

STUR, E. (1889): Zur Trinkwasserfrage von Neunkirchen. – Jahrbuch der Geologischen Bundesanstalt – 039: 259–280.

SUESS, E. (1864): Referat der Wasserversorgungskommission, 10. Juni 1864.

SUKOPP, H. (1995): Neophytie und Neophytismus. In: BÖCKER, R., GEBHARDT, H., KONOLD, W., SCHMIDT-FISCHER S. (Hg.): Gebietsfremde Pflanzenarten: Auswirkungen auf einheimische Arten, Lebensgemeinschaften und Biotope; Kontrollmöglichkeiten und Management. – Ecomed Verlag, Landsberg, 3–32.

SVOBODA, J. (1894): Die Theresianische Militärakademie zu Wiener Neustadt und ihre Zöglinge (...). – Selbstverlag des Verfassers, Wien.

THENIUS, E. (1974): Geologie der österreichischen Bundesländer in kurzgefaßten Einzeldarstellungen: Niederösterreich. – Verhandlungen der Geologischen Bundesanstalt, Wien.

TINHOF J. (2017): Die Leitha, ein Grenzfluss und ihr Umfeld – ein Lebensraum? – Masterarbeit am Inst. für Geschichte der Univ. Wien.

TOLLMANN, A. (1977): Geologie von Österreich. Band 1: Die Zentralalpen. – Franz Deuticke Verlag, Wien.

TOLLMANN, A. (1985): Geologie von Österreich. Band 2: Außerzentralalpiner Anteil. – Franz Deuticke Verlag, Wien.

TOPLITSCH, N. (2008): Marktgemeinde Payerbach 1908–2008. Verlag Feilhauer, Neunkirchen.

TROLL, A. (1951): Mühlen. In: Heimatbuch des Bezirkes Bruck a.d. Leitha. Teil III.: Landschaft und Wirtschaft: 411–415.

UHL, F. (1868): Briefe von der Leitha. Die Debatte, Nr. 231 und 234, Jg. 1868.

ULBRICH, K. (1952): Die Grenzkarte Ungarn-Niederösterreich von C. J. Walter (1754–56) – Burgenländische Heimatblätter – 14: 108–121.

ULBRICH, K. (1955): Ergänzungen zu „Die Grenzkarte Ungarn-Niederösterreich von C. J. Walter (1754–56)" – Burgenländische Heimatblätter 17: 44–45.

UMLAUFT, F. (1894): Der Wiener Neustädter Canal. In: Mittheilungen der k.k. Geographischen Gesellschaft in Wien. Band 37: 382–405.

VAVRECKA (1936): Die Regulierung der Leitha von ihrem Eintritt in die Tiefebene an. Wasserwirtschaft und Technik 1936, Jg. 29: p. 342.

WAGNER, H. (1941): Die Trockenrasengesellschaften am Alpenostrand. Aus den Denkschriften der Akademie der Wissenschaften in Wien, Mathematisch-Naturwissenschaftliche Klasse. Hölder-Pichler-Tempsky, Wien und Leipzig. Kommissionsverleger der Akademie der Wissenschaften in Wien. Staatsdruckerei Wien. Band 104.

WAGNER, H. (1985): Die natürliche Pflanzendecke Österreichs. – Kommission für Raumforschung der Österreichischen Akademie der Wissenschaften, Beiträge zur Regionalforschung, Band 6, Wien

WALAS, J. (1938): Wanderungen der Gebirgspflanzen längs der Tatra-Flüsse. Bull. Acad. Polon. CI. Sei. Math.-Nat. Ser. B 1938: 58-80.

WALLIG, J. (2006): Gewässerbeschau Warme Fischa. Gruppe Wasser, Abt. WA1, Amt der NÖ Landesregierung. St. Pölten.

WALLIG, J. (2010): Gewässerbeschau Wiener Neustädter Kanal. Gruppe Wasser, Abt. WA1, Amt der NÖ Landesregierung. St. Pölten.

WALLIG, J. (2007): Gewässerbeschau Breitenauer Feuerbach. Gruppe Wasser, Abt. WA1, Amt der NÖ Landesregierung. St. Pölten.

WALLIG, J. (2008): Gewässerbeschau Kehrbach. Gruppe Wasser, Abt. WA1, Amt der NÖ Landesregierung. St. Pölten.

WALLIG, J. (2008): Gewässerbeschau Katzelsdorfer Zuleitung. Gruppe Wasser, Abt. WA1, Amt der NÖ Landesregierung. St. Pölten.

WALLIG, J. (2009): Gewässerbeschau Lanzenkirchner Werkskanal. Gruppe Wasser, Abt. WA1, Amt der NÖ Landesregierung. St. Pölten.

WASSERVERSORGUNGS-COMMISSION DER STADT WIEN (1864): Referat Ed. Suess in der Sitzung des Gemeinderathes der Stadt Wien vom 10. Juni 1864. Selbstverlag des Gemeinderats.

WEHDORN, M. & GEORGEACOPOL-WINISCHHOFER, U. (1984); Baudenkmäler der Technik und Industrie in Österreich. Bd 1. – Böhlau Verlag, Wien.

WEISSL, M., HINTERSBERGER, E., LOMAX, J., LÜTHGENS, C. & DECKER, K. (2017): Active tectonics and geomorphology of the Gaenserndorf Terrace in the CENTRAL VIENNA BASIN (AUSTRIA).

WEISSL, M., HINTERSBERGER, E., LOMAX, J., LÜTHGENS, C. & DECKER, K. (2015):Geomorphological and paleoseismological investigations on the Gaenserndorf Terrace in the central Vienna Basin (Austria), Miscellanea INGV 27, 2015: 524–528.

WENINGER, G. (1993): Belastungsdynamik und Saprobiozönotik des Leitha-Systems im Zuge der Gewässersanierung. In: Weber, E.: Die Limnologie der March / Limnologie der österreichischen Donau-Nebengewässer. Band 4. Bundesministerium für Land- und Forstwirtschaft, Wien, 99–505.

WERNER, R. (1969): Leitha – Genereller Regulierungsentwurf. BM für Land- und Forstwirtschaft, Sektion IV.

WERNER CONSULT ZT GMBH & PIELER ZT GMBH (2020): LEITHA GEK FKM 18,599 bis 121,007. Schutzwasserwirtschaftliches Grundsatzkonzept. Technischer Bericht.

WESSELY, G. (2006): Niederösterreich. Geologie der österreichischen Bundesländer. – Geol. Bundesanstalt, Wien.

WIENER GEMEINDERAT (1864): Bericht über die Erhebungen der Wasser-Versorgungs-Commission des Gemeinderathes der Stadt Wien. 1: Textband 295 pp.

WIENER GEMEINDERAT (1901): Die Wasserversorgung sowie die Anlagen der städtischen Elektricitätswerke, die Wienflussregulierung, die Hauptsammelcanäle, die Stadtbahn und die Regulierung des Donaucanales in Wien. In Auftrage der Herrn Bürgermeisters Dr. Karl Lueger bearbeitet vom Stadtbauamte, Selbstverlag des Wiener Gemeinderathes, Wien.

WIMMER, R. & MOOG, O. (1994): Flussordnungszahlen Österreichischer Fließgewässer. Monographien, Bd. 51. Umweltbundesamt, Wien.

WOLFRAM, G. & MIKSCHI, E. (2003): Rote Liste der Fische und Neunaugen des Burgenlandes. Biologische Station Neusiedlersee.

WOLFRAM, G. & MIKSCHI, E. (2007): Rote Liste der Fische (Pisces) Österreichs. In: ZULKA, P. (2007): Rote Listen gefährdeter Tiere Österreichs. Checklisten, Gefährdungsanalysen, Handlungsbedarf, Band 14/2: 61–198.

WWF-AUENINSTITUT (1991): Erhaltung und Entwicklung von Flußauen in Europa. Internat. Sympos. 17.–20. Sept 1987 in Rastatt. – Laufener Seminarbeiträge 4/91. Bayrische Akademie für Naturschutz und Landschaftspflege (Laufen/Salzach).

ZÁMOLYI, A., DRAGANITS, E., DONEUS, M. & FERA, M. (2015): Paläoflusslaufentwicklung der Leitha (Ostösterreich) – eine Luftbildperspektive. In: Die Leitha – Facetten einer Landschaft, Verlag Österreichische Gesellschaft für Ur- und Frühgeschichte: 11–23.

ZAUNER, G. & RATSCHAN, C. (2004): Fischartenkartierung Warme Fischa im Revier Fischa B I/2, im Auftrag des Fischereirevierbands V, Engelhartszell.

ZAUNER, G. & EBERSTALLER, J. (1999): Klassifizierungsschema der österreichischen Flussfischfauna in Bezug auf deren Lebensraumansprüche, Österreichs Fischerei 52: 198–205.

Zwittkovits, F. (2015): Studie Fließ- und Grundwasser im Südlichen Wiener Becken Fischa-Leitha-Region. – NÖ Landesregierung Abt. Wasserwirtschaft; St. Pölten.

Verzeichnis der Archive

Kartensammlung der Niederösterreichischen Landesbibliothek, St. Pölten

Topographische Sammlung der Niederösterreichischen Landesbibliothek, St. Pölten

Niederösterreichisches Landesarchiv, St. Pölten

Landessammlungen Niederösterreich, St. Pölten

Burgenländisches Landesarchiv, Eisenstadt

Österreichische Nationalbibliothek, Wien

Österreichisches Staatsarchiv, Wien

Bundesamt für Eich- und Vermessungswesen, Wien

Geologische Bundesanstalt, Wien

Wien Museum

Stadt- und Landesarchiv, Wien

Magyar Nemzeti Levéltár Országos Levéltára, Budapest

Magyar Nemzeti Levéltár Soproni Levéltára, Sopron

Military History Archives, Budapest

Stadtarchiv Wiener Neustadt

Stadtarchiv Neunkirchen

Stiftsarchiv Heiligenkreuz

Bestellung
Verlag Bibliothek der Provinz GmbH
www.bibliothekderprovinz.at
E-Mail: verlag@bibliothekderprovinz.at

FSC
MIX
Papier
FSC® C005108

print 4 climate®

#ohneFolie
Aus ökologischen Gründen
ist dieses Buch nicht in
Folie eingeschweißt.